W0254223

S. Meier · W. Keller

Geostatistik

Einführung in die Theorie der Zufallsprozesse

Springer-Verlag Wien New York

Dr. sc. techn. Siegfried Meier
Dr. sc. techn. Wolfgang Keller

Sektion Geodäsie und Kartographie
Technische Universität Dresden

Mit 34 Abbildungen und 19 Tabellen

CIP-Titelaufnahme der Deutschen Bibliothek

Meier, Siegfried:
Geostatistik : Einführung in die Theorie der Zufallsprozesse / Siegfried Meier ; Wolfgang Keller. — Wien ; New York : Springer ; Berlin : Akad.-Verl., 1990
ISBN-13:978-3-211-82185-5 e-ISBN-13:978-3-7091-9083-8
DOI: 10.1007/978-3-7091-9083-8

NE: Keller, Wolfgang:

Gesamtherstellung: VEB Druckhaus „Maxim Gorki“, Altenburg

ISBN-13:978-3-211-82185-5

Vorwort

Der Begriff *Geostatistik,* wohl zuerst in den fünfziger/sechziger Jahren als *géostatistique* im Französischen gebraucht, umfaßt alle in den Geowissenschaften angewandten statistischen Theorien, Schätz- und Schlußverfahren. Ein wichtiges *Teilgebiet* ist die Theorie der *Zufallsprozesse* und ihre Anwendung auf die in Raum und Zeit zufällig schwankenden Funktionen und Felder. Über Zufallsprozesse existieren hervorragende mathematische Werke, die allerdings nur von den Theoretikern, weniger von den Anwendern ausgeschöpft werden können. Technisch orientierte Bücher, etwa der Regelungstechnik und Systemtheorie, behandeln *vorzugsweise eindimensionale* Zufallsprozesse; sie sind für den Anwender leichter zugänglich, sofern er mit der speziellen Fachterminologie zurechtkommt. Obwohl die Geowissenschaften selbst nicht unwesentlich zur Entwicklung der Theorie der Zufallsprozesse beigetragen haben, sind ausführlichere Darstellungen mit geowissenschaftlichen Anwendungen — abgesehen von speziellen Monographien zur Turbulenztheorie, Filtertheorie u. a. — nicht eben zahlreich. Die einschlägigen deutschsprachigen, für den Anwender bestens geeigneten Lehrbücher von Taubenheim (1969) und Schönwiese (1985) bieten ein breites Spektrum an statistischen Theorien, Auswerte- und Prüfverfahren, — mit Ausnahme der für die Geowissenschaften so wichtigen *mehrdimensionalen* Prozesse auf der Kugel (globale Probleme) und im euklidischen Raum (lokale Probleme).

So mag die vorliegende Einführung in die Theorie der Zufallsprozesse, welche sowohl die ein- als auch die mehrdimensionalen Prozesse umfaßt und an geowissenschaftlichen Aufgabenstellungen orientiert ist, ausreichend motiviert sein. Sie ist für Leser aus *allen* Geo- und Kosmoswissenschaften gedacht, aber auch für Leser aus anderen Disziplinen, die sich ebenfalls mehrdimensionaler Zufallsprozesse bedienen, zugänglich. Im Bestreben, einen interdisziplinären Text zu entwerfen, kann man — nach dem Bonmot „was dem einen Signal, ist dem anderen Rauschen“ — leicht zwischen die (Lehr-)Stühle zu sitzen kommen. Dieses Risiko mußte in Stoffauswahl und Darstellung eingegangen werden; jedoch sind die Beispiele im Text möglichst so gewählt worden, daß sie jeweils wenigstens zwei Fachgebiete berühren, z. B. Meteorologie/Geodäsie oder Geodäsie/Geophysik.

Vorausgesetzt werden die üblichen Grundlagenkenntnisse in Analysis, ggf. der Wahrscheinlichkeitsrechnung und mathematischen Statistik. Spezielle mathematische Hilfsmittel sind im Abschnitt 2. bereitgestellt. Im Abschnitt 1.

werden — neben geschichtlicher Reflexion — bereits geostatistische Probleme im Zusammenhang erläutert. Der Anfänger möge diesen Abschnitt vorerst informativ und am Ende des Textstudiums noch einmal lesen; dem kundigen Leser werden hier manche Gesichtspunkte vertraut sein. Jeder Hauptabschnitt schließt mit Literaturhinweisen zum behandelten Stoff, teilweise auch zu Problemkreisen, die aus Platzgründen nicht behandelt werden konnten. Aus der Literaturfülle sind vorzugsweise Grundlagenwerke, Originalarbeiten und Monographien mit weiterführender Literatur (ohne Anspruch auf Vollständigkeit) aufgenommen worden. Ein auch nur einigermaßen vollständiges Werk über Geostatistik würde sicher mehrere Bände füllen. Unter diesem Gesichtspunkt bietet der vorliegende Text, als Kompromiß zwischen den Intentionen eines anwendungsinteressierten Mathematikers und eines mathematisch interessierten Anwenders, eine „Geostatistik mit begrenztem Ziel".

An seinem Entstehen haben wesentlich mitgeholfen: Prof. Dr. G. Dörfel, Zentralinstitut für Festkörperphysik und Werkstofforschung der AdW, Dresden, Dr. V. Nollau, Sektion Mathematik der Technischen Universität Dresden, Dr. W. Schwahn, Zentralinstitut für Physik der Erde der AdW, Potsdam, mit der kritischen Durchsicht des Manuskripts und zahlreichen konstruktiven Hinweisen und Änderungsvorschlägen, Frau B. Steinbock und Frau U. Sohlich mit sorgfältigen Abschriften, schließlich Frau H. Deutscher, Akademie-Verlag, mit der kompetenten Beratung in technischen Fragen. Allen Damen und Herren sagen die Verfasser ihren verbindlichsten Dank.

Siegfried Meier *Wolfgang Keller*

Inhaltsverzeichnis

Der Tendenz endloser Zersplitterung des Erkannten und Gesammelten widerstrebend, soll der ordnende Denker trachten der Gefahr der empirischen Fülle zu entgehn.

Bei allem Beweglichen und Veränderlichen im Raume sind mittlere Zahlenwerte der letzte Zweck, ja der Ausdruck physischer Gesetze; sie zeigen uns das Stetige in dem Wechsel und in der Flucht der Erscheinungen ...

A. v. Humboldt

(Kosmos. Entwurf einer physischen Weltbeschreibung. I, 1845)

1. Zufallsprozesse in den Geowissenschaften

1.1. Erfahrungsvielfalt und ordnende Theorie

Alexander von Humboldt (1769—1859) war der letzte Gelehrte von universalem Geist, dem es gelang, das Wissen seiner Zeit von Erde und Weltall zu umfassen. In seinem großen Werk *Kosmos,* dem Versuch einer ganzheitlichen physischen Weltbeschreibung, hat er die Gesetze unserer vielfältigveränderlichen Welt mit genialen Zügen ins Große und enzyklopädischer Sorgfalt im Kleinen, mit geschichtlicher Reflexion und Vorblick auf die Möglichkeiten der Zukunft in sicherem, wortgewandtem Stil meisterhaft dargestellt. Bereits am Anfang seines Werkes, mehr noch gegen Ende seines Lebens war ihm sehr wohl bewußt, daß fortschreitende Teilung der Lehre vom Universum in Einzelwissenschaften bei rasch wachsender Erkenntnisfülle der Arbeitskraft und dem Ordnungswillen des Einzelnen unerbittlich Grenzen setzen wird. Nach über einem Jahrhundert sind in der Tat die Grenzen für den Einzelwissenschaftler sehr eng gezogen; Gemeinschaftsarbeit kann sie partiell erweitern. Heute kann ein Geo- oder Kosmos-Wissenschaftler nur eine enge Spezialdisziplin beherrschen, kaum noch den Überblick über die Fortschritte der Nachbarwissenschaften wahren. Um so glücklicher dürfen wir uns schätzen, wenn nach Perioden des Sammelns, Erkennens und Lösens von Einzelproblemen Ideen hervorgebracht werden, die sich zu tragfähigen Theorien entwickeln, weit genug gefaßt, um das Allgemeine vom Besonderen zu scheiden, aber auch konstruktiv genug, um im Speziellen konkrete Lösungen zu ermöglichen.

Eine solche Theorie ist die Theorie der *zufälligen Funktionen* und *Felder,* kürzer der *Zufallsprozesse* oder *stochastischen Prozesse.* Als Lehre vom Zufällig-Veränderlichen in Raum und Zeit beschreibt sie im Humboldtschen Sinne „das Stetige im Wechsel und in der Flucht der Erscheinungen" — genauer: die jeweils *typischen* Eigenschaften der in gewissen Grenzen zufällig schwankenden, orts- und zeitabhängigen Vorgänge, Abläufe und Felder (Sammelbegriff: Prozesse). Im Universum treten derartige Prozesse in nahezu unübersehbarer Fülle auf und sind in vielfältigster Weise miteinander verbunden. Die Theorie ermöglicht es, komplexe Prozesse in Einzelprozesse zu zerlegen, ihre Eigenschaften qualitativ und quantitativ zu beschreiben, ihren Ursachen und Wirkungen nachzugehen, Erscheinungen der Dämpfung, Verstärkung und Selbstverstärkung, der Erhaltungs- und Wiederholungsneigung u. a., ferner ihr Zusammen-, Gegen- oder Wechselwirken zu studieren. Gemessene Prozesse können von Meßfehlern bestmöglich befreit, inter- und extrapoliert werden; das landläufigste Beispiel ist wohl die (mit einer gewissen Wahrscheinlichkeit zutreffende) Wettervorhersage.

Die Anwendungen der Theorie umfassen Bereiche vom Mikro- bis zum Makrokosmos. Prozesse im mikroskopisch Kleinen sind etwa die BROWNsche Molekularbewegung oder die Bewegung hochenergetischer Teilchen. Bereits in den sichtbaren Bereich fallen Erscheinungen der atmosphärischen Turbulenz: Bildflimmern, Sternszintillation. Großräumige Bewegungen der festen Erde, ihrer Luft- und Wasserhülle sind u. a. Polschwankungen, Erd- und Meeresgezeiten, Luftmassenaustausch und Meeresströmungen. Im erdnahen Raum sind es die Bahnstörungen von Raumflugkörpern, im erdfernen das Verhalten interstellarer Materie usf. — Die Anwendungen der Theorie reichen in der Tat vom atomaren Bereich bis in Sternenweiten. Trotzdem werden wir in dieser Einführung sowohl wörtlich (Beispiele im Text) als auch im übertragenen Sinne „auf der Erde bleiben".

Die Ursprünge der Theorie der Zufallsprozesse liegen — ähnlich der klassischen Statistik — in verschiedenen Gebieten: Mathematik, Physik, Biologie, Ökonomie, elektrische Nachrichtenübertragung und Meßtechnik, Geophysik und Meteorologie. Als erster versuchte A. A. MARKOW (1906), Grenzwertsätze der Wahrscheinlichkeitsrechnung auch auf abhängige Zufallsgrößen zu übertragen. Die von MARKOW untersuchte Form der Abhängigkeit wird heute *Markowsche Kette* genannt. Die Natur der BROWNschen Bewegung wurde von A. EINSTEIN (1906) und M. SMOLUCHOWSKI (1915) erklärt. Die dabei angewandte Technik griff N. WIENER (1923) auf und arbeitete eine Theorie spezieller Prozesse aus, die man heute als *Wienersche Prozesse* bezeichnet. Den Weg zur statistischen Theorie der Turbulenz über die Momentenmethode wiesen A. A. FRIEDMANN und L. W. KELLER (1924). Aus diesen Wurzeln erwuchs ein „Baum der Erkenntnis", dessen Krone weitverzweigt in die Anwendungsgebiete, u. a. in alle Geo- und Kosmoswissenschaften, hineinreicht. Der gut entwickelte Stamm der Theorie besitzt integrierende Kraft. Allein das zweckmäßige Begriffssystem erleichtert das Verständnis selbst zwischen weit auseinanderliegenden Fachgebieten, „der Tendenz endloser Zersplitterung des Erkannten und Gesammelten" entgegenwirkend.

1.2. Von der Idee zur Theorie und ihren Anwendungen

Nach dieser Laudatio werden wir der Wurzel der Theorie, ihrer weiteren Entwicklung und Anwendung in den Geowissenschaften nachgehen. Zu Beginn unseres Jahrhunderts bestand das stark praktische Bedürfnis, turbulente Erscheinungen in der Atmosphäre und an umströmten Hindernissen zu klären (Meteorologie, aber auch Flugzeug-, Schiffs-, Turbinen- und Wasserbau). Den Beginn der statistischen Theorie der Turbulenz markieren eine Idee, ein Ansatz und ein Gleichungssystem von A. A. FRIEDMANN und L. W. KELLER (1924), aufbauend auf den Grundgleichungen der Hydrodynamik. Es sind dies für eine kompressible Flüssigkeit drei Bewegungsgleichungen, die Kontinuitätsbedingung und die Wärmeleitungsgleichung, insgesamt fünf Gleichungen für ebensoviele unbekannte raum-zeit-abhängige Funktionen (Feldgrößen): drei Komponenten der Strömungsgeschwindigkeit (Vektorfeld), Temperatur und Druck (skalare Felder); die in den Grundgleichungen außerdem enthaltene Dichte kann über die Zustandsgleichung eliminiert werden. FRIEDMANN und KELLER notierten die Grundgleichungen für einen beliebigen Punkt der Strömung, multiplizierten sie mit den Werten der Schwankungen der Feldgrößen in einem benachbarten Punkt und mittelten anschließend. Es ergab sich ein Gleichungssystem für 30 unbekannte Funktionen, das eine beliebige turbulente Bewegung beschreibt: 5 Mittelwertfunktionen der Grundgrößen von je vier Veränderlichen und 25 Produktmittelwertfunktionen von je acht Veränderlichen, die sog. *Korrelationsmomente*. Das komplizierte System partieller Differentialgleichungen war zunächst nicht zu integrieren. Dazu bedurfte es vereinfachender Annahmen.

G. I. TAYLOR (1935) untersuchte den Spezialfall der homogenen und isotropen Turbulenz. Darunter versteht man einen (idealisierten) Zustand, bei dem sich die Eigenschaften der zufällig schwankenden Feldgrößen nicht ändern, wenn das physikalische System im Raum verschoben oder gedreht wird. Mit dieser Hypothese verringern sich die Anzahlen der Unbekannten und der Argumente, von denen sie abhängen, erheblich. Insbesondere sind die Korrelationsmomente der skalaren Felder Druck und Temperatur zu einem festen Zeitpunkt nur noch Funktionen des gegenseitigen Abstandes zweier Punkte, nunmehr *Korrelationsfunktionen* genannt, und die Korrelationsmomente des vektoriellen Geschwindigkeitsfeldes lassen sich aus solchen *Abstandsfunktionen* kombinieren. Der Begriff der Korrelationsfunktion ist erstmals von G. I. TAYLOR (1922) verwendet, eine nicht notwendig an spezielle Anwendungen gebundene Korrelationstheorie von A. J. CHINTSCHIN (1934) ausgearbeitet worden.

Die Integration der vereinfachten FRIEDMANN-KELLER-Gleichungen für homogen-isotrope Turbulenz in einem inkompressiblen Medium gelang T. KÁRMÁN und L. HOWARDT (1938), L. G. LOIZJANSKI (1939), M. D. MILLIONSCHTSCHIKOW (1939). Am weiteren Ausbau der statistischen Turbulenztheorie waren hervorragende Mathematiker und Physiker beteiligt, außer den genannten G. K. Batchelor, S. Corrsin, W. Heisenberg, E. Hopf, A. M. Jaglom, A. N. Kolmogorow, W. A. Krasilnikow, L. D. Landau, E. M. Lifschitz, A. S. Monin, L. Onsager, A. M. Obuchow u. a. — Als besonders konstruktiv erwies sich die Spektralzerlegung homogener Zufallsprozesse; vergleichbar einer verallgemeinerten harmonischen Analyse für Funktionen mit kontinuierlichem Spektrum (Hauptarbeiten von A. J. Chintschin, A. N. Kolmogorow, N. Wiener, ferner von S. Bochner, H. Kramér, J. Neumann, I. J. Schönberg u. a.).

Etwa parallel zur Entwicklung der statistischen Turbulenztheorie in den dreißiger Jahren wurde die Theorie eindimensionaler, speziell zeitabhängiger Prozesse, auch *Zeitreihen* (*time series*) genannt, in der Hochfrequenztechnik und Nachrichtenübertragung, später in der Regelungstechnik und Systemtheorie ausgebaut. Zwischen elektrischer Meßtechnik (Meßstochastik) und den messenden Geo- und Kosmoswissenschaften bestand naturgemäß von jeher ein enger Kontakt. Zur Morphologie speziell geophysikalischer Orts- und Zeitfunktionen und zur Methodenlehre hat der Geophysiker J. Bartels Bedeutendes beigetragen. Weit verbreitet in Meteorologie und Geophysik sind lineare *Filterverfahren*: gemessene Orts- und Zeitfunktionen können von unerwünschten Fluktuationen und Meßfehlern befreit (Glättungsfilter), inter- oder extrapoliert werden (Vorhersagefilter). Wird die interessierende Funktion im Sinne der *Methode der kleinsten Quadrate* (MKQ) mit kleinstem mittlerem Fehler bestimmt, spricht man von *Optimalfilterung*. Grundlage ist die Wiener-Hopfsche Gleichung zur Bestimmung einer geeigneten Filtervorschrift; in ihrer diskretisierten und verallgemeinerten Form nach Kalman/Bucy bedeutungsvoll für die Steuerung von Raumflugkörpern, Trägheitsnavigation und -vermessung. Wichtig sind ferner Potentialfeldanalysen, um die räumliche Verteilung der Quellen zu schließen (sog. *inverse* Aufgaben).

Überblickt man den Weg, den die Theorie der Zufallsprozesse genommen hat, so stellt man nicht ohne Erstaunen fest, daß zuerst die mehrdimensionalen, mit schwierigen naturwissenschaftlichen Fragestellungen wie den Phänomenen der Molekularbewegung und der Turbulenz verbundenen Probleme angegangen und gelöst worden sind. Die viel einfacheren eindimensionalen Prozesse wurden in ihrer vollen Breite erst nach und nach angewandt. Ein typisches Beispiel für diesen Trend ist die Geodäsie. Die fundamentale Methode geodätischer Datenverarbeitung (MKQ) schien bis zu Jahrhundertmitte auf den Fundamenten von C. F. Gauss (1794, 1809, 1821) und F. R. Helmert (1872) in Substanz und Notation absolut unveränderlich zu ruhen. Erst Arbeiten von J. M. Tienstra (1947, 1948, 1956) zur Ausgleichung korrelierter Beobachtungen, ferner Entwicklung der Satellitengeodäsie, der analytischen Photogrammetrie, Netzoptimierung u. a. Aufgaben regten zu erneutem Nachdenken über die Grundlagen an. Die MKQ wurde dem Begriffssystem der mathematischen Statistik besser angepaßt, insgesamt vielfältiger und flexibler ausgestaltet (H. Wolf, 1983). Einen gewissen Höhepunkt bildete das Konzept der *Kollokation* (T. Krarup, 1969; H. Moritz, 1973) — eine verallgemeinerte MKQ zur Bearbeitung hybrider Messungen, vor allem im

Schwerefeld. Man untersuchte also zuerst ein Potentialfeld und seine Ableitungen auf der Kugel (= sphärische Prozesse); die erste statistische Analyse des globalen Schwerefeldes stammt von W. M. KAULA (1959). Viel einfachere Aufgaben der Vermessungstechnik mit eindimensionalen Prozessen (Zeitreihen) zu lösen, kam im wesentlichen erst in den siebziger Jahren in Gang.

Um den historischen Überblick abzurunden, werden aus der Anwendungsfülle noch folgende Gebiete ohne Anspruch auf Vollständigkeit genannt: Geomagnetismus und Ionosphärenforschung, Wellenausbreitung, Refraktion, Szintillation und spezielle Zerstreuprobleme in turbulenten Medien, Wettervorhersage und Klimaforschung, Meeresgezeiten und Seegangsanalyse, Erdgezeiten und Polschwankungen, Geofernerkundung und Bildverarbeitung, Gravimetrie und Seismik, geophysikalische und neuerdings auch geologische Prospektion (J. TAUBENHEIM, 1969; F. A. AGTERBERG, 1974). Schließlich sei noch auf die Beziehungen zu anderen messenden Fachgebieten hingewiesen. Elektrische Meßtechnik, Regelungs- und Steuertechnik als wichtigste wurden bereits genannt. In der Bildverarbeitung gibt es Verbindungen etwa zur Medizintechnik. Die Analyse „rauher" Oberflächen (Relief der Erde u. a. Himmelskörper; Sanddünen, Wasserwellen u. dgl.) ist mit ähnlichen Problemen verbunden wie in der Werkstofforschung und Festkörperphysik, unbeschadet der Maßstabsunterschiede zwischen Makro- und Mikrobereich. Um „der Gefahr der empirischen Fülle zu entgehn", sehen die Verfasser dieser Einführung in der Tat keinen anderen Weg, als den allen Anwendungen gemeinsamen *Grundlagen* den Vorrang einzuräumen.

1.3. Zufällige Größen, Funktionen und Felder

FRIEDMANN und KELLER überführten ein System von n partiellen Differentialgleichungen für ebensoviele Feldgrößen in ein System von $n(n + 1)$ Gleichungen zur Beschreibung der statistischen Eigenschaften der nunmehr als zufällig-schwankend angenommenen Felder. Nach diesem Vorgehen werden allgemein die statistischen Eigenschaften eines Systems zufälliger Felder durch ein System partieller Differentialgleichungen bestimmt. Die statistischen Charakteristika beziehen sich sowohl auf jedes einzelne Feld als auch auf die Beziehungen zwischen den Feldern, die im übrigen von verschiedener Art sein können (z. B. Skalarfelder — Vektorfelder, Potentialfelder — Selenoidalfelder). Werden mit gewissen vereinfachenden Annahmen die Felder „entkoppelt", reduziert sich das Gleichungssystem auf jeweils *eine* partielle Differentialgleichung für *eine* Feldgröße, deren Lösungen natürlich nur unter den getroffenen Voraussetzungen einen physikalischen Sinn haben.

Beispiel 1.1: Vereinfachte Wärmeleitungsgleichung

Wir notieren die Wärmeleitungsgleichung in der für turbulente Medien häufig gebrauchten Form

$$\frac{\partial T}{\partial t} + (\boldsymbol{V}, \operatorname{grad} T) = \chi \Delta T. \tag{1.1}$$

Der Klammerausdruck ist das skalare Produkt aus dem Geschwinidgkeitsvektor $\boldsymbol{V} = \boldsymbol{V}(\boldsymbol{x}; t)$ und dem Gradienten der Temperatur $T = T(\boldsymbol{x}; t)$. χ ist die Temperaturleitfähigkeit, Δ der LAPLACE-Operator. Außer in der Wärmeleitungsgleichung kommt $\boldsymbol{V}$ in den Bewegungsgleichungen und in der Kontinuitätsbedingung vor, verknüpft somit die genannten Gleichungen zu einem Gleichungssystem. Die statistischen Eigenschaften von T, $\boldsymbol{V}$ können daher nur aus einem adäquaten System partieller Differentialgleichungen erschlossen werden.

Sei $\boldsymbol{V} = \boldsymbol{0}$ (ruhendes Medium) und finde nur vertikale Wärmeleitung statt. Dann vereinfacht sich (1.1) zu

$$\frac{\partial T}{\partial t} = \chi \frac{\partial^2 T}{\partial z^2}, \qquad T = T(z; t). \tag{1.2}$$

Gl. (1.2) ist nun nicht mehr mit den anderen Grundgleichungen verbunden. Sie beschreibt die Wärmeleitung eines ruhenden Mediums in einer vertikalen Säule der Querschnittsfläche Eins. Die statistischen Charakteristika von $T(z; t)$, die der Gl. (1.2) genügen und die wir später noch ableiten, können angewandt werden erstens auf die Atmosphäre oberhalb der turbulenten Unterschicht, sofern (wenigstens annähernd) $\chi = \text{const}$ und die Wärmestrahlung vernachlässigbar ist, wobei z zunehmend nach oben ist, zweitens auf die oberflächennahen Schichten des Erdbodens (ferner stehender Gewässer, Gletscher, Eisschilde) von einigen Zentimetern bis einigen Metern, höchstens einigen Zehnermetern, wobei z zunehmend nach unten ist. (In der Erdkruste wird $\partial T/\partial t \approx 0$, $\partial T/\partial z \approx \text{const}$.)

Hält man in einem zufälligen Feld (= Funktion von n Variablen) $n - 1$ Variable fest, erhält man eine zufällige Funktion von *einer* Veränderlichen, z. B. $T(z_0; t)$, $T(z; t_0)$. Die Charakteristik einer zufälligen Funktion kann Lösung einer gewöhnlichen Differentialgleichung, die Charakteristiken mehrerer zufälliger Funktionen können Lösung eines Systems gewöhnlicher Differentialgleichungen sein. Die Eigenschaften zufälliger Funktionen und Felder werden also insgesamt durch die Struktur gewisser Gleichungen oder Gleichungssysteme bestimmt. Letztere bilden den physikalischen Hintergrund auch der empirischen Schätzungen. Werden gewisse statistische Charakteristika aus Datenmaterial berechnet, dann reicht es in der Regel nicht aus, ihre rein statistische Sicherheit oder Verträglichkeit mit den Eigenschaften, wie sie die mathematische Theorie fordert, zu prüfen. Man muß zusätzlich untersuchen, ob oder inwieweit sie mit den physikalischen Bedingungen in Einklang stehen (vgl. Beispiel 1.1). Auf diesen wichtigen Sachverhalt kommen wir noch ausführlicher zurück.

Weiterhin können zufällige Funktionen und Felder durch lineare oder nicht-lineare Transformationen aus einem ursprünglichen Prozeß hervorgehen. Beispiele der linearen Transformation sind Ableitung und Integral eines Prozesses. Der abgeleitete Prozeß ist strukturierter, der integrierte glatter als der ursprüngliche Prozeß.

Schließlich halten wir in einer zufälligen Funktion die unabhängige Variable oder in einem zufälligen Feld sämtliche unabhängigen Variablen fest: die Werte, die ein zufälliger Prozeß in einem festen Punkt annehmen kann, bilden eine *zufällige Größe*. Damit sind wir, ausgehend von einem System von

Feldern, die von mehreren Variablen, in der Regel von den Komponenten des Ortsvektors und der Zeit abhängen, schrittweise zu einem Begriff der klassischen Statistik gelangt. Man kann daher die Theorie für Systeme *mehrdimensionaler* Prozesse aufbauen und sie dann nach Bedarf vereinfachen. Wir werden in den Hauptabschnitten 3. und 4. den umgekehrten Weg einschlagen: vom Einfachen, dem Begriff der zufälligen Größe, zum Komplizierteren, den zufälligen Funktionen und Feldern und schließlich ihren Systemen, fortschreiten.

Eine Zufallsgröße wird bekanntlich durch ihre Verteilungsfunktion bestimmt. Analog wird ein Zufallsprozeß durch gewisse Verteilungsfunktionen beschrieben, und zwar durch alle *mehrdimensionalen* Verteilungen für alle möglichen Punkte des Prozesses. Obwohl es in vielen Fällen möglich ist, die mehrdimensionalen Verteilungsfunktionen aufzustellen, ist dieses Vorgehen wegen des großen Umfanges nicht durchweg zweckmäßig. Man gibt daher in Analogie zur Theorie der Zufallsgrößen die *Momente* verschiedener Ordnung der mehrdimensionalen Verteilungen an. Unter den unendlich vielen möglichen Momenten sind die Momente erster und zweiter Ordnung am wichtigsten. Die Theorie, welche ausschließlich die letzteren benutzt, heißt *Korrelationstheorie* der Zufallsprozesse; gelegentlich spricht man auch von *Zwei-Punkt-Statistik*. In vielen Aufgaben kommt man mit der Korrelationstheorie (und/oder ihrem Äquivalent im Frequenz- oder Wellenzahlbereich, der *Spektraltheorie* homogener Prozesse) aus, in anderen muß man zusätzlich Momente höherer Ordnung heranziehen (*Mehr-Punkt-Statistik*); z. B. in der statistischen Turbulenztheorie oder im Verfahren der nichtlinearen Prädikation (E. GRAFAREND, 1972).

Die bisherigen Betrachtungen legen die Einteilung der Zufallsprozesse nach verschiedenen Gesichtspunkten nahe:
Ein-, zwei-, ..., n-dimensionale Prozesse je nach Anzahl der Argumente, von denen sie abhängen,
inhomogene und homogene/anisotrope und isotrope Prozesse, je nachdem, ob ihre Eigenschaften variant oder invariant gegenüber Verschiebungen/Drehungen des Koordinatensystems sind, usf. — Einzelne Klassen dieser speziellen Prozesse werden später ausführlich behandelt. Eine Unterscheidung, die in mathematischen Werken kaum vorkommt, aber gerade für die messenden Geowissenschaften von Bedeutung ist, sei hier vorweggenommen.

Wird ein Zufallsprozeß gemessen, so liegen eine oder mehrere Stichprobensätze, die sog. *Realisierungen* des Prozesses, vor. Jede Realisierung ist mit Meßfehlern behaftet. In Anlehnung an die Begriffe der Elektrotechnik und Nachrichtenübertragung bezeichnet man in der Regel den zu messenden Prozeß als *Signal* (s), die ebenfalls als Zufallsprozeß aufgefaßten Meßfehler als *Rauschen* (n). Das Meßergebnis ist ein *verrauschtes* (*verformtes, verzerrtes*) Signal (r),

$$r = s + n. \tag{1.3}$$

Die statistischen Charakteristika von r,

$$C(r) = C(s) + C(n) + C(s, n), \tag{1.4}$$

setzen sich aus den Charakteristika des Signals $C(s)$, des Rauschens $C(n)$ und den Beziehungen $C(s, n)$ zwischen s und n (sofern solche überhaupt existieren) zusammen. In manchen Fällen spielt der Meßfehler nur eine untergeordnete Rolle und kann ggf. vernachlässigt werden: $|C(n)| \ll |C(s)|$, sog. *schwaches Rauschen*; in anderen ist das Signal stark vom Rauschen überdeckt: $C(s)$, $C(n)$ etwa in gleicher Größenordnung, sog. *starkes Rauschen*. Um das gemessene Signal r vom Rauschen n bestmöglich (etwa im Sinne der Optimalfilterung) zu trennen, muß man über gewisse Vor-Informationen $C(s)$, $C(n)$, ggf. auch $C(s, n)$ verfügen. Das ist in den geophysikalischen Aufgabenstellungen leider nicht immer gegeben, so daß man sich mit Näherungsverfahren behelfen muß. Meist gelingt es, die verzerrenden Eigenschaften von Meßgerät und -verfahren hinreichend genau abzuschätzen. Den Signaleigenschaften kann man sich häufig über die Grundgleichungen der physikalischen Vorgänge und gewisse vereinfachte Modellvorstellungen anzunähern versuchen, wobei stets die *Voraussetzungen* der Modellbildung im Auge zu behalten sind (vgl. Beispiel 1.1).

Der zu messende geophysikalische Prozeß braucht jedoch nicht notwendig das Signal s zu sein. Mitunter interessieren hochfrequente Fluktuationen n, etwa turbulente Erscheinungen in der Atmosphäre, überlagert von zufälligen Fehlern ε und einer langwelligen Störung (kontrollierbarer System- oder Modellfehler) s. Dann ist es Aufgabe der statistischen Datenverarbeitung, n im verzerrten Signal

$$r = s + n + \varepsilon \tag{1.5}$$

aufzufinden und gegen s und ε herauszuheben. Bei gewissen, miteinander verwandten Meßverfahren erscheinen s und n gerade vertauscht, z. B. bei Schwere- und Trägheitsvermessung. In der gravimetrischen Vermessung vom Flugzeug aus ist die Schwere das interessierende Signal, und die Trägheitskräfte des beschleunigten Flugzeuges bilden das unerwünschte Rauschen, in der Trägheitsvermessung ist das inertiale Signal, die Beschleunigung des Fahrzeuges, vom Rauschen, das von den Unregelmäßigkeiten des Schwerefeldes hervorgerufen wird, zu trennen. Obwohl die Teilprozesse s, n, ε und der zusammengesetzte Prozeß r mit den gleichen mathematischen Hilfsmitteln behandelt werden können, sind sie in den Anwendungen deutlich auseinanderzuhalten.

Beginnend beim Namen der Theorie über die Kennzeichnung der Teilprozesse bis hin zu ihren statistischen Charakteristika oder *Kennfunktionen* herrscht, folgend aus der Anwendungsbreite, mitunter eine *Bezeichnungsvielfalt*. Es zeugt gewiß vom Reichtum einer Sprache, wenn für einunddenselben Sachverhalt mehrere Bezeichnungen möglich und im Umlauf sind. Man muß sich nur vor babylonischer Sprachverwirrung hüten; im Zweifelsfall halte man sich an die eindeutig definierten Begriffe der mathematischen Theorie. — Bereits der Buchtitel ist nicht ganz korrekt gewählt. In den Abschnitten 3. bis 5. werden vorwiegend *stochastische* Modelle entwickelt, während die eigentlichen statistischen Probleme im Abschnitt 6. einen geringeren Umfang einnehmen. Folgerichtig müßte man eher von Geostochastik sprechen. Da aber mit Geostatistik (geostatistics; géostatistique) ein prägnanter Kurzbegriff üblich geworden ist, müssen wir die sprachliche Inkonsequenz tolerieren.

1.4. Erhaltungsneigung, Korrelation und Information

In der Natur eintretende Ereignisse, ablaufende Vorgänge und existierende Felder erscheinen uns in gewisser Weise als zufällig, obwohl wir keineswegs über die Fähigkeit verfügen, zufällige Vorgänge von streng determinierten auf den ersten Blick zu unterscheiden. Im Gegensatz zum Glücksspiel sind natürliche Vorgänge nicht unabhängig voneinander, sondern vielfältig miteinander verwandt. Sie verlaufen in der Regel (stückweise) stetig und variieren nur in gewissen Grenzen, ihre Grundeigenschaften bleiben im Mittel über die raum-zeit-abhängigen Schwankungen erhalten oder ändern sich nur wenig. Im Glücksspiel sind die einzelnen Treffer beliebig austauschbar; natürliche Ereignisse und Abläufe sind dagegen an Ort und Zeit gebunden. Unsere Beobachtungsdaten bilden daher *zeitlich gerichtete* und/oder *räumlich geordnete* Folgen mit Tendenz zur *Erhaltungsneigung* oder *Persistenz*, häufig auch der *Wiederholungsneigung*.

Ein äquivalenter Begriff, um statistische Erhaltung (Beziehung, Verwandtschaft, Kopplung) zu beschreiben, ist der der *Korrelation*, zugleich der zentrale Begriff in der Theorie der Zufallsprozesse. Um ihn nach speziellen Inhalten zu untergliedern, ist eine Reihe von (nicht immer deckungsgleichen) Bezeichnungen in Gebrauch. Die wichtigsten sind: Korrelationen zwischen den Ordinaten *eines* Prozesses, die *Autokorrelationen*, und Korrelationen zwischen den Ordinaten *verschiedener* Prozesse, die *Kreuzkorrelationen* oder *gegenseitigen* Korrelationen. In Gl. (1.4) entsprächen $C(s)$ und $C(r)$ jeweils Autokorrelationen, $C(s, r)$ einer Kreuzkorrelation. Beide Arten sind Korrelationen physikalischer Prozesse, daher auch *physikalische* K. oder Korrelationen *a priori* genannt im Gegensatz zu *mathematischen* oder *algebraischen* K., die der Rechnung (Ausgleichung, Filterung, Eichung o. ä. Prozeduren) entspringen bzw. sich durch rechnerische Nachbehandlung ursprünglicher Größen den physikalischen Korrelationen überlagern, deshalb auch als Korrelationen *a posteriori* benannt. In den Anwendungen bezeichnet man, die physikalischen K. weiter klassifizierend, K. bezüglich s auch als *Signalkorrelation*, bezüglich n als *Rausch-*, *Fehler-* oder *Beobachtungskorrelation*. Die Entstehung und Existenz physikalischer K. wurzeln in den primären Eigenschaften der Materie: in der Bewegung, in der Wechselwirkung, in den Zusammenhängen aller Ereignisse und Prozesse und ihrem zeitlichen Ablauf. Derartige Zusammenhänge sind z. B. im Schwerefeld, im Magnetfeld, in meteorologischen u. a. Feldern durch mechanische oder elektrische Schwingungen gewisser Bauteile von Meßgeräten realisiert. Weitere gebräuchliche Termini spezieller physikalischer K. sind daher auch *Feldkorrelation*, *Wechselwirkungskorrelation* in der Feldtheorie, *Ursache-Wirkungs-Korrelation* oder *kausale* K., wenn der statistische Zusammenhang zweier Größen eine gemeinsame Ursache hat.

Sind zufällige Ereignisse, zufällige Größen oder die Ordinaten zufälliger Prozesse miteinander korreliert, dann bedeutet dies zugleich, daß in der einen Größe *Information* über die benachbarte (und umgekehrt) enthalten ist.

Insbesondere kann sich ein zufälliger Prozeß mit Erhaltungsneigung über eine gewisse Distanz oder Zeitdifferenz nicht beliebig stark ändern. Man kann nun diese Information ausnutzen, um aus bekannten Prozeßordinaten diejenigen in räumlich benachbarten oder zeitlich folgenden Punkten mit einer gewissen Wahrscheinlichkeit vorherzusagen. Die statistischen Vorhersageverfahren beruhen demzufolge auf einer A-priori-Kenntnis der Signalkorrelationen. Diesem bedeutenden Vorteil, der uns die Existenz von Korrelationen für die statistische Vorhersage bringt (man denke nur an die Wettervorhersage), steht ein gewichtiger Nachteil in der Stichprobenerhebung und Beurteilung der Meßergebnisse gegenüber. Die Prüfverfahren der klassischen Statistik setzen korrelationsfreie Probenwerte voraus, können daher nicht ohne weiteres auf Beobachtungsmengen aus natürlichen Prozessen angewandt werden. Man muß vorher abschätzen, wie stark die existierenden Korrelationen die Aussagekraft der Beobachtungsmenge herabsetzen und wie groß der Beobachtungsumfang sein muß, um gesicherte Aussagen über die Prozeßeigenschaften zu ermöglichen. Dazu sind zwar spezielle Methoden entwickelt worden, sie beseitigen jedoch nicht die prinzipiellen Schwierigkeiten, denen man sich in vielen geowissenschaftlichen Aufgabenstellungen gegenübersieht. Die hier nur angedeuteten geostatistischen Probleme werden später ausführlicher behandelt.

Literaturhinweise: Historische Bemerkungen über Zufallsprozesse, vor allem in den Geowissenschaften sind in der Literatur weit verstreut. Die im Text genannten älteren Arbeiten sind bei Fisz (1970), speziell zur Turbulenztheorie bei Obuchow (1958) und Jaglom (1958), zur MKQ bei Wolf (1983), zur Prädikation bei Grafarend (1972) ausührlich zitiert. Zu den geowissenschaftlichen Aufgabenstellungen siehe z. B. Taubenheim (1969).

2. Mathematische Grundlagen

Die Abschnitte 2.1 und 2.2 enthalten die für das Verständnis der Theorie der Zufallsprozesse notwendigen Grundkenntnisse und sind z. T. schon an geostatistischen Aufgabenstellungen orientiert. In den Abschnitten 2.3 bis 2.5 sind hauptsächlich mathematische Hilfsmittel zusammengestellt.

2.1. Wahrscheinlichkeitstheorie

Die Wahrscheinlichkeitstheorie, zunächst entstanden aus der Untersuchung von Glücksspielen, wurde von A. N. Kolmogorow (1933) axiomatisch begründet. Demzufolge beginnen die meisten Darstellungen dieser Theorie mit der Angabe eines Axiomsystems, wodurch zwangsläufig maßtheoretische Hilfsmittel beim weiteren Ausbau dieser Theorie benutzt werden müssen. Nun kann man einerseits schwerlich voraussetzen, daß jeder Geowissenschaftler das recht abstrakte Werkzeug Maßtheorie beherrscht, andererseits darf man darauf vertrauen, daß er eine intuitive Vorstellung von den Begriffen zufälliges Ereignis, Wahrscheinlichkeit usw. hat. Wir wollen deshalb mit diesen Begriffen operieren, auch ohne sie vorher exakt definiert zu haben. Daß man sich dabei unausweichlich eine Unschärfe in den Aussagen und den völligen Verzicht auf ihren Beweis einhandelt, muß in Kauf genommen werden. Die Grundlagen sollen auch nur knapp und nur insoweit, als wir sie weiterhin benötigen, dargestellt werden.

2.1.1. Zufallsgrößen

Unter einer *Zufallsgröße* X wollen wir eine physikalische, geometrische oder sonstige Größe verstehen, deren Zahlenwert dem Zufall unterworfen ist. Eine Zufallsgröße kann demnach verschiedene potentiell mögliche Werte annehmen. Welchen von diesen Werten sie annimmt, hängt vom Zufall ab. Diesen letztlich angenommenen Wert x nennt man *Realisierung* der Zufallsgröße X und schreibt

$$x = X(\omega) . \tag{2.1.1}$$

Das in Klammern eingeschlossene ω soll die Abhängigkeit der Zufallsgröße vom Zufall versinnbildlichen. Die Wahrscheinlichkeit dafür, daß die Realisierungen einer Zufallsgröße X kleiner als eine vorgegebene Schranke x ausfallen, werde mit

$$\mathsf{P}(X < x) \tag{2.1.2}$$

bezeichnet. Die durch die Formel

$$F_X(x) := \mathsf{P}(X < x) \tag{2.1.3}$$

definierte Funktion heißt *Verteilungsfunktion* der Zufallsgröße X. Wir nennen die Zufallsgröße X stetig, wenn eine nichtnegative Funktion f_X existiert derart, daß für jedes reelle x die Beziehung

$$F_X(x) = \int_{-\infty}^{x} f_X(x')\,\mathrm{d}x' \tag{2.1.4}$$

besteht. Die Funktion f_X heißt *Dichte(funktion)* von X.

Analog ist

$$F_{(X,Y)}(x, y) := \mathsf{P}(X < x,\ Y < y) \tag{2.1.5}$$

die Verteilungsfunktion des zufälligen Vektors $[X, Y]^\mathsf{T}$ und $f_{(X,Y)}(x, y)$ gemäß

$$F_{(X,Y)}(x, y) = \int_{-\infty}^{x} \int_{-\infty}^{y} f_{(X,Y)}(x', y')\,\mathrm{d}y'\,\mathrm{d}x' \tag{2.1.6}$$

dessen Dichte.

Es sei X eine Zufallsgröße mit der Dichte f und g eine stetig differenzierbare, umkehrbare Funktion. Die zu g inverse Funktion sei h. Dann ist $Y = g(X)$ wiederum eine stetige Zufallsgröße, und die Funktion

$$\psi(y) := f\big(h(y)\big) \cdot |h'(y)| \tag{2.1.7}$$

ist die Dichte von $Y = g(X)$. Es seien ferner X und Y unabhängige Zufallsgrößen mit den zugehörigen Dichten f bzw. g. Dann ist $Z = X + Y$ wiederum eine stetige Zufallsgröße mit der Dichte

$$\psi(z) = \int_{-\infty}^{+\infty} f(x)\,g(z - x)\,\mathrm{d}x. \tag{2.1.8}$$

Die Funktion

$$F_{(X,.)}(x) := \mathsf{P}(X < x,\ Y < \infty) \tag{2.1.9}$$

heißt *Randverteilung* von X. Es gilt

$$F_{(X,.)}(x) = \int_{-\infty}^{x} \int_{-\infty}^{+\infty} f_{(X,Y)}(x', y)\,\mathrm{d}y\,\mathrm{d}x'. \tag{2.1.10}$$

Analog sind die Beziehungen für die Randverteilung von Y. Die beiden Komponenten X, Y des zufälligen Vektors $[X, Y]^T$ heißen unabhängig, wenn

$$F_{(X,Y)}(x, y) = F_{(X,.)}(x) \cdot F_{(.,Y)}(y) \tag{2.1.11}$$

gilt. Die Verallgemeinerung dieser Begriffe auf einen n-dimensionalen zufälligen Vektor $[X_1, \ldots, X_n]^T$ sind offensichtlich.

2.1.2. Parameter der Verteilung einer Zufallsgröße

Es gibt gewisse Parameter, die einen Grobeindruck von dem Zufallsmechanismus vermitteln, dem die betreffende Zufallsgröße unterworfen ist. Einige dieser Parameter sollen nun vorgestellt werden.

Ist X eine stetige Zufallsgröße, g eine reelle Funktion und ist die Ungleichung

$$\int_{-\infty}^{+\infty} |g(x)| \, f(x) \, dx < +\infty$$

erfüllt, so heißt der Wert

$$\mathrm{E}\{g(X)\} := \int_{-\infty}^{+\infty} g(x) \, f(x) \, dx \tag{2.1.12}$$

Mittelwert der Zufallsgröße $g(X)$. Eine besondere Rolle spielen die Mittelwerte der Funktionen $g(X) = X^k$. Sie heißen *Momente der Ordnung* k, und man schreibt

$$m_k := \mathrm{E}\{X^k\}. \tag{2.1.13}$$

Das Moment m_1 heißt *Erwartungswert*. Er läßt sich anschaulich als der Wert deuten, um den die Realisierungen der Zufallsgröße schwanken.

Die Mittelwerte der Zufallsgröße $g(X) = (X - m_1)^k$ heißen *zentrale Momente der Ordnung* k, und man schreibt

$$\mu_k := \mathrm{E}\{(X - m_1)^k\}. \tag{2.1.14}$$

Das zentrale Moment μ_2 heißt *Varianz*, und es wird häufig mit D^2X bezeichnet. Es kennzeichnet die Schwankungsbreite der Realisierungen der Zufallsgröße.

Analog dem eindimensionalen Fall heißt

$$\mathrm{E}\{g(X, Y)\} := \int_{-\infty}^{+\infty} \int_{-\infty}^{+\infty} f(x, y) \, g(x, y) \, dy \, dx \tag{2.1.15}$$

Mittelwert der Zufallsgröße $g(X, Y)$. Die Mittelwerte der Zufallsgrößen $g(X, Y) = X^l Y^n$ nennt man *Momente der Ordnung* $l + n$ des zufälligen Vektors $[X, Y]^T$ und schreibt

$$m_{ln} := \mathrm{E}\{X^l Y^n\}. \tag{2.1.16}$$

Analog nennt man die Mittelwerte der Funktionen

$$g(X, Y) := (X - m_{10})^l \, (Y - m_{01})^n$$

zentrale Momente der Ordnung $l + n$ des Zufallsvektors $[X, Y]^{\mathsf{T}}$ und schreibt:

$$\mu_{ln} := \mathsf{E}\{(X - m_{10})^l \, (Y - m_{01})^n\}. \tag{2.1.17}$$

Das zentrale Moment μ_{11} nennt man gewöhnlich *Kovarianz* und schreibt dafür cov (X, Y). Die Korrelation ϱ zwischen X und Y erhält man durch Normierung der Kovarianz:

$$\varrho := \frac{\operatorname{cov}(X, Y)}{\sqrt{\mathsf{D}^2 X} \sqrt{\mathsf{D}^2 Y}}, \quad -1 \leqq \varrho \leqq +1. \tag{2.1.18}$$

Die Korrelation ist ein Maß für den linearen Zusammenhang von X und Y.

Es sei

$$Y_1 = X_1 - aX_3, \quad Y_2 = X_2 - bX_3, \quad \mathsf{E}X_i = 0; \quad i = 1, 2, 3, \tag{2.1.19}$$

wobei die Koeffizienten a, b so bestimmt seien, daß

$$\mathsf{E}(X_1 - aX_3)^2 = \min, \quad \mathsf{E}(X_2 - bX_3)^2 = \min \tag{2.1.20}$$

gilt. Der Ausdruck

$$\varrho_{12.3} := \frac{\mathsf{E}(Y_1 Y_2)}{\sqrt{\{\mathsf{E}(Y_1{}^2) \; \mathsf{E}(Y_2{}^2)\}}} \tag{2.1.21}$$

heißt *partieller Korrelationskoeffizient* der Zufallsgrößen X_1, X_2 bezüglich der Zufallsgröße X_3. Es ist ein Maß für die Korrelation der Zufallsgrößen X_1 und X_2 nach Elimination des Einflusses von X_3 auf beide. Bezeichnet man mit ϱ_{12}, ϱ_{13} bzw. ϱ_{23} die gewöhnlichen Korrelationskoeffizienten der Paare (X_1, X_2), (X_1, X_3) bzw. (X_2, X_3), so gilt:

$$\varrho_{12.3} = \frac{\varrho_{12} - \varrho_{13}\varrho_{23}}{\sqrt{\{(1 - \varrho_{23}^2)\,(1 - \varrho_{13}^2)\}}}. \tag{2.1.22}$$

2.1.3. Einige Wahrscheinlichkeitsverteilungen

Bisher wurde nur ganz allgemein von Verteilungen gesprochen; nun sollen einige wichtige Verteilungen konkret angegeben werden. Die sicherlich bedeutungsvollste Verteilung ist die *Normalverteilung*. Wir sagen, daß die Zufallsgröße X normalverteilt ist, wenn ihre Dichte durch

$$f(x) = \frac{1}{\sigma\sqrt{2\pi}} \, \mathrm{e}^{-\frac{(x-m)^2}{2\sigma^2}}, \quad \sigma > 0, \quad -\infty < x < +\infty, \tag{2.1.23}$$

gegeben ist. Die beiden Konstanten m und σ lassen sich leicht deuten:

$$m = \mathsf{E}X, \quad \sigma^2 = \mathsf{D}^2 X. \tag{2.1.24}$$

Für eine normalverteilte Zufallsgröße X mit Erwartungswert m und Varianz σ^2 schreibt man abkürzend $X \in N(m, \sigma^2)$. Wir sagen, daß der Zufallsvektor $[X, Y]^\mathsf{T}$ eine *zweidimensionale Normalverteilung* hat, wenn seine Dichte durch

$$f(x, y) = \frac{1}{2\pi\sigma_1\sigma_2 \sqrt{\{1-\varrho^2\}}} \exp\left\{-\frac{1}{2(1-\varrho^2)} \times \left[\frac{(x-m_1)^2}{\sigma_1^2} - 2\,\frac{\varrho(x-m_1)(y-m_2)}{\sigma_1\sigma_2} + \frac{(y-m_2)^2}{\sigma_2^2}\right]\right\}, \tag{2.1.25}$$

$$\sigma_1 > 0, \quad -\infty < x < +\infty, \quad \sigma_2 > 0, \quad -\infty < y < +\infty,$$

gegeben ist. Die Konstanten σ_1, σ_2, m_1, m_2, ϱ haben folgende Bedeutung:

$$m_1 = \mathsf{E}X, \quad m_2 = \mathsf{E}Y, \quad \sigma_1^2 = \mathsf{D}^2X, \quad \sigma_2^2 = \mathsf{D}^2Y, \tag{2.1.26}$$

und ϱ ist der Korrelationskoeffizient der beiden Zufallsgrößen X und Y.

Wir führen jetzt noch drei Verteilungen an, die sich später für statistische Untersuchungen als sehr wesentlich erweisen werden. Eine Zufallsgröße X heißt *χ^2-verteilt mit n Freiheitsgraden*, wenn sie folgende Dichte f hat:

$$f(x) = \left[2^{n/2}\Gamma\left(\frac{n}{2}\right)\right]^{-1} \mathrm{e}^{-x/2}x^{n/2-1}H(x), \qquad -\infty < x < +\infty. \tag{2.1.27}$$

H ist die Einheitssprungfunktion nach (2.5.10). — Von besonderem Interesse ist der folgende Satz:

Satz 2.1: *Es seien $Y_i \in N(0, \sigma^2)$, $i = 1, \ldots, n$, unabhängige, identisch normalverteilte Zufallsgrößen. Dann ist*

$$T = (n-1)\,\frac{S^2}{\sigma^2} \tag{2.1.28}$$

mit $S^2 = \frac{1}{n-1} \sum_{i=1}^{n} (Y_i - \overline{Y})^2$ *und* $\overline{Y} = \frac{1}{n} \sum_{i=1}^{n} Y_i$ *χ^2-verteilt mit $n-1$ Freiheitsgraden.*

Eine Zufallsgröße X heißt *t-verteilt mit n Freiheitsgraden*, wenn sie die Dichte

$$f(x) = \frac{\Gamma\left(\frac{n+1}{2}\right)}{\Gamma\left(\frac{n}{2}\right)\sqrt{\pi n}} \left(1 + \frac{x^2}{n}\right)^{-\frac{n+1}{2}}, \quad -\infty < x < +\infty, \tag{2.1.29}$$

besitzt. Wichtig ist für die statistische Anwendung dieser Verteilung der folgende Satz:

Satz 2.2: *Sind Y und Z unabhängige Zufallsgrößen, von denen Y eine $N(0, 1)$-Verteilung besitzt und Z χ^2-verteilt mit n Freiheitsgraden ist, so hat*

$$T = \frac{Y}{\sqrt{Z}}\sqrt{n} \tag{2.1.30}$$

eine t-Verteilung mit n Freiheitsgraden.

Schließlich betrachten wir noch die F-Verteilung: Eine Zufallsgröße X heißt *F-verteilt mit* (m, n) *Freiheitsgraden*, wenn ihre Dichte f durch

$$f(x) = \frac{\left(\frac{m}{n}\right)^{m/2} x^{m/2-1}}{B\left(\frac{m}{2}, \frac{n}{2}\right)} \left(1 + \frac{m}{n} x\right)^{-(m+n)/2} H(x), \quad -\infty < x < +\infty \tag{2.1.31}$$

gegeben ist. Hierbei ist

$$B(p, q) := \int_0^1 x^{p-1}(1-x)^{q-1}\, dx$$

die Beta-Funktion. Für den Quotienten zweier χ^2-verteilter Zufallsgrößen gilt

Satz 2.3: *Es seien X und Y unabhängige χ^2-verteilte Zufallsgrößen mit m bzw. n Freiheitsgraden. Dann ist*

$$T = \frac{n}{m} \frac{X}{Y} \tag{2.1.32}$$

F-verteilt mit (m, n) Freiheitsgraden.

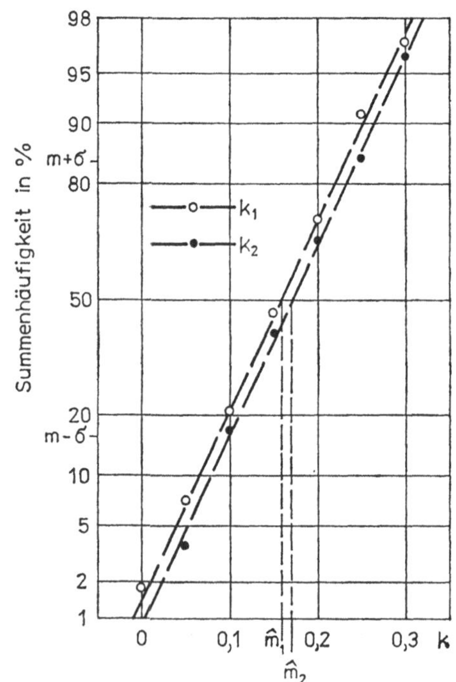

Abb. 2.1. Summenhäufigkeiten gemessener Refraktionskoeffizienten k

Für jede dieser Verteilungen lassen sich Quantile x_β der Ordnung β definieren. Das Quantil x_β der Verteilungsfunktion F ist diejenige reelle Zahl, für die

$$F(x_\beta) = \beta \tag{2.1.33}$$

gilt. Insbesondere bezeichnet man

mit $\chi^2_{\beta;n}$ das Quantil der χ^2-Verteilung mit n Freiheitsgraden,
mit $t_{\beta;n}$ das Quantil der t-Verteilung mit n Freiheitsgraden,
mit $F_{\beta;m,n}$ das Quantil der F-Verteilung mit (m, n) Freiheitsgraden

jeweils der Ordnung β.

Beispiel 2.1: Normalverteilte Refraktionskoeffizienten.
Aus wiederholten Höhenwinkelmessungen am Rande des ostantarktischen Inlandeises wurden vertikale Refraktionskoeffizienten k (= Integralmittelwerte entlang der Zielstrahlen) als Maß der vertikalen Lichtstrahlkrümmung, in Einheiten der mittleren Erdkrümmung, berechnet (vgl. Beispiel 3.8, S. 83). Im allgemeinen sind die k nicht normalverteilt, sondern reichen, je nach Stärke der Temperaturinversionen, weit in den positiven Bereich. Normalverteilte k beobachtet man lediglich über temperierten (bzw. fast temperierten) Schnee- und Eisoberflächen, wenn die zugeführte Energie als Schmelzwärme verbraucht wird.

Aus dem Beobachtungsmaterial wird eine zweidimensionale Stichprobe $\{k_{1j}, k_{2j}\}$, $j = 1, 2, \ldots, 162$, für Luft- und Eistemperaturen zwischen 0 und $-4\,°\mathrm{C}$ herausgegriffen: k_{1j} quer, k_{2j} parallel zur vorherrschenden Windrichtung. Ihre relativen Häufigkeiten sind, summiert von Klasse zu Klasse, in Abb. 2.1 als sog. Summenhäufigkeiten über k aufgetragen. Die Ordinate ist nach der Verteilungsfunktion der Normalverteilung geteilt, so daß die Summenhäufigkeiten einer Stichprobe aus $N(m, \sigma^2)$ auf einer Geraden liegen mit m bei 50%, $m - \sigma$ bei 15,85% und $m + \sigma$ bei 84,15%. Der Anstieg der Geraden ist ein Maß für die Standardabweichung (hier $\hat{\sigma}_1 \approx \hat{\sigma}_2$). Den Korrelationskoeffizienten $\hat{\varrho}$, welcher die eindimensionalen Proben $\{k_{1j}\}$, $\{k_{2j}\}$ zur zweidimensionalen Probe $\{k_{1j}, k_{2j}\}$ verbindet, schätzt man nach (2.2.44).

Die geschätzten Parameter der zweidimensionalen Normalverteilung $f(k_1, k_2)$ des zufälligen Vektors $\boldsymbol{k} = [k_1, k_2]^{\mathrm{T}}$ nach (2.1.25) sind (vgl. Abb. 2.1)

$$\begin{bmatrix}\hat{m}_1\\ \hat{m}_2\end{bmatrix} = \begin{bmatrix}0{,}158\\ 0{,}172\end{bmatrix}, \quad \begin{bmatrix}\hat{\sigma}_1{}^2 & \hat{\sigma}_1\hat{\sigma}_2\hat{\varrho}\\ \hat{\sigma}_2\hat{\sigma}_1\hat{\varrho} & \hat{\sigma}_2{}^2\end{bmatrix} = 10^{-2}\begin{bmatrix}0{,}498 & 0{,}313\\ 0{,}313 & 0{,}501\end{bmatrix} \approx 0{,}50 \cdot 10^{-2}\begin{bmatrix}1 & 0{,}63\\ 0{,}63 & 1\end{bmatrix}.$$

Schlußfolgerungen: Geringe Unterschiede zwischen $\hat{m}_1$ und $\hat{m}_2$ können wegen ungleicher Zielstrahlhöhe über Grund auftreten (Einfluß der Versuchsanordnung). Der Korrelationskoeffizient $\hat{\varrho} \approx 0{,}63$ ist eher unter- als überschätzt (Einfluß der Meßfehler). Im turbulenten Kaltluftabfluß sind die statistischen Eigenschaften von k unter den o. a. Bedingungen *richtungsunabhängig*.

2.2. Statistik

Die mathematische Statistik, fußend auf der Wahrscheinlichkeitstheorie, stellt nicht nur Schätz- und Prüfverfahren bereit, sondern benennt zugleich die Voraussetzungen, unter denen diese Verfahren anwendbar sind. Der Blick auf die Voraussetzungen ist erforderlich, um statistische Scheinbeweise auszuschließen.

2.2.1. Stichproben und Stichprobenfunktionen

Ein Grundbegriff der mathematischen Statistik ist die Stichprobe. Als (*konkrete*) *Stichprobe* vom Umfang n bezeichnet man ein n-Tupel reeller Zahlen, das als Ergebnis einer n-maligen unabhängigen Wiederholung eines Versuchs oder einer Beobachtung entsteht. Mit dem Begriff der konkreten Stichprobe verbindet sich stets die Vorstellung, daß

(a) diese Stichprobe eine Auswahl endlich vieler Elemente aus einer i. allg. unendlichen Menge darstellt und

(b) die Auswahl der einzelnen Elemente zufällig und voneinander unabhängig erfolgt.

Die Menge, aus der ausgewählt wird, heißt *Grundgesamtheit*, und als mathematisches Modell für eine Stichprobe kann folglich ein n-Tupel $(Y_1, \ldots, Y_n)$ unabhängiger, identisch verteilter Zufallsgrößen gewählt werden. Dieser Zufallsvektor heißt auch *mathematische Stichprobe*, und dessen Komponenten Y_i, $i = 1, \ldots, n$, heißen *Stichprobenvariable*. Eine konkrete Stichprobe ist damit eine Realisierung einer mathematischen Stichprobe.

Als *Wahrscheinlichkeitsverteilung der Grundgesamtheit* bezeichnet man dann die Wahrscheinlichkeitsverteilung der Stichprobenvariablen. Unter einer *Stichprobenfunktion* versteht man eine Zufallsgröße, die eine Funktion der Stichprobenvariablen ist.

2.2.2. Punktschätzungen, Konfidenzintervalle und Signifikanztests

Es sei $(Y_1, \ldots, Y_n)$ eine mathematische Stichprobe aus einer Grundgesamtheit, die eine Verteilung mit m unbekannten Parametern Θ_i, $i = 1, 2, \ldots, m$, besitzt. Als Punktschätzungen der Θ_i bezeichnet man Stichprobenfunktionen $\hat{\Theta}_i = \hat{\Theta}_i(Y_1, \ldots, Y_n)$, deren Eigenschaften eine „gute" Approximation der Parameter Θ_i erwarten lassen. Solche Eigenschaften, an denen sich die Güte einer Punktschätzung messen läßt, sind z. B. Erwartungstreue und Effektivität.

Eine Punktschätzung $\hat{\Theta}$ für einen Parameter Θ heißt *erwartungstreu*, wenn

$$\mathsf{E}\hat{\Theta} = \Theta \tag{2.2.1}$$

gilt. Statt erwartungstreu sagt man auch *unverzerrt* oder *biasfrei*. Eine erwartungstreue Punktschätzung $\hat{\Theta}_0$ heißt *effektiv* bezüglich einer Klasse K erwartungstreuer Punktschätzungen $\hat{\Theta}$, wenn

$$\mathsf{D}^2\hat{\Theta}_0 \leqq \mathsf{D}^2\Theta, \quad \Theta \in K \tag{2.2.2}$$

gilt. Die Realisierungen einer erwartungstreuen, effektiven Punktschätzung liegen also „so dicht wie nur möglich" um den tatsächlichen Wert des zu schätzenden Parameters. Die Wahrscheinlichkeit dafür, daß der beobachtete Wert der Punktschätzung nahe am wirklichen Wert des Parameters liegt, ist daher i. allg. groß.

Unter einem *Konfidenzintervall* für den Parameter Θ zum Konfidenzniveau $1 - \alpha$ versteht man ein Intervall, dessen Endpunkte Stichprobenfunktionen $L(Y_1, \ldots, Y_n)$ und $U(Y_1, \ldots, Y_n)$ sind und das Θ mit Wahrscheinlichkeit $1 - \alpha$ überdeckt:

$$\mathsf{P}\big(U(Y_1, \ldots, Y_n) \leqq \Theta \leqq U(Y_1, \ldots, Y_n)\big) = 1 - \alpha. \tag{2.2.3}$$

Schließlich versteht man unter einem *Signifikanztest* ein statistisches Prüfverfahren, um anhand einer konkreten Stichprobe zu entscheiden, ob eine gewisse Hypothese über die Wahrscheinlichkeitsverteilung der Grundgesamtheit durch die Stichprobe bestätigt wird. Gelangt man dabei zu einer Ablehnung der Hypothese, so besteht zwischen der tatsächlichen und der hypothetischen Verteilung mit Wahrscheinlichkeit $1 - \alpha$ ein Unterschied.

2.2.3. Das lineare Modell der Statistik

Zahlreiche Fragestellungen der mathematischen Statistik lassen sich durch lineare Modelle beschreiben. Unter einem *allgemeinen linearen Modell* der mathematischen Statistik versteht man ein System von n Zufallsgrößen Y_i, $i = 1, \ldots, n$, der Form

$$\begin{aligned} Y_1 &= x_{11}\beta_1 + x_{12}\beta_2 + \cdots + x_{1m}\beta_m + \varepsilon_1, \\ Y_2 &= x_{21}\beta_1 + x_{22}\beta_2 + \cdots + x_{2m}\beta_m + \varepsilon_2, \\ &\vdots \\ Y_n &= x_{n1}\beta_1 + x_{n2}\beta_2 + \cdots + x_{nm}\beta_m + \varepsilon_n, \end{aligned} \tag{2.2.4}$$

wobei die ε_i Zufallsgrößen mit $\mathsf{E}\varepsilon_i = 0$ und $\operatorname{cov}(\varepsilon_i, \varepsilon_j) = \sigma^2\delta_{ij}$, $i, j = 1, \ldots, n$ und x_{kl}, $k = 1, \ldots, n$, $l = 1, \ldots, m$, bekannte reelle Zahlen sind.

Das Ziel besteht darin, Punktschätzungen und Konfidenzintervalle für die unbekannten Parameter β_i, $i = 1, \ldots, m$, und σ^2 zu finden bzw. Hypothesen über diese Parameter zu testen. Die Form des linearen Modells legt die Verwendung des Matrizenkalküls nahe. Vermittels der Bezeichnungen

$$\boldsymbol{Y} = \begin{bmatrix} Y_1 \\ \vdots \\ Y_n \end{bmatrix}, \quad \boldsymbol{X} = \begin{bmatrix} x_{11} & \ldots & x_{1m} \\ \vdots & & \vdots \\ x_{n1} & \ldots & x_{nm} \end{bmatrix}, \quad \boldsymbol{\beta} = \begin{bmatrix} \beta_1 \\ \vdots \\ \beta_m \end{bmatrix}, \quad \boldsymbol{\varepsilon} = \begin{bmatrix} \varepsilon_1 \\ \vdots \\ \varepsilon_n \end{bmatrix} \tag{2.2.5}$$

geht (2.2.4) in

$$\boldsymbol{Y} = \boldsymbol{X\beta} + \boldsymbol{\varepsilon}, \quad \mathsf{E}\boldsymbol{\varepsilon} = \boldsymbol{0}, \quad \mathsf{E}\{\boldsymbol{\varepsilon\varepsilon}^{\mathsf{T}}\} = \sigma^2\boldsymbol{I} \tag{2.2.6}$$

über. Im folgenden geben wir einfache Beispiele für lineare Modelle an: Es sei $(Y_1, \ldots, Y_n)$ eine mathematische Stichprobe vom Umfang n aus einer Grundgesamtheit mit dem Erwartungswert μ und der Varianz σ^2. Der Vektor $\boldsymbol{Y}$ und der Vektor $\boldsymbol{\varepsilon} = \boldsymbol{Y} - \mu\boldsymbol{1}$ mit $\boldsymbol{1} = [1, \ldots, 1]^{\mathsf{T}}$ bilden dann ein lineares Modell der Form

$$\boldsymbol{Y} = \mu\boldsymbol{1} + \boldsymbol{\varepsilon}. \tag{2.2.7}$$

Damit lassen sich Punktschätzungen, Konfidenzintervalle und Signifikanztests bezüglich Mittelwert und Varianz einer Grundgesamtheit dem allgemeinen linearen Modell unterordnen. Ferner seien $(X_1, \ldots, X_n)$ und $(Z_1, \ldots, Z_m)$ unabhängige Stichproben aus zwei Grundgesamtheiten, welche die Erwartungswerte μ_X bzw. μ_Z und gleiche Varianz σ^2 haben. Setzt man

$$\begin{aligned} \boldsymbol{Y} &= [X_1, \ldots, X_n, Z_1, \ldots, Z_m]^\mathsf{T}, \\ \boldsymbol{\varepsilon} &= [X_1 - \mu_X, \ldots, X_n - \mu_X, Z_1 - \mu_Z, \ldots, Z_m - \mu_Z]^\mathsf{T}, \\ \boldsymbol{\beta} &= [\mu_X, \mu_Z]^\mathsf{T}, \quad \boldsymbol{X} = \begin{bmatrix} 0 \ldots\ldots 0 & 1 \ldots\ldots 1 \\ 1 \ldots\ldots 1 & 0 \ldots\ldots 0 \end{bmatrix}^\mathsf{T}, \end{aligned} \tag{2.2.8}$$

so bilden die beiden Stichproben das lineare Modell $\boldsymbol{Y} = \boldsymbol{X}\boldsymbol{\beta} + \boldsymbol{\varepsilon}$. Damit läßt sich auch der Vergleich der Erwartungswerte zweier Grundgesamtheiten dem allgemeinen linearen Modell unterordnen. Der wohl wichtigste Anwendungsfall des allgemeinen linearen Modells ist jedoch die *Ausgleichungsrechnung*.

Es seien β_i, $i = 1, \ldots, m$, unbekannte Größen, die sich nicht direkt beobachten lassen, aber mit beobachtbaren Größen Y_i, $i = 1, \ldots, n$, $n > m$, in folgendem linearem Zusammenhang stehen:

$$\boldsymbol{Y} = \boldsymbol{X}\boldsymbol{\beta} + \boldsymbol{\varepsilon}, \tag{2.2.9}$$

wobei $\boldsymbol{\varepsilon}$ ein Zufallsvektor ist, der sich als Vektor der Beobachtungsfehler interpretieren läßt. Damit ist das vermittelnde, unkorrelierte Ausgleichungsmodell ein Sonderfall des allgemeinen linearen Modells. Dies wird deutlicher, wenn wir die in der Ausgleichungsrechnung üblichen Bezeichnungen verwenden. Setzt man $\boldsymbol{l} = -\boldsymbol{Y}$, $\boldsymbol{v} = \boldsymbol{\varepsilon}$, $\boldsymbol{x} = \boldsymbol{\beta}$ und $\boldsymbol{A} = -\boldsymbol{X}$, so lautet (2.2.9)

$$\boldsymbol{v} = \boldsymbol{A}\boldsymbol{x} - \boldsymbol{l}, \tag{2.2.10}$$

was gerade die Beobachtungsgleichungen (Verbesserungsgleichungen) der unkorrelierten vermittelnden Ausgleichung sind. Schließlich läßt sich auch die korrelierte vermittelnde Ausgleichung auf die unkorrelierte vermittelnde Ausgleichung und damit auf das allgemeine lineare Modell zurückführen. Bei der korrelierten Ausgleichung gilt

$$\mathsf{E}\{\boldsymbol{\varepsilon}\boldsymbol{\varepsilon}^\mathsf{T}\} = \boldsymbol{C} \quad \text{statt} \quad \mathsf{E}\{\boldsymbol{\varepsilon}\boldsymbol{\varepsilon}^\mathsf{T}\} = \sigma^2 \boldsymbol{I}, \tag{2.2.11}$$

wobei $\boldsymbol{C}$ die positiv definite Kovarianzmatrix der Beobachtungsfehler ist. Ist $\boldsymbol{C}$ eine Diagonalmatrix, so sind zwar die Beobachtungsfehler voneinander unabhängig, aber von unterschiedlicher Größe. Man spricht in diesem Falle von vermittelnder Ausgleichung unabhängiger Beobachtungen mit unterschiedlichen Gewichten. Beide Situationen lassen sich durch Multiplikation der Beobachtungsgleichungen

$$\boldsymbol{Y} = \boldsymbol{X}\boldsymbol{\beta} + \boldsymbol{\varepsilon}$$

mit der Matrix $C^{-1/2}$ auf das allgemeine lineare Modell zurückführen. Aus

$$C^{-1/2}Y = C^{-1/2}X\beta + C^{-1/2}\varepsilon \tag{2.2.12}$$

erhält man mit den Beziehungen

$$Z = C^{-1/2}Y, \quad S = C^{-1/2}X, \quad \eta = C^{-1/2}\varepsilon \tag{2.2.13}$$

das Modell

$$Z = S\beta + \eta, \tag{2.2.14}$$

für welches nun wieder

$$\mathsf{E}\eta = \mathsf{E}C^{-1/2}\varepsilon = C^{-1/2}\mathsf{E}\varepsilon = 0, \tag{2.2.15}$$
$$\mathsf{E}\{\eta\eta^{\mathsf{T}}\} = \mathsf{E}C^{-1/2}\varepsilon\varepsilon^{\mathsf{T}}C^{-1/2} = C^{-1/2}\mathsf{E}\{\varepsilon\varepsilon^{\mathsf{T}}\}\, C^{-1/2} = C^{-1/2}CC^{-1/2} = I$$

gilt.

Um eine vermittelnde Ausgleichung korrelierter Beobachtungen auf das allgemeine lineare Modell der Statistik zurückführen zu können, benötigt man *A-priori*-Informationen über die Kovarianzmatrix der Beobachtungsfehler. Die Frage nach Methoden, mit denen solche Informationen gesammelt werden können, führt aus dem Gebiet der elementaren Statistik heraus in die Theorie der Zufallsprozesse (Abschnitte 3.ff.).

2.2.4. Die Methode der kleinsten Quadrate (MKQ)

Wir haben gesehen, daß sich viele Fragestellungen der elementaren Statistik auf die Schätzung und den Test von Parametern des allgemeinen linearen Modells zurückführen lassen. Das dem linearen Modell angepaßte Schätzprinzip ist die im wesentlichen auf C. F. Gauss (1794, 1809, 1821) zurückgehende Methode der kleinsten Quadrate.

Ein Vektor $\hat{\beta} = \hat{\beta}(Y)$ heißt *Punktschätzung von β nach der Methode der kleinsten Quadrate* (kurz: *MKQ-Schätzung*), wenn

$$\min_{b \in \mathbb{R}^m} |Y - Xb|^2 = |Y - X\hat{\beta}|^2 \tag{2.2.16}$$

gilt. Die MKQ-Schätzungen stehen mit den Lösungen β^0 der *Normalgleichungen*

$$X^{\mathsf{T}}X\beta^0 = X^{\mathsf{T}}Y \tag{2.2.17}$$

in folgendem Zusammenhang: Die *Lösungsmenge der Normalgleichungen* stimmt mit der Menge der MKQ-Schätzungen überein.

Wir wollen uns von nun an auf den Fall beschränken, daß X von vollem Rang ist; dann gilt zusätzlich: Die MKQ-Schätzung $\hat{\beta}$ ist eindeutig bestimmt durch

$$\hat{\beta} = (X^{\mathsf{T}}X)^{-1}\, X^{\mathsf{T}}Y. \tag{2.2.18}$$

Sie ist ferner erwartungstreu, d. h., $\mathsf{E}\hat{\boldsymbol{\beta}} = \boldsymbol{\beta}$, und effektiv bezüglich der Klasse der linearen Schätzungen. Schließlich gilt

$$\mathsf{E}\{[\hat{\boldsymbol{\beta}} - \boldsymbol{\beta}]\,[\hat{\boldsymbol{\beta}} - \boldsymbol{\beta}]^{\mathsf{T}}\} = \sigma^2(\boldsymbol{X}^{\mathsf{T}}\boldsymbol{X})^{-1}. \tag{2.2.19}$$

Bisher haben wir erwartungstreue Punktschätzungen für die Parameter β_i, $i = 1, \ldots, m$, angegeben. Es fehlen noch Punktschätzungen für σ^2. Diese lassen sich aus einer MKQ-Schätzung $\hat{\boldsymbol{\beta}}$ gewinnen: Ist $\hat{\boldsymbol{\beta}}$ die MKQ-Schätzung von $\boldsymbol{\beta}$, so ist

$$\hat{\sigma}^2 = \frac{|\boldsymbol{Y} - \boldsymbol{X}\hat{\boldsymbol{\beta}}|^2}{n - m}, \quad n > m, \tag{2.2.20}$$

eine erwartungstreue Punktschätzung für σ^2. Für die Konstruktion von Punktschätzungen sind wir ohne jegliche Voraussetzungen an den Typ der Verteilung der ε_i, $i = 1, \ldots, n$, ausgekommen. Wollen wir jedoch Konfidenzintervalle angeben bzw. Hypothesen testen, so müssen wir $\varepsilon_i \in N(0, \sigma^2)$, $i = 1, \ldots, n$, voraussetzen. Ist nun

$$\psi := \mathbf{c}^{\mathsf{T}}\boldsymbol{\beta} \tag{2.2.21}$$

eine Funktion der unbekannten Parameter, so gilt

Satz 2.4: *Es gelte* $\varepsilon_i \in N(0, \sigma^2)$, $i = 1, \ldots, n$, *und es sei* $\hat{\boldsymbol{\beta}}$ *die* MKQ-*Schätzung von* $\boldsymbol{\beta}$. *Dann ist* $\hat{\psi} := \mathbf{c}^{\mathsf{T}}\hat{\boldsymbol{\beta}}$ *normalverteilt mit* $\mathsf{E}\hat{\psi} = \psi$ *und* $\mathsf{D}^2\psi = \sigma^2\mathbf{c}^{\mathsf{T}}(\boldsymbol{X}^{\mathsf{T}}\boldsymbol{X})^{-1}\,\mathbf{c}$. *Die Zufallsgröße*

$$(n - m)\,\frac{\hat{\sigma}^2}{\sigma^2} = \frac{|\boldsymbol{Y} - \boldsymbol{X}\hat{\boldsymbol{\beta}}|^2}{\sigma^2}$$

ist χ^2-*verteilt mit* $n - m$ *Freiheitsgraden. Die* MKQ-*Schätzungen* $\hat{\psi}$ *und* $\hat{\sigma}^2$ *sind unabhängig.*

Mit Hilfe von Satz 2.2 folgert man hieraus

Satz 2.5: *Unter den Voraussetzungen des Satzes* 2.2 *besitzt die Zufallsgröße*

$$T = \frac{(\hat{\psi} - \psi)\sqrt{n - m}}{\sqrt{\{\mathbf{c}^{\mathsf{T}}(\boldsymbol{X}^{\mathsf{T}}\boldsymbol{X})^{-1}\,\mathbf{c}\}}\;|\boldsymbol{Y} - \boldsymbol{X}\hat{\boldsymbol{\beta}}|}$$

eine t-Verteilung mit $n - m$ *Freiheitsgraden.*

Es sei nun $\boldsymbol{\psi} = [\psi_1, \ldots, \psi_q]^{\mathsf{T}}$ ein Vektor von q linearen Funktionen der unbekannten Parameter β_i, $i = 1, \ldots, m$:

$$\boldsymbol{\psi} = \boldsymbol{C}^{\mathsf{T}}\boldsymbol{\beta}, \quad \boldsymbol{C} = \begin{bmatrix} c_{11} & \cdots & c_{1q} \\ c_{m1} & \cdots & c_{mq} \end{bmatrix}. \tag{2.2.22}$$

Aus Satz 2.3 und Satz 2.4 folgt dann

Satz 2.6: *Unter den Voraussetzungen von Satz 2.4 besitzt die Zufallsgröße*

$$F = \frac{n-m}{q} \frac{(\hat{\boldsymbol{\psi}} - \boldsymbol{\psi})^{\mathrm{T}} \left(\boldsymbol{C}^{\mathrm{T}}(\boldsymbol{X}^{\mathrm{T}}\boldsymbol{X})^{-1} \boldsymbol{C}\right)^{-1} (\hat{\boldsymbol{\psi}} - \boldsymbol{\psi})}{|\boldsymbol{Y} - \boldsymbol{X}\hat{\boldsymbol{\beta}}|}$$

eine F-Verteilung mit $(q, n-m)$ Freiheitsgraden.

Die in Abschnitt 2.2.4. bereitgestellten Ergebnisse sollen nun auf spezielle lineare Modelle angewandt werden.

Beispiel 2.2: Punktschätzung, Konfidenzintervalle und Signifikanztests bezüglich Mittelwert und Varianz einer Grundgesamtheit.
Wir betrachten eine Stichprobe $\boldsymbol{Y} = [Y_1, \ldots, Y_n]^{\mathrm{T}}$ aus einer $N(\mu, \sigma^2)$-verteilten Grundgesamtheit. Das angesetzte lineare Modell lautet:

$$\boldsymbol{Y} = \mathbf{1}\mu + (\boldsymbol{Y} - \mathbf{1}\mu),$$

d. h., wir haben im Vergleich mit (2.2.6) $\boldsymbol{X} = \mathbf{1}$, $\beta = \mu$ und $\boldsymbol{\varepsilon} = \boldsymbol{Y} - \mathbf{1}\mu$ gesetzt. Eine MKQ-Schätzung $\hat{\mu}$ für μ erhält man entsprechend (2.2.17) als Lösung der Normalgleichung

$$n\hat{\mu} = \sum_{i=1}^{n} Y_i. \tag{2.2.23}$$

Die Lösung dieser trivialen Normalgleichung

$$\hat{\mu} = \frac{1}{n} \sum_{i=1}^{n} Y_i \tag{2.2.24}$$

ist eine erwartungstreue, effektive Punktschätzung für μ. Mit Hilfe von (2.2.20) läßt sich eine erwartungstreue Punktschätzung $\hat{\sigma}^2$ für σ^2 folgendermaßen gewinnen:

$$\hat{\sigma}^2 = \frac{1}{n-1} \sum_{i=1}^{n} (Y_i - \hat{\mu})^2. \tag{2.2.25}$$

Setzt man $\psi = \beta = \mu$, so erkennt man aus Satz 2.2, daß die Zufallsgröße

$$T = \frac{\hat{\mu} - \mu}{\hat{\sigma}} \sqrt{n}$$

t-verteilt mit $n - 1$ Freiheitsgraden ist. Folglich ist

$$\left(\hat{\mu} - t_{1-\frac{\alpha}{2}, n-1} \times \frac{\hat{\sigma}}{\sqrt{n}},\ \hat{\mu} + t_{1-\frac{\alpha}{2}, n-1} \times \frac{\hat{\sigma}}{\sqrt{n}}\right) \tag{2.2.26}$$

ein Konfidenzintervall für μ zum Signifikanzniveau $1 - \alpha$. Aus Satz 2.1 weiß man, daß $(n-1)\,\hat{\sigma}^2/\sigma^2$ eine χ^2-Verteilung mit $n - 1$ Freiheitsgraden besitzt.

Damit ist

$$\left(\frac{(n-1)\,\hat{\sigma}^2}{\chi^2_{1-\frac{\alpha}{2}, n-1}},\ \frac{(n-1)\,\hat{\sigma}^2}{\chi^2_{\frac{\alpha}{2}, n-1}}\right) \tag{2.2.27}$$

ein Konfidenzintervall für σ^2 zum Konfidenzniveau $1 - \alpha$. Schließlich läßt sich die Hypothese $H_0 : \mu = \mu_0$ mit Hilfe der Testgröße

$$T = \frac{\hat{\mu} - \mu_0}{\hat{\sigma}} \sqrt{n} \tag{2.2.28}$$

testen. Die Hypothese wird abgelehnt, wenn für eine Realisierung t von T die Ungleichung

$$|t| > t_{1-\frac{\alpha}{2};n-1} \tag{2.2.29}$$

besteht.

Beispiel 2.3: Vermittelnde Ausgleichung unabhängiger Beobachtungen unterschiedlicher Genauigkeit.
Vorgelegt seien die Beobachtungsgleichungen

$$\boldsymbol{v} = \boldsymbol{A}\boldsymbol{x} - \boldsymbol{l}. \tag{2.2.30}$$

Vergleicht man diese mit der im linearen Modell (2.2.6) benutzten Symbolik, so bestehen die Beziehungen $\boldsymbol{Y} = -\boldsymbol{l}$, $\beta = \boldsymbol{x}$, $\varepsilon = \boldsymbol{v}$. Da in den Beobachtungen keine systematischen Fehler enthalten sein sollen, gilt $\mathsf{E}\varepsilon = \mathsf{E}\boldsymbol{v} = \boldsymbol{0}$. Da die Beobachtungen unabhängig sind, ist die Kovarianzmatrix $\boldsymbol{C} := \mathsf{E}\{\varepsilon\varepsilon^\mathsf{T}\}$ der Beobachtungsfehler eine Diagonalmatrix. In der Hauptdiagonale stehen aber, wegen der unterschiedlichen Genauigkeit der Beobachtungen, unterschiedliche Werte. Im allgemeinen ist deren Größe unbekannt. Bekannt ist meist nur das Verhältnis je zweier Elemente:

$$\boldsymbol{C} = \mathsf{E}\{\varepsilon\varepsilon^\mathsf{T}\} = \sigma_0^2 \begin{bmatrix} 1/p_1 & & & 0 \\ & 1/p_2 & & \\ & & \ddots & \\ 0 & & & 1/p_n \end{bmatrix}. \tag{2.2.31}$$

Hierbei sind die p_i, $i = 1, \ldots, n$, bekannt. Sie werden in der Ausgleichungsrechnung *Gewichte* genannt. Dahingegen ist der in der Ausgleichungsrechnung meist mit m_0 bezeichnete und als *mittlerer Gewichtseinheitsfehler* benannte Parameter σ_0 unbekannt. Um (2.2.30), (2.2.31) auf die Normalform des linearen Modells zurückzuführen, werden die Beobachtungsgleichungen (2.2.30) mit

$$\boldsymbol{C}^{-1/2} = \begin{bmatrix} \sqrt{p_1} & & & 0 \\ & \sqrt{p_2} & & \\ & & \ddots & \\ 0 & & & \sqrt{p_n} \end{bmatrix} \tag{2.2.32}$$

multipliziert. Die Beziehungen (2.2.30), (2.2.31) gehen dann in das lineare Modell

$$\boldsymbol{Z} = \boldsymbol{S}\beta + \eta, \quad E\eta = \boldsymbol{0}, \quad \mathsf{E}\{\eta\eta^\mathsf{T}\} = \sigma_0^2 \boldsymbol{I} \tag{2.2.33}$$

mit

$$\boldsymbol{Z} = \left[\sqrt{p_1}\, l_1, \ldots, \sqrt{p_n}\, l_n\right]^\mathsf{T}, \quad \boldsymbol{S} = \boldsymbol{C}^{-1/2}\boldsymbol{A}, \quad \eta = \left[\sqrt{p_1}\, v_1, \ldots, \sqrt{p_n}\, v_n\right]^\mathsf{T} \tag{2.2.34}$$

über. Die MKQ-Bedingung lautet hierfür

$$\min_{\boldsymbol{b}\in\mathbb{R}^m} |\boldsymbol{Z} - \boldsymbol{S}\boldsymbol{b}|^2 = \min_{\boldsymbol{b}\in\mathbb{R}^m} |\eta(\boldsymbol{b})|^2 = \min_{\boldsymbol{b}\in\mathbb{R}^m} \sum_{i=1}^{n} p_i v_i^2(\boldsymbol{b})$$

$$=: \min_{\boldsymbol{b}\in\mathbb{R}^m} [p\, v\, v]. \quad \text{(Schreibweise nach Gauss)} \tag{2.2.35}$$

Dies ist die aus der Ausgleichungsrechnung geläufige Formulierung der Minimalbedingung. Die MKQ-Schätzung $\hat{\beta}$ löst dann die Normalgleichungen

$$S^T S\hat{\beta} = S^T Z. \tag{2.2.36}$$

Schreibt man (2.2.36) auf die alten Bezeichnungen um, so ergibt sich mit $P := \operatorname{diag}(p_1, \ldots, p_n)$:

$$A^T PA\hat{x} = A^T Pl. \tag{2.2.37}$$

Die Matrix

$$Q := (A^T PA)^{-1} = (S^T S)^{-1} \tag{2.2.38}$$

heißt in der Ausgleichungsrechnung *Gewichtskoeffizientenmatrix*, und sie drückt die Kovarianz der Schätzung $\hat{x}$ für den Unbekanntenvektor x aus:

$$E\{[\hat{x} - x][\hat{x} - x]^T\} = \sigma_0^2 Q. \tag{2.2.39}$$

Gemäß (2.2.20) ist

$$\hat{\sigma}_0^2 = \frac{|Z - S\hat{\beta}|^2}{n - m} = \frac{|\eta|^2}{n - m} = \frac{[p\,v\,v]}{n - m} \tag{2.2.40}$$

eine erwartungstreue Schätzung für das Quadrat des mittleren Gewichtseinheitsfehlers m_0. Es seien nun ohne Beschränkung der Allgemeinheit (o. B. d. A) die ersten beiden Komponenten des Unbekanntenvektors $\beta = x$ die kartesischen Koordinaten eines Punktes in der Ebene: $\beta_1 = x_1 = x$, $\beta_2 = x_2 = y$. Mit

$$C'^T = \begin{bmatrix} 1 & 0 & 0 \ldots 0 \\ 0 & 1 & 0 \ldots 0 \end{bmatrix} \tag{2.2.41}$$

gilt

$$\begin{bmatrix} x \\ y \end{bmatrix} = C'^T \beta. \tag{2.2.42}$$

Durch die Gleichung

$$F := \frac{1}{\hat{\sigma}_0} \begin{bmatrix} \hat{x} - x \\ \hat{y} - y \end{bmatrix}^T (C'^T Q C')^{-1} \begin{bmatrix} \hat{x} - x \\ \hat{y} - y \end{bmatrix} = 1 \tag{2.2.43}$$

wird eine Ellipse um $(\hat{x}, \hat{y})$, die sogenannte *Fehlerellipse*, beschrieben. Nach Satz 2.3 genügt $F/2$ einer F-Verteilung mit $(2, n - m)$ Freiheitsgraden. Demnach überdeckt die Fehlerellipse die wahre Lage des Punktes (x, y) mit einer Wahrscheinlichkeit $P = \int_0^{1/2} f(x)\,dx$, mit f gemäß (2.1.31).

2.2.5. Korrelationsanalyse

Während im allgemeinen linearen Modell der Statistik einseitige Abhängigkeiten, d. h. Ursache-Wirkungs-Beziehungen, untersucht werden, beinhaltet die Korrelationsanalyse Methoden, die zweiseitige Abhängigkeiten meßbarer

Merkmale aufspüren. Mathematisch können diese Abhängigkeiten durch Korrelationskoeffizienten ausgedrückt werden.

Zur Ermittlung einer Punktschätzung für den Korrelationskoeffizienten ϱ zweier Zufallgrößen X, Y vollzieht man eine Stichprobe $X_1, \ldots, X_n$ und $Y_1, \ldots, Y_n$. Dann ist

$$\hat{\varrho} = \frac{\sum_{i=1}^{n} (X_i - \overline{X})(Y_i - \overline{Y})}{\sqrt{\sum_{i=1}^{n} (X_i - \overline{X})^2 \sum_{i=1}^{n} (Y_i - \overline{Y})^2}} \tag{2.2.44}$$

mit

$$\overline{X} = \frac{1}{n} \sum_{i=1}^{n} X_i, \quad \overline{Y} = \frac{1}{n} \sum_{i=1}^{n} Y_i \tag{2.2.45}$$

eine Punktschätzung für ϱ. Genügt der Vektor $[X, Y]^{\mathrm{T}}$ einer zweidimensionalen Normalverteilung mit den Erwartungswerten m_1, m_2, den Standardabweichungen σ_1, σ_2 und dem Korrelationskoeffizienten $\varrho = 0$, dann besitzt die Zufallsgröße

$$T = \sqrt{n-2}\, \frac{\hat{\varrho}}{\sqrt{1 - \hat{\varrho}^2}} \tag{2.2.46}$$

eine t-Verteilung mit $n - 2$ Freiheitsgraden. Mit Hilfe dieser Aussage lassen sich Signifikanztests bezüglich der Hypothese $H_0 : \varrho = 0$ konstruieren. Für $\varrho \neq 0$ benutzt man die von FISHER (1921) entdeckte Tatsache, daß die sogenannte *Fishersche Z-Transformierte*

$$Z = \frac{1}{2} \ln \frac{1 + \hat{\varrho}}{1 - \hat{\varrho}} \tag{2.2.47}$$

asymptotisch normalverteilt mit

$$\mathsf{E}Z = \frac{1}{2} \ln \frac{1 + \varrho}{1 - \varrho} + \frac{\varrho}{2(n-1)}; \qquad \mathsf{D}^2 Z = \frac{1}{n-3} \tag{2.2.48}$$

ist. Erfreulich ist dabei, daß bereits für Stichproben von geringem Umfang die Übereinstimmung mit der Normalverteilung gut ist. Benutzt man diese Verteilungsaussage, so erhält man mit

$$\left(\tanh\left(Z - \frac{Z_{1-\alpha/2}}{\sqrt{n-3}}\right), \quad \tanh\left(Z + \frac{Z_{1-\alpha/2}}{\sqrt{n-3}}\right)\right) \tag{2.2.49}$$

ein Konfidenzintervall für ϱ zum Signifikanzniveau $1 - \alpha$. Hierbei ist $Z_{1-\alpha/2}$ das Quantil der Ordnung $1 - \frac{\alpha}{2}$ der Normalverteilung.

2.3. Höhere Funktionen

Viele wichtige geophysikalische Phänomene lassen sich durch partielle Differentialgleichungen beschreiben. Betrachtet man sie in einfach gestalteten Gebieten, wie z. B. in einer Kugel oder einem Zylinder, so ist die Lösung der Differentialgleichung in vielen Fällen angebbar. In der Reihendarstellung dieser Lösung treten dann Höhere Funktionen auf, die entsprechend *Kugel-* bzw. *Zylinderfunktionen* genannt werden. Ein weiterer Umstand, der auf diese Höheren Funktionen führt, sind Kugel- oder Zylindersymmetrien in geophysikalischen Feldern. Liegen solche Symmetrien vor, so kann bei Integraltransformationen, nach Einführung entsprechender Koordinaten, über eine Variable integriert werden. Der verbleibende Kern der Integraltransformation enthält dann die genannten Höheren Funktionen. Die für uns wichtigen Höheren Funktionen sind die bereits erwähnten Kugel- und Zylinderfunktionen, letztere auch BESSEL-Funktionen genannt. Ihre wesentlichen Eigenschaften sollen hier zitiert werden.

2.3.1. Legendresche Polynome

Die *Legendreschen Polynome* erster Art P_n und zweiter Art Q_n vom Grade n sind spezielle Lösungen der *Legendreschen Differentialgleichung*

$$(1 - x^2) \frac{d^2w}{dx^2} - 2x \frac{dw}{dx} + n(n + 1) w = 0. \tag{2.3.1}$$

Jede Lösung w dieser Differentialgleichung ist dann eine Linearkombination von P_n und Q_n:

$$w = c_1 P_n + c_2 Q_n. \tag{2.3.2}$$

Die P_n lassen sich rekursiv nach folgender Vorschrift berechnen:

$$P_0(x) = 1, \quad P_1(x) = x,$$
$$(n + 1) P_{n+1}(x) = (2n + 1) x P_n(x) - n P_{n-1}(x), \quad n = 1, 2, \ldots \tag{2.3.3}$$

LEGENDREsche Polynome lassen sich auch gewinnen, indem man die Funktion $(1 - 2zr + r^2)^{-1/2}$ nach Potenzen von r entwickelt:

$$(1 - 2zr + r^2)^{-1/2} = \begin{cases} \sum\limits_{n=0}^{\infty} P_n(z)\, r^n & \text{für} \quad r < 1 \\ & \qquad (|z| \leq 1) \\ \sum\limits_{n=0}^{\infty} P_n(z) \dfrac{1}{r^{n+1}} & \text{für} \quad r > 1. \end{cases} \tag{2.3.4}$$

Die Funktionen

$$P_n^{(m)}(x) := (1 - x^2)^{m/2} \frac{d^m}{dx^m} P_n(x) \tag{2.3.5}$$

werden *zugeordnete Legendresche Funktionen* genannt. Sie lassen sich rekursiv aus den P_n berechnen:

$$P_n^{(m+1)}(x) = (x^2-1)^{-1/2}\{(n-m)xP_n^{(m)}(x) - (n+m)P_{n-1}^{(m)}(x)\}, \quad (2.3.6)$$

$$P_{n+1}^{(m)}(x) = P_{n-1}^{(m)}(x) + (2n+1)(x^2-1)^{1/2}P_n^{(m-1)}(x). \quad (2.3.7)$$

Häufig werden auch die *vollständig normierten Legendreschen Funktionen* benutzt. Sie sind folgendermaßen definiert:

$$\overline{P}_n^{(m)}(x) = \sqrt{\frac{2(2n+1)(n-m)!}{(n+m)!\,(1+\delta_{0m})}}\,P_n^{(m)}(x). \quad (2.3.8)$$

Die vollständig normierten LEGENDREschen Funktionen besitzen folgende Eigenschaft:

Gegeben seien zwei Punkte auf der Einheitskugel mit den Koordinaten (ϑ, λ) bzw. (ϑ', λ'). Ferner sei ψ mit

$$\cos\psi = \cos\vartheta\cos\vartheta' + \sin\vartheta\sin\vartheta'\cos(\lambda-\lambda') \quad (2.3.9)$$

der sphärische Abstand dieser beiden Punkte. Dann gilt

$$P_n(\cos\psi) = \frac{2}{2n+1}\sum_{m=-n}^{n}\overline{P}_n^{(|m|)}(\cos\vartheta)\,\overline{P}_n^{(|m|)}(\cos\vartheta')\,e^{jm(\lambda-\lambda')}. \quad (2.3.10)$$

2.3.2. Kugelfunktionen

Die LEGENDREschen Funktionen sind für uns weniger an sich interessant als vielmehr ihre Beziehungen zu der wichtigen Klasse der Kugelfunktionen. Eine *Kugelfunktion* K_n *vom Grad* n ist ein harmonisches Polynom, welches homogen vom Grad n ist:

$$\Delta K_n = 0, \quad K_n = \sum_{p+q+r=n} a_{pqr}x^p y^q z^r. \quad (2.3.11)$$

Man kann zeigen, daß genau $2n+1$ linear unabhängige Kugelfunktionen K_{nm}; $m = -n, \ldots, +n$ existieren. Um diese zu finden, führt man Kugelkoordinaten ein:

$$x = r\sin\vartheta\cos\lambda, \quad y = r\sin\vartheta\sin\lambda, \quad z = r\cos\vartheta;$$

dann ist

$$K_{nm}(r, \vartheta, \lambda) = \frac{1}{r^{n+1}}Y_{nm}(\vartheta, \lambda) \quad \text{bzw.} \quad K_{nm}(r, \vartheta, \lambda) = r^n Y_{nm}(\vartheta, \lambda) \quad (2.3.12)$$

mit

$$Y_{nm}(\vartheta, \lambda) = \begin{cases} \overline{P}_n^{(m)}(\cos\vartheta)\cos m\lambda & \text{für } m = 0, \ldots, n \\ \overline{P}_n^{(m)}(\cos\vartheta)\sin|m|\lambda & \text{für } m = -n, \ldots, -1 \end{cases} \quad (2.3.13)$$

eine Darstellung von $2n + 1$ linear unabhängigen Kugelfunktionen vom Grad $-n$ bzw. vom Grad n; $n = 1, 2, \ldots$ Die Funktionen

$$Y_n(\vartheta, \lambda) = \sum_{m=-n}^{n} a_{nm} Y_{nm}(\vartheta, \lambda)$$

heißen *Laplacesche Kugelflächenfunktionen vom Grad n.* Es besteht folgende Orthogonalitätsbeziehung:

$$\frac{1}{4\pi} \int_0^{\pi} \int_0^{2\pi} Y_{nm} Y_{\bar{n}\bar{m}} \sin\vartheta \, d\lambda \, d\vartheta = \delta_{n\bar{n}} \delta_{m\bar{m}}. \tag{2.3.14}$$

Jede Funktion f, die auf der Kugeloberfläche quadratisch integrierbar ist, läßt sich als Reihe von Kugelflächenfunktionen darstellen:

$$\left.\begin{aligned} f(\vartheta, \lambda) &= \sum_{n=0}^{\infty} \sum_{m=-n}^{n} a_{nm} Y_{n,m}(\vartheta, \lambda); \\ a_{nm} &= \frac{1}{4\pi} \int_0^{\pi} \int_0^{2\pi} f(\vartheta, \lambda) \, Y_{nm}(\vartheta, \lambda) \sin\vartheta \, d\lambda \, d\vartheta, \end{aligned}\right\} \tag{2.3.15}$$

wobei Konvergenz der Reihe im quadratischen Mittel erfolgt. Jede außerhalb einer Kugel vom Radius R harmonische und im Unendlichen reguläre Funktion u läßt sich als Reihe von Kugelfunktionen darstellen:

$$u(r, \vartheta, \lambda) = \sum_{n=0}^{\infty} \left(\frac{R}{r}\right)^{n+1} \sum_{m=-n}^{n} a_{nm} Y_{nm}(\vartheta, \lambda), \tag{2.3.16}$$

wobei die Konvergenz außerhalb jeder Kugel mit einem Radius $R' > R$ absolut und gleichmäßig erfolgt.

Die Eigenschaft (2.3.16) begründet die Bedeutung der Kugelfunktionen für geophysikalische Untersuchungen. Gewisse geophysikalische Felder sind außerhalb der Erdkugel harmonisch und lassen sich deshalb durch Kugelfunktionen darstellen.

Beispiel 2.4: Kugelfunktionsentwicklung des Gravitationspotentials der Erde.
Wir betrachten die Erde als starren, kugelförmigen Körper mit inhomogener Massenverteilung. Der Radius der Erdkugel sei R, und die Dichte der Masseverteilung sei ϱ. An einem Punkt $\boldsymbol{x}$ außerhalb der Erde ist dann das Gravitationspotential $V(\boldsymbol{x})$ gegeben durch

$$V(\boldsymbol{x}) = k \int_{|\boldsymbol{y}| \leq R} \frac{\varrho(\boldsymbol{y})}{|\boldsymbol{x} - \boldsymbol{y}|} \, d\boldsymbol{y}, \quad k \ldots \text{Gravitationskonstante}. \tag{2.3.17}$$

Natürlich ist es naheliegend, Kugelkoordinaten einzuführen. Es seien (r, ϑ, λ) die Kugelkoordinaten des Punktes $\boldsymbol{x}$ und entsprechend $(r', \vartheta', \lambda')$ die Kugelkoordinaten des Punktes $\boldsymbol{y}$. Bezeichnet man ferner mit ψ den Winkel $\measuredangle(\boldsymbol{x}, \boldsymbol{0}, \boldsymbol{y})$, so geht (2.3.17) über in

$$V(r, \vartheta, \lambda) = k \int_0^R \int_0^\pi \int_0^{2\pi} \frac{\varrho(r', \vartheta', \lambda')\, r'^2 \sin \vartheta'}{[r^2 + (r')^2 - 2rr' \cos \psi]^{1/2}}\, d\lambda'\, d\vartheta'\, dr'.$$

Benutzt man nun die Beziehung (2.3.4) und integriert gliedweise, so entsteht

$$V(r, \vartheta, \lambda) = \frac{k}{r} \sum_{n=0}^{\infty} \int_0^R \int_0^\pi \int_0^{2\pi} \left(\frac{r'}{r}\right)^n P_n(\cos \psi)\, \varrho(r', \vartheta', \lambda')\, r'^2 \sin \vartheta'\, d\lambda'\, d\vartheta'\, dr'.$$

Nun führt die Beziehung (2.3.10) zu

$$\begin{aligned} V(r, \vartheta, \lambda) &= \frac{k}{r} \sum_{n=0}^{\infty} \frac{2}{2n+1} \sum_{m=-n}^{n} \int_0^R \int_0^\pi \int_0^{2\pi} \left(\frac{r'}{r}\right)^n \bar{P}_n^{(m)}(\cos \vartheta)\, \bar{P}_n^{(m)}(\cos \vartheta') \\ &\quad \times e^{jm(\lambda-\lambda')}\, \varrho(r', \vartheta', \lambda')\, r'^2 \sin \vartheta'\, d\lambda'\, d\vartheta'\, dr' \\ &= \frac{k}{r} \sum_{n=0}^{\infty} \frac{2}{2n+1} \sum_{m=-n}^{n} \int_0^R \int_0^\pi \int_0^{2\pi} \left(\frac{r'}{r}\right)^n Y_{nm}(\vartheta, \lambda)\, Y_{nm}(\vartheta', \lambda') \\ &\quad \times \varrho(r', \vartheta', \lambda')\, r'^2 \sin \vartheta'\, d\lambda'\, d\vartheta'\, dr'. \end{aligned}$$

Führt man die Abkürzungen

$$a_{nm} := \frac{2}{2n+1} \int_0^R \int_0^\pi \int_0^{2\pi} (r')^n\, Y_{nm}(\vartheta', \lambda')\, \varrho(r', \vartheta', \lambda')\, r'^2 \sin \vartheta'\, d\lambda'\, d\vartheta'\, dr'$$

ein, so entsteht

$$V(r, \vartheta, \lambda) = \frac{k}{r} \sum_{n=0}^{\infty} \sum_{m=-n}^{n} r^{-n} a_{nm} Y_{nm}(\vartheta, \lambda). \tag{2.3.18}$$

Dies ist die gesuchte Kugelfunktionsentwicklung für das Gravitationspotential einer kugelförmigen Erde. Die zu den Kugelfunktionen niedriger Ordnung gehörenden Koeffizienten lassen sich anschaulich interpretieren:

$$a_{00} = \int_0^R \int_0^\pi \int_0^{2\pi} \varrho(r', \vartheta', \lambda')\, r'^2 \sin \vartheta'\, d\lambda'\, d\vartheta'\, dr' = M \quad \text{(Erdmasse)},$$

$$\left.\begin{aligned}
a_{1,-1} &= \sqrt{\frac{1}{3}} \int_0^R \int_0^\pi \int_0^{2\pi} \varrho \sin\vartheta' \sin\lambda' r'^2 \sin\vartheta' \, d\lambda' \, d\vartheta' \, dr' \\
&= \sqrt{\frac{1}{3}} \int_{|y| \le R} \varrho y_1 \, dy \\
a_{1,0} &= \sqrt{\frac{1}{3}} \int_0^R \int_0^\pi \int_0^{2\pi} \varrho \cos\vartheta' r'^2 \sin\vartheta' \, d\lambda' \, d\vartheta' \, dr' \\
&= \sqrt{\frac{1}{3}} \int_{|y| \le R} \varrho y_3 \, dy \\
a_{1,1} &= \sqrt{\frac{1}{3}} \int_0^R \int_0^\pi \int_0^{2\pi} \varrho \sin\vartheta' \cos\lambda' r'^2 \sin\vartheta' \, d\lambda' \, d\vartheta' \, dr' \\
&= \sqrt{\frac{1}{3}} \int_{|y| \le R} \varrho y_2 \, dy
\end{aligned}\right\} \text{Koordinaten des Erdschwerpunktes.} \tag{2.3.19}$$

Die höheren Koeffizienten sind dann Funktionen der Hauptträgheitsmomente der Erde.

2.3.3. Bessel-Funktionen

Eine beliebige Lösung w der BESSELschen Differentialgleichung

$$x^2 \frac{d^2 w}{dx^2} + x \frac{dw}{dz} + (x^2 - \nu^2) w = 0 \tag{2.3.20}$$

heißt *Zylinderfunktion.* Gewisse Lösungen von (2.3.20) spielen eine ausgezeichnete Rolle und werden deshalb mit eigenen Namen und Bezeichnungen versehen. Uns interessieren hier vor allem die BESSELschen Funktionen J_ν. Ferner betrachten wir die modifizierten BESSELschen Funktionen I_ν und K_ν, die spezielle Lösungen der Differentialgleichung

$$x^2 \frac{d^2 w}{dx^2} + x \frac{dw}{dx} - (x^2 + \nu^2) w = 0 \tag{2.3.21}$$

sind.

Die BESSEL-Funktionen J_ν besitzen eine einfache Reihenentwicklung:

$$J_\nu(x) = \left(\frac{x}{2}\right)^\nu \sum_{k=0}^{\infty} \frac{(-x^2/4)^k}{k!\,\Gamma(\nu + k + 1)}, \tag{2.3.22}$$

woraus insbesondere für $\nu = 0$

$$J_0(x) = 1 - \frac{x^2/4}{1!} + \frac{(x^2/4)^2}{(2!)^2} - \frac{(x^2/4)^3}{(3!)^2} + \dots \tag{2.3.23}$$

folgt. Die BESSEL-Funktionen können nicht nur durch Funktionenreihen, sondern auch durch Integrale dargestellt werden:

$$J_\nu(x) = \frac{(x/2)^\nu}{\pi^{1/2}\Gamma(\nu + 1/2)} \int_0^\pi \cos(x \cos\vartheta) \sin^{2\nu}\vartheta \, d\vartheta. \tag{2.3.24}$$

Hieraus folgt insbesondere

$$J_0(x) = \frac{1}{\pi} \int_0^\pi \cos(x \sin\vartheta)\, d\vartheta = \frac{1}{\pi} \int_0^\pi \cos(x \cos\vartheta)\, d\vartheta. \tag{2.3.25}$$

Nutzt man die Zylindersymmetrie gewisser Probleme bei Integraltransformationen aus, so ist im allgemeinen das innere Integral proportional (2.3.25). Dadurch tritt im Kern der Integraltransformation die BESSEL-Funktion J_0 auf.

Auch für die modifizierten BESSEL-Funktionen existieren Reihenentwicklungen und Integraldarstellungen:

$$I_\nu(x) = \left(\frac{x}{2}\right)^\nu \sum_{k=0}^{\infty} \frac{(x^2/4)^2}{k!\Gamma(\nu + k + 1)}, \tag{2.3.26}$$

$$I_\nu(x) = \frac{(x/2)^\nu}{\pi^{1/2}\Gamma(\nu + 1/2)} \int_0^\pi e^{\pm x\cos\vartheta} \sin^{2\nu}\vartheta \, d\vartheta. \tag{2.3.27}$$

Die modifizierten BESSEL-Funktionen I_ν, K_ν stehen miteinander in folgender Beziehung:

$$K_\nu(x) = \frac{\pi}{2} \frac{I_{-\nu}(x) - I_\nu(x)}{\sin(\nu\pi)} \quad \text{für} \quad \nu \neq \pm 1, \pm 2, \dots, \tag{2.3.28}$$

$$K_n(x) = \lim_{\nu \to n} \frac{\pi}{2} \frac{I_{-\nu}(x) - I_\nu(x)}{\sin(\nu\pi)} \quad \text{für} \quad \nu = \pm 1, \pm 2, \dots \tag{2.3.29}$$

Auch zwischen J_ν und I_ν besteht eine Beziehung:

$$I_\nu(x) = \mathrm{j}^{-\nu} J_\nu(\mathrm{j}x). \tag{2.3.30}$$

Die Funktionen J_ν', $J_{\nu+1}$ lassen sich gemäß

$$\left.\begin{aligned} J_\nu'(x) &= -\frac{\nu}{x} J_\nu(x) - J_{\nu+1}(x) \\ J_{\nu+1}(x) &= \frac{2\nu}{x} J_\nu(x) - J_{\nu-1}(x) \end{aligned}\right\} \tag{2.3.31}$$

rekursiv aus J_ν und $J_{\nu+1}$, $J_{\nu-1}$ berechnen. Analoges läßt sich auch für die modifizierten BESSEL-Funktionen I_ν, K_ν feststellen: Bezeichne $\mathbf{Z}_\nu$ die Funktionen I_ν oder K_ν, so gilt

$$\left.\begin{aligned} \mathbf{Z}_{\nu+1}(x) &= -\frac{2\nu}{x}\,\mathbf{Z}_\nu(x) = \mathbf{Z}_{\nu-1}(x), \quad \text{außerdem} \\ I_\nu'(x) &= \frac{1}{2}\,[I_{\nu-1}(x) + I_{\nu+1}(x)], \\ K_\nu'(x) &= -\,\frac{1}{2}\,[K_{\nu-1}(x) + K_{\nu+1}(x)]. \end{aligned}\right\} \tag{2.3.32}$$

2.4. Integraltransformationen

Unter Integraltransformation einer Funktion f versteht man die Zuordnung einer neuen Funktion g zu f gemäß

$$g(\boldsymbol{x}) = \int_B K(\boldsymbol{x}, \boldsymbol{y})\, f(\boldsymbol{y})\, \mathrm{d}\boldsymbol{y}, \quad B \subset \mathbb{R}^n. \tag{2.4.1}$$

Die Funktion K heißt *Kern* der Integraltransformation. Bekannte Kerne sind der NEWTONsche und der COULOMBsche Kern. Die zugehörigen Integraltransformationen erzeugen aus vorgegebener Masse- bzw. Ladungsverteilung die entsprechenden Gravitations- bzw. elektrischen Felder. Außer daß Integraltransformationen zwischen verschiedenen physikalischen Feldern vermitteln, hat man weitere Ursachen, Integraltransformationen auszuführen: Ist die Integraltransformation umkehrbar, so kann die sog. Bildfunktion als äquivalente Darstellung der Ausgangsfunktion angesehen werden. Diese äquivalente Darstellung hebt unter Umständen gewisse Eigenschaften der Ausgangsfunktion deutlicher hervor als die ursprüngliche Darstellung. Schließlich gibt es Integraltransformationen, welche komplizierte Operationen für die Ausgangsfunktionen in einfachere Operationen für die Bildfunktionen überführt. Man halte sich die Analogie aus der Elementarmathematik vor Augen: $\ln(a \cdot b) = \ln a + \ln b$. Im folgenden sollen vor allem aus den beiden letztgenannten Gründen einige wichtige Integraltransformationen skizziert werden.

2.4.1. Faltung

Unter der Faltung zweier auf $\mathbb{R}^1$ definierter Funktionen f, g, symbolisch $f * g$, versteht man

$$(f * g)(x) = \int_{-\infty}^{+\infty} f(x - y)\, g(y)\, \mathrm{d}y = \int_{-\infty}^{+\infty} f(y)\, g(x - y)\, \mathrm{d}y. \tag{2.4.2}$$

Mit $K(x, y) = g(x - y)$ ordnet sich die Faltung in die Klasse der Integraltransformationen ein. Man kann die Faltung auch im $\mathbb{R}^n$ definieren:

$$(f * g)(\boldsymbol{x}) = \int_{\mathbb{R}^n} f(\boldsymbol{x} - \boldsymbol{y})\, g(\boldsymbol{y})\, \mathrm{d}\boldsymbol{y}. \tag{2.4.3}$$

Ein schon bekanntes Beispiel für eine Faltungsoperation ist die Bestimmung der Dichte ψ der Summe zweier unabhängiger Zufallsgrößen X, Y mit den Dichten f, g. Nach (2.1.8) und (2.4.2) ist

$$\psi = f * g. \tag{2.4.4}$$

Eine hinreichende Bedingung für die Existenz der Faltung ist, daß die beteiligten Funktionen quadratisch integrierbar sind:

$$\int_{-\infty}^{+\infty} [f(x)]^2 \, dx < \infty. \tag{2.4.5}$$

2.4.2. Fourier-Transformation

Unter der FOURIER-*Transformation* (kurz: *$\mathcal{F}$-Transformation*) einer auf $\mathbb{R}^1$ definierten Funktion f versteht man die Integraltransformation

$$\tilde{f}(y) = \mathcal{F}\{f(x)\} := \int_{-\infty}^{+\infty} e^{-jyx} f(x) \, dx, \quad j^2 = -1. \tag{2.4.6}$$

Die $\mathcal{F}$-Transformation ist umkehrbar durch die Integraltransformation

$$f(x) = \mathcal{F}^{-1}\{\tilde{f}(y)\} := \frac{1}{2\pi} \int_{-\infty}^{+\infty} e^{jyx} \tilde{f}(x) \, dy, \quad j^2 = -1, \tag{2.4.7}$$

welche auch *inverse $\mathcal{F}$-Transformation* genannt wird. Eine hinreichende Bedingung für die Existenz der $\mathcal{F}$-Transformierten $\tilde{f}$ ist, daß f absolut integrierbar ist:

$$\int_{-\infty}^{+\infty} |f(x)| \, dx < \infty. \tag{2.4.8}$$

Neben der $\mathcal{F}$-Transformierten $\mathcal{F}\{f\}$ betrachtet man auch häufig die FOURIER-*Sinus*- und die FOURIER-*Kosinus-Transformation* $\mathcal{F}_s\{f\}$ bzw. $\mathcal{F}_c\{f\}$, definiert durch

$$\left.\begin{aligned} \mathcal{F}_s\{f(x)\} &:= \int_0^{\infty} f(x) \sin(yx) \, dx, \\ \mathcal{F}_c\{f(x)\} &:= \int_0^{\infty} f(x) \cos(yx) \, dx. \end{aligned}\right\} \tag{2.4.9}$$

Zwischen der $\mathcal{F}$-Transformation und der $\mathcal{F}_s$- bzw. $\mathcal{F}_c$-Transformation besteht der Zusammenhang

$$\mathcal{F}\{f(x)\} = \mathcal{F}_c\{f(x) + f(-x)\} - j\mathcal{F}_s\{f(x) - f(-x)\}. \tag{2.4.10}$$

Tabelle 2.1: Theoreme der ${}^n\mathcal{F}$-Transformation

	$f(\boldsymbol{x})$	$\tilde{f}(\boldsymbol{y})$
Ähnlichkeit	$f(a\boldsymbol{x})$	$\lvert a^n\rvert^{-1}\tilde{f}(\boldsymbol{y}/a)$
Additivität	$f(\boldsymbol{x}) + g(\boldsymbol{x})$	$\tilde{f}(\boldsymbol{y}) + \tilde{g}(\boldsymbol{y})$
Verschiebung	$f(\boldsymbol{x} - \boldsymbol{x}_0)$	$\exp(-\mathrm{j}\boldsymbol{x}_0{}^\mathrm{T}\boldsymbol{y})\,\tilde{f}(\boldsymbol{y})$
Faltung	$f(\boldsymbol{x}) * g(\boldsymbol{x})$	$\tilde{f}(\boldsymbol{y})\,\tilde{g}(\boldsymbol{y})$
Ableitung	$\dfrac{\partial^{\lvert\alpha\rvert}f(\boldsymbol{x})}{\partial x_1{}^{\alpha_1}\,\partial x_2{}^{\alpha_2}\ldots\partial x_n{}^{\alpha_n}}$	$\mathrm{j}^{\lvert\alpha\rvert}y_1{}^{\alpha_1}y_2{}^{\alpha_2}\ldots y_n{}^{\alpha_n}\tilde{f}(\boldsymbol{y})$ $(\lvert\alpha\rvert = \alpha_1 + \alpha_2 + \cdots + \alpha_n)$

Für gerade Funktionen f folgt daraus

$$\mathcal{F}\{f(x)\} = 2\mathcal{F}_c\{f(x)\} \tag{2.4.11}$$

und für ungerade Funktionen f

$$\mathcal{F}\{f(x)\} = -2\mathrm{j}\mathcal{F}_s\{f(x)\}\,. \tag{2.4.12}$$

Natürlich läßt sich auch eine mehrdimensionale $\mathcal{F}$-Transformation einführen:

$$\tilde{f}(\boldsymbol{y}) = {}^n\mathcal{F}\{f(\boldsymbol{x})\} := \int\int_{-\infty}^{+\infty}\cdots\int \mathrm{e}^{-\mathrm{j}\boldsymbol{x}^\mathrm{T}\boldsymbol{y}}f(\boldsymbol{x})\,\mathrm{d}\boldsymbol{x} \tag{2.4.13}$$

mit der inversen Transformation

$$f(\boldsymbol{x}) = {}^n\mathcal{F}^{-1}\{\tilde{f}(\boldsymbol{y}) := \frac{1}{(2\pi)^n}\int\int_{-\infty}^{+\infty}\cdots\int \mathrm{e}^{\mathrm{j}\boldsymbol{x}^\mathrm{T}\boldsymbol{y}}\tilde{f}(\boldsymbol{y})\,\mathrm{d}\boldsymbol{y}\,. \tag{2.4.14}$$

Die wesentlichsten Eigenschaften bzw. Rechenregeln der ${}^n\mathcal{F}$-Transformation sind in Tabelle 2.1 zusammengefaßt.

Beispiel 2.5: *Ordinatenverteilung eines sinusförmigen Signals mit überlagertem Rauschen.* In den Geowissenschaften kommen häufig sinusförmige Variationen

$$s(t) = a_0 + a\sin\omega t$$

vor. Wir betrachten alle möglichen Signale $s(t)$ mit $a_0 = \mathrm{const}$, $a = \mathrm{const}$, ω variabel, die o. B. d. A. auf $[-\pi/2, +\pi/2]$ definiert sein mögen, ferner die stetige Zufallsgröße $\eta = \omega t$. Letztere ist gleichverteilt mit der Dichtefunktion

$$e(y) = \frac{1}{\pi}\,\Pi\left(\frac{y}{\pi}\right), \tag{2.4.15}$$

wobei Π die Rechteckfunktion nach (2.5.11) ist. Gesucht sei zunächst die Dichtefunktion $f(x)$ der Zufallsgröße $\xi = s(\omega t)$. Mit Hilfe der Transformation (2.1.7), der Umkehrfunktion von s

$$\omega t = \arcsin \frac{s(\omega t) - a_0}{a},$$

ihrer ersten Ableitung $[a^2 - (x - a_0)^2]^{-1/2}$ und der Dichte (2.4.15) findet man

$$\begin{aligned} f(x) &= \frac{1}{\pi} \Pi \left(\frac{1}{\pi} \arcsin \frac{x - a_0}{a} \right) [a^2 - (x - a_0)^2]^{-1/2} \\ &= \frac{1}{\pi} \Pi \left(\frac{x - a_0}{2a} \right) [a^2 - (x - a_0)^2]^{-1/2} \end{aligned} \tag{2.4.16}$$

mit den Momenten $\mathsf{E}\xi = m_s = a_0$, $\mathsf{D}^2\xi = \sigma_s^2 = a^2/2$, vgl. Abb. 2.2.

Werden die $s_i = s(\omega t_i)$ gemessen, so sind sie von Meßfehlern $n_i = n(\omega t_i)$ überdeckt. Gesucht ist nun die Dichtefunktion $h(z)$ der gemessenen Ordinaten $r_i = s_i + n_i$ des verrauschten Signals $r = s + n$ unter den Voraussetzungen $n_i \in N(m_n; \sigma_n^2)$ mit der Dichte $g(y)$ nach (2.1.23) und $\operatorname{cov}(s, n) \equiv 0$. Mit (2.4.4) und Tabelle 2.1 gilt dann

$$h = f * g, \quad \tilde{h} = \mathcal{F}\{f * g\} = \tilde{f}\tilde{g} \tag{2.4.17}$$

und nach (2.4.6), (2.4.7)

$$\tilde{f} = \int_{-\infty}^{+\infty} f(x) \exp(-j\omega x)\, dx = J_0(a\omega) \exp(-jm_s\omega),$$

$$\tilde{g} = \int_{-\infty}^{+\infty} g(y) \exp(-j\omega y)\, dy = \exp(-\sigma_n^2\omega^2/2) \exp(-jm_n\omega),$$

$$\tilde{h} = J_0(a\omega) \exp(-\sigma_n^2\omega^2/2) \exp(-jm_r\omega)$$

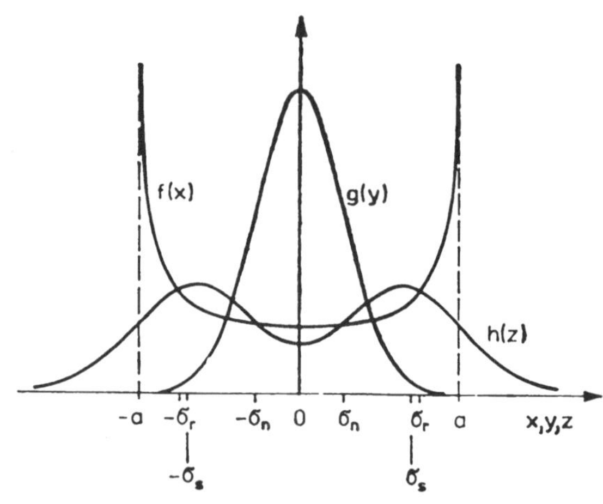

Abb. 2.2. Dichtefunktionen der Ordinaten eines sinusförmigen Signals $f(x)$, der normalverteilten Meßfehler $g(y)$ und der fehlerbehafteten Ordinaten $h(z)$ (Faltung $h = f * g$) für $m_s = m_n = 0$ und $\sigma_s^2/\sigma_n^2 > 1{,}75$

mit $m_r = m_s + m_n$,

$$h(z) = \frac{1}{2\pi} \int_{-\infty}^{+\infty} J_0(a\omega) \exp(-\sigma_n^2\omega^2/2) \exp[-j(m_r - z)\omega] \, d\omega$$

$$= \frac{1}{\pi} \int_0^{\infty} J_0(a\omega) \exp(-\sigma_n^2\omega^2/2) \cos[(z - m_r)\omega] \, d\omega, \tag{2.4.18}$$

$$h(m_r) = \frac{1}{\pi} \int_0^{\infty} J_0(a\omega) \exp(-\sigma_n^2\omega^2/2) \, d\omega$$

$$= (2\pi\sigma_n^2)^{-1/2} \exp(-a^2/4\sigma_n^2) \, I_0(a^2/4\sigma_n^2) \tag{2.4.19}$$

mit $a^2/4\sigma_n^2 = \sigma_s^2/2\sigma_n^2 =: (1/2)$ snr (Signal-Rausch-Verhältnis, engl. signal-to-noise ratio snr). Für snr ~ 1 besitzt $h(z)$ zwei Maxima symmetrisch zum relativen Minimum bei $z_0 = m_r$; vgl. Abb. 2.2, wo der Sonderfall $m_s = m_n = m_r = 0$ dargestellt ist.

2.4.3. Hankel-Transformation

Unter der Hankel-*Transformation* (kurz: *$\mathcal{H}$-Transformation*) $\mathcal{H}_{(n-2)/2}\{f\}$ der Ordnung $\frac{n-2}{2}$ einer Funktion f, welche auf $\mathbb{R}^1$ gegeben ist, versteht man die Integraltransformation

$$g(\varrho) = \mathcal{H}_{(n-2)/2}\{f(r)\} := \frac{(2\pi)^{+n/2}}{\varrho^{(n-2)/2}} \int_0^{\infty} f(r) \, r^{n/2} J_{(n-2)/2}(r\varrho) \, dr. \tag{2.4.20}$$

$g(\varrho)$ existiert, sofern f absolut integrierbar ist. Die Umkehrung der $\mathcal{H}$-Transformation, die sog. *inverse $\mathcal{H}$-Transformation* $\mathcal{H}^{-1}_{(n-2)/2}$, erfolgt gemäß

$$f(r) = \mathcal{H}^{-1}_{(n-2)/2}\{g(\varrho)\} := \frac{(2\pi)^{-n/2}}{r^{(n-2)/2}} \int_0^{\infty} g(\varrho) \varrho^{n/2} J_{(n-2)/2}(r\varrho) \, d\varrho. \tag{2.4.21}$$

Zwischen $\mathcal{H}$- und $\mathcal{F}$-Transformation besteht ein enger Zusammenhang: Ist die auf $\mathbb{R}^n$ definierte Funktion $f(\boldsymbol{x})$ nur vom Abstand vom Nullpunkt abhängig, d. h., gilt in verallgemeinerten Polarkoordinaten $f(\boldsymbol{x}) = f(|\boldsymbol{x}|) = f(r)$, so wird

$$^n\mathcal{F}\{f\} = \mathcal{H}_{(n-2)/2}\{f\} \quad \text{und} \quad ^n\mathcal{F}^{-1}\{g\} = \mathcal{H}^{-1}_{(n-2)/2}\{g\}. \tag{2.4.22}$$

Die wesentlichsten Eigenschaften bzw. Rechenregeln für die $\mathcal{H}_0$-Transformation sind in Tabelle 2.2 zusammengestellt.

***Beispiel 2.6:** $^2\mathcal{F}$- und $\mathcal{H}_0$-Transformation.*
Aus (2.4.13) folgt für $n = 2$

$$^2\mathcal{F}\{f(x_1, x_2)\} = \tilde{f}(y_1, y_2) = \int_{-\infty}^{+\infty}\int e^{-j(x_1y_1 + x_2y_2)} f(x_1, x_2) \, dx_1 \, dx_2.$$

Tabelle 2.2: Theoreme der $\mathcal{H}_0$-Transformation

	$f(r)$	$g(\varrho)$
Ähnlichkeit	$f(ar)$	$a^{-2}g(\varrho/a)$
Additivität	$f_1(r) + f_2(r)$	$g_1(\varrho) + g_2(\varrho)$
Verschiebung	Verschiebung des Ursprungs zerstört Radialsymmetrie	
Faltung	$\int\limits_0^\infty \int\limits_0^{2\pi} f_1(r')\, f_2(R)\, r'\, \mathrm{d}r'\, \mathrm{d}\varphi$ $(R^2 = r^2 + r'^2 - 2rr' \cos \varphi)$	$g_1(\varrho)\, g_2(\varrho)$
Ableitung	$(rf)' = f + rf'$	$-(g + \varrho g')$

Sei $f(x_1, x_2) = f(r)$ mit $r^2 = x_1^2 + x_2^2$. Mit Polarkoordinaten r, φ und ϱ, ϑ gemäß

$$x_1 = r \cos \varphi, \quad x_2 = r \sin \varphi, \quad y_1 = \varrho \cos \vartheta, \quad y_2 = \varrho \sin \vartheta$$

geht $\tilde{f}(y_1, y_2)$ über in

$$\tilde{f}(\varrho, \vartheta) = \int\limits_0^\infty \int\limits_0^{2\pi} \mathrm{e}^{-\mathrm{j}\varrho r(\cos\vartheta\cos\varphi + \sin\vartheta\sin\varphi)} f(r)\, r\, \mathrm{d}r\, \mathrm{d}\varphi$$

$$= \int\limits_0^\infty f(r) \left\{ \int\limits_0^{2\pi} \mathrm{e}^{-\mathrm{j}\varrho r\cos(\varphi - \vartheta)}\, \mathrm{d}\varphi \right\} r\, \mathrm{d}r.$$

Da $f(r)$ radialsymmetrisch, kann über φ integriert werden. Das innere Integral ergibt $2\pi J_0(\varrho r)$, somit

$$\tilde{f}(\varrho) = g(\varrho) = 2\pi \int\limits_0^\infty f(r)\, J_0(\varrho r)\, r\, \mathrm{d}r,$$

identisch mit (2.4.20), (2.4.22) für $n = 2$: ${}^2\mathcal{F}\{f(r)\} = \mathcal{H}_0\{f(r)\}$. Die Umkehrung ${}^2\mathcal{F}^{-1}\{g(\varrho)\} = \mathcal{H}_0^{-1}\{g(\varrho)\}$ zeigt man analog.

2.4.4. Abel-Transformation

Die *Abel-Transformation* ist definiert durch

$$f_{\mathcal{A}}(x) = 2 \int\limits_x^\infty \frac{f(r)\, r\, \mathrm{d}r}{(r^2 - x^2)^{1/2}}. \tag{2.4.23}$$

Wenn das Integral (2.4.23) existiert, heißt $f_{\mathcal{A}}$ *Abel-Transformierte* (kurz: *$\mathcal{A}$-Transformierte*) von f. Die Verwandtschaft zur ABELschen Integralgleichung (N. H. ABEL, 1823) wird mit der Substitution $\xi := x^2$, $\varrho := r^2$ offensichtlich.

Das Integral (2.4.23) ist dann vom Faltungstyp, und es existiert eine eindeutige Umkehr-Transformation, die sich mit Hilfe des Faltungssatzes gewinnen läßt:

$$f(r) = -\frac{1}{\pi} \int_r^\infty \frac{f_{\mathcal{A}}'(x)\,\mathrm{d}x}{(x^2 - r^2)^{1/2}} \tag{2.4.24}$$

oder, in Termen der 1. und 2. Ableitung von $f_{\mathcal{A}}$,

$$\begin{aligned} f(r) &= \frac{1}{\pi} \int_r^\infty (x^2 - r^2)^{1/2} \frac{\mathrm{d}}{\mathrm{d}x} \left[\frac{f_{\mathcal{A}}'(x)}{x}\right] \mathrm{d}x \\ &= \frac{1}{\pi} \int_r^\infty (x^2 - r^2)^{1/2} \left\{\frac{f_{\mathcal{A}}''(x)}{x} - \frac{f_{\mathcal{A}}'(x)}{x^2}\right\} \mathrm{d}x \end{aligned} \tag{2.4.25}$$

oder, wenn das Integral für $x > r_0$ Null wird (einschließlich sprunghafter Änderung des Integranden bei $x = r_0$),

$$\begin{aligned} f(r) &= -\frac{1}{\pi} \int_r^{r_0} \frac{f_{\mathcal{A}}'(x)\,\mathrm{d}x}{(x^2 - r^2)^{1/2}} + \frac{f_{\mathcal{A}}(r_0)}{\pi(r_0^2 - r^2)^{1/2}} \\ &= \frac{1}{\pi} \int_r^{r_0} (x^2 - r^2)^{1/2} \frac{\mathrm{d}}{\mathrm{d}x} \left[\frac{f_{\mathcal{A}}'(x)}{x}\right] \mathrm{d}x - \frac{f_{\mathcal{A}}'(x_0)}{\pi r_0} (r_0^2 - r^2)^{1/2}. \end{aligned} \tag{2.4.26}$$

Zur Verprobung der Transformationen sind zwei aus Gl. (2.4.23) folgende Beziehungen nützlich:

$$\int_{-\infty}^{+\infty} f_{\mathcal{A}}(x)\,\mathrm{d}x = 2\pi \int_0^\infty f(r)\, r\,\mathrm{d}r, \tag{2.4.27}$$

$$f_{\mathcal{A}}(0) = 2 \int_0^\infty f(r)\,\mathrm{d}r. \tag{2.4.28}$$

Ebenso wie es Beziehungen zwischen Fourier- und Hankel-Transformation gibt, existieren solche zur Abel-Transformation. Es lassen sich Gruppen zu je 4 Funktionen finden, die mit den genannten Transformationen ineinander überführt werden können: sog. Abel-Fourier-Hankel-Zyklus (vgl. Beispiel 2.7, S. 50). Eine ausführliche Darstellung findet sich bei Bracewell (1978).

2.5. Verallgemeinerte Funktionen (Distributionen)

Die Einführung der Deltafunktion δ durch P. DIRAC (1927) war ein mutiger Schritt in ein bis dahin unerschlossenes Gebiet. Es nötigt Bewunderung ab, mit welcher Sicherheit, nur geleitet durch den Polarstern der physikalischen Erfahrung, sich die Pioniere der Quantenmechanik in diesem Neuland zurechtfanden und die zahlreichen ausgelegten „Stolperdrähte" geschickt umgingen. Inzwischen sind von der Mathematik detaillierte „Wanderkarten" erarbeitet worden, mit deren Hilfe sich ein „Durchschnittstourist" im Gebiet der verallgemeinerten Funktionen bewegen kann. Begnügt man sich damit, auf den gut ausgeschilderten Hauptwegen zu bleiben, so kann man auf dieses „Kartenwerk" verzichten. Demzufolge wollen wir statt einer Einführung in die Theorie der verallgemeinerten Funktionen nur eine Sammlung von Rechenregeln für die wichtigste verallgemeinerte Funktion, die Deltafunktion, zusammenstellen. Für viele Fälle wird das genügen. Es soll jedoch gemahnt werden, beim Umgang mit diesen Regeln das Ergebnis stets mit der Erfahrung zu vergleichen und sich gegebenenfalls der strengen Theorie zu bedienen.

Die eindimensionale Deltafunktion $\delta(x)$ läßt sich denken als mathematische Formulierung gewisser physikalischer Abstraktionen wie Einheitspunktmasse, Einheitspunktladung im Punkt Null oder Einheitskraftstoß zum Zeitpunkt Null. Sie kann in vielfältiger Weise als Grenzfall dargestellt werden, z. B.

$$\delta(x) = \frac{1}{\sqrt{\pi}} \lim_{\varepsilon\to 0} \left(\frac{1}{\sqrt{\varepsilon}} \mathrm{e}^{-x^2/\varepsilon}\right) = \frac{1}{\pi} \lim_{\varepsilon\to 0} \left(\frac{\varepsilon}{\varepsilon^2 + x^2}\right)$$

$$= \frac{1}{\pi} \lim_{n\to\infty} \left(\frac{\sin(nx)}{x}\right) = \frac{1}{\pi^2 x} \lim_{\varepsilon\to 0} \int_{x-\varepsilon}^{x+\varepsilon} \frac{\mathrm{d}s}{s}. \tag{2.5.1}$$

Man kann in der Deltafunktion auch eine Variablentransformation vornehmen und die verallgemeinerte Funktion $\delta[a(x)]$ betrachten. Hat die Funktion $a(x)$ isolierte und einfache Nullstellen, $x_1, x_2, \ldots, x_n$, so gilt

$$\delta[a(x)] = \sum_{k=1}^{n} \frac{\delta(x - x_k)}{|a'(x_k)|}, \tag{2.5.2}$$

speziell

$$\delta(bx + c) = \frac{1}{|b|}\, \delta\left(x + \frac{c}{b}\right) \quad (b \neq 0) \tag{2.5.3}$$

und mit $b = -1$, $c = 0$

$$\delta(-x) = \delta(x). \tag{2.5.4}$$

Die Deltafunktion hat die Eigenschaft des Einheitsoperators bei der Faltung.

Es gilt

$$(f * \delta)(t) = (\delta * f)(t) = \int_{-\infty}^{+\infty} \delta(t - x)\, f(x)\, \mathrm{d}x = f(t), \tag{2.5.5}$$

woraus für $f(x) \equiv 1$

$$\int_{-\infty}^{+\infty} \delta(t - x)\, \mathrm{d}x = 1 \tag{2.5.6}$$

folgt. Nach dem Faltungssatz (Tabelle 2.1, S. 43) folgt außerdem $\tilde{f}\tilde{\delta} = \tilde{\delta}\tilde{f} = \tilde{f}$, so daß die $\mathcal{F}$-Transformierte von δ

$$\mathcal{F}\{\delta\} = \tilde{\delta} = 1, \tag{2.5.7}$$

und aus der inversen Transformation $\mathcal{F}^{-1}\mathcal{F}\{\delta\} = \mathcal{F}^{-1}\{1\}$

$$\delta(x) = \frac{1}{2\pi} \int_{-\infty}^{+\infty} \mathrm{e}^{\mathrm{j}xt}\, \mathrm{d}t = \frac{1}{\pi} \int_{0}^{\infty} \cos(xt)\, \mathrm{d}t. \tag{2.5.8}$$

Wie die letzte Beziehung zeigt, können gewisse uneigentliche Integrale durch Deltafunktionen ausgedrückt werden. Ferner gilt

$$f(x \pm a)\, \delta(x) = f(x)\, \delta(x), \quad \text{speziell} \quad x\delta(x) = 0. \tag{2.5.9}$$

Es gibt noch wesentliche Beziehungen zu anderen Funktionen (Abb. 2.3). Die HEAVISIDE- oder Einheitssprungfunktion

$$H(x) = \begin{cases} 0 & \text{für} \quad x \leqq 0 \\ 1 & \phantom{\text{für}} \quad x > 0, \end{cases} \tag{2.5.10}$$

die Rechteckfunktion

$$\Pi(x) = \begin{cases} 0 & \text{für} \quad |x| \geqq 1/2 \\ 1 & \phantom{\text{für}} \quad |x| < 1/2 \end{cases} \tag{2.5.11}$$

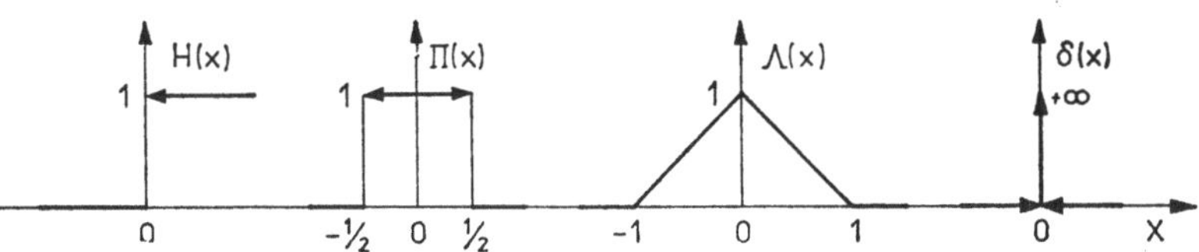

Abb. 2.3. Einheitssprungfunktion $H(x)$, Rechteckfunktion $\Pi(x)$, Dreieckfunktion $\Lambda(x)$ und Deltafunktion $\delta(x)$

und die Dreieckfunktion

$$\Lambda(x) = \begin{cases} 0 & \text{für } |x| \geqq 1, \\ 1 - |x| & \text{für } |x| < 1 \end{cases} \tag{2.5.12}$$

stehen untereinander und mit $\delta(x)$ in folgenden Zusammenhängen:

$$\left.\begin{aligned} H'(x) &= \delta(x), \quad \Pi(x) = H(x + 1/2) - H(x - 1/2), \\ \Pi'(x) &= H'(x + 1/2) - H'(x - 1/2) \\ &= \delta(x + 1/2) - \delta(x - 1/2), \\ \Lambda(x) &= \Pi(x) * \Pi(x). \end{aligned}\right\} \tag{2.5.13}$$

Für die erste Ableitung der Deltafunktion gilt:

$$-x\delta'(x) = \delta(x), \quad \int_{-\infty}^{+\infty} \delta'(x)\, f(x)\, \mathrm{d}x = f'(0), \quad \mathcal{F}\{\delta'\} = -\mathrm{j}y. \tag{2.5.14}$$

Entsprechende Ausdrücke gibt es auch für höhere Ableitungen.

Man kann auch eine Deltafunktion im $\mathbb{R}^n$ definieren:

$$^n\delta(\boldsymbol{x}) = {^n\delta}(x_1, x_2, \ldots, x_n) = \delta(x_1)\, \delta(x_2) \ldots \delta(x_n). \tag{2.5.15}$$

Die o. a. Rechenregeln übertragen sich dann analog in den mehrdimensionalen Fall, z. B. $^n\mathcal{F}\{^n\delta\} = {^1\mathcal{F}}\{\delta(x_1)\}\, {^1\mathcal{F}}\{\delta(x_2)\} \ldots {^1\mathcal{F}}\{(\delta(x_n)\} = 1$.

Eine Verallgemeinerung der bisher besprochenen punktuellen δ-Funktion ist die *Linien-* bzw. *Flächendeltafunktion*. Sei S eine Fläche oder Linie, dann ist die Flächen- oder Liniendeltafunktion durch folgende Eigenschaften beschrieben:

$$\delta_S(x) = 0, \quad x \notin S; \qquad \int_{\mathbb{R}^n} \delta_S(x)\, \varphi(x)\, \mathrm{d}x = \int_S \varphi(x)\, \mathrm{d}x. \tag{2.5.16}$$

Sie beschreibt solche physikalischen Sachverhalte, wie z. B. Masse- oder Ladungsverteilung auf einer Linie bzw. Fläche. Ein gelegentlich benutzter Spezialfall einer Liniendeltafunktion ist die sog. *Ringimpulsfunktion*. Hierbei ist S der Kreis mit dem Radius r_0 und damit

$$\delta_{|\boldsymbol{x}|=r_0}(\boldsymbol{x}) = \delta(|\boldsymbol{x}| - r_0). \tag{2.5.17}$$

Abschließend werden ABEL-, FOURIER- und HANKEL-Transformation am Beispiel der Ringimpulsfunktion und zugleich das Rechnen mit Delta- und Einheitssprungfunktion gezeigt.

Beispiel 2.7: Die Ringimpulsfunktion im Abel-Fourier-Hankel-Zyklus.

$f_1(r) = \delta(r - r_0)$ mit $r \geqq 0$, $r_0 > 0$ läßt sich durch den in Abb. 2.4 angegebenen Transformations-Zyklus in sich selbst überführen. Von den insgesamt 5 Transformationen geben wir die im linken unteren Dreieck an.

1. $\mathcal{A}$-Transformation von $f_1(r)$ nach (2.4.23):

$$f_2(x) = 2\int_x^\infty \frac{\delta(r-r_0)}{(r^2-x^2)^{1/2}}\, r\,\mathrm{d}r = 2\int_{-\infty}^{+\infty} \frac{\delta(r-r_0)\,H(r-x)}{(r^2-x^2)^{1/2}}\, r\,\mathrm{d}r$$

$$= 2\int_{-\infty}^{+\infty} \delta(r-r_0)\,g(r)\,\mathrm{d}r \quad \text{mit} \quad g(r) = \frac{rH(r-x)}{(r^2-x^2)^{1/2}}.$$

Die in den Integranden eingeführte Einheitssprungfunktion nach (2.5.10) ermöglicht es, die Integration formal bis $-\infty$ auszudehnen und Regel (2.5.5) anzuwenden:

$$f_2(x) = 2g(r_0) = 2r_0H(r_0 \mp x)\,(r_0^2 - x^2)^{-1/2} \quad (x \gtrless 0)$$

$$= 2r_0(r_0^2 - x^2)^{-1/2}\,\Pi(x/2r_0).$$

2. ${}^1\mathcal{F}$-Transformation von $f_2(x)$ nach (2.4.6):

$$f_3(y) = \frac{1}{2\pi}\int_{-\infty}^{+\infty} \mathrm{e}^{-\mathrm{j}yx} f_2(x)\,\mathrm{d}x = \frac{1}{\pi}\int_0^\infty f_2(x)\cos yx\,\mathrm{d}x$$

$$= \frac{2r_0}{\pi}\int_0^{r_0} \frac{\cos yx\,\mathrm{d}x}{(r_0^2-x^2)^{1/2}} = \frac{2r_0}{\pi}\times\frac{\pi}{2}\,J_0(r_0y) = r_0J_0(r_0y).$$

3. $\mathcal{H}_0$-Transformation von $f_3(y)$:
Das Integral (2.4.20) für $n = 2$ existiert nicht im Bereich der reellen Funktionen. In diesem Falle führt man die äquivalente ${}^2\mathcal{F}$-Transformation nach (2.4.13) aus und erhält mit zweifacher Integration und etwas langwierigen Umformungen die distributive Lösung $f_1(r)$. Dagegen läßt sich die inverse Lösung, analog zur 1. Transformation, sofort angeben:

$$f_3(y) = \int_0^\infty \delta(r-r_0)\,J_0(yr)\,r\,\mathrm{d}r = \int_{-\infty}^{+\infty} \delta(r-r_0)\,g(r)\,\mathrm{d}r = g(r_0),$$

$$g(r) = rJ_0(yr)\,H(r),\quad g(r_0) = r_0J_0(r_0y)\,H(r_0) = r_0J_0(r_0y).$$

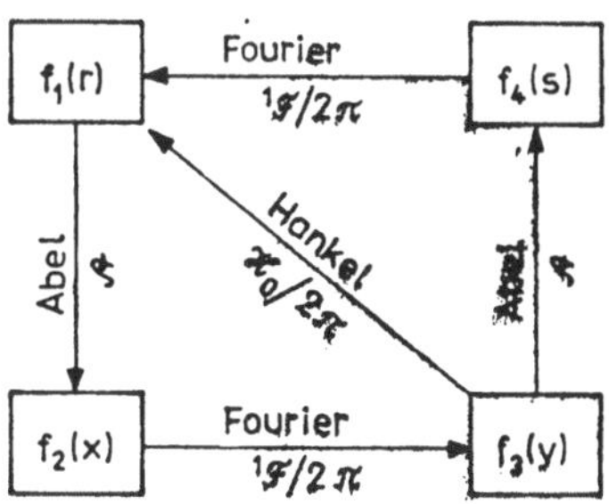

Abb. 2.4. Abel-Fourier-Hankel-Zyklus

Literaturhinweise: Von den zahlreichen exakten Darstellungen der Grundlagen der Wahrscheinlichkeitstheorie und mathematischen Statistik nennen wir FISZ (1970). Speziell zum linearen Modell der Statistik empfehlen wir NOLLAU (1975), zur Ausgleichungsrechnung als wesentlichen Sonderfall des linearen Modells LINNIK (1961) und KOCH (1980), über das weite Anwendungsgebiet der mathematischen Statistik in den Geowissenschaften MATHERON (1962), TAUBENHEIM (1969), MERRIAM (1970), SCHÖNWIESE (1985). Standardwerke über Höhere Funktionen sind: ABRAMOWITZ und STEGUN (1965), JAHNKE, EMDE und LÖSCH (1960), ferner LENSE (1954) über LEGENDREsche Polynome und Kugelfunktionen, WATSON (1949) über BESSEL-Funktionen. Von den Werken über Integraltransformationen zitieren wir vorzugsweise BRACEWELL (1978); neben der FOURIER- und HANKEL-Transformation ist hier auch die für mehrdimensionale Prozesse wichtige ABEL-Transformation dargestellt. Als Einführung in die verallgemeinerten Funktionen empfehlen wir das Büchlein von LIGHTHILL (1966). Schließlich nennen wir noch das umfangreiche Integraltafelwerk von GRADSTEIN und RYSHIK (1971); diverse Integrale im Text und die Modelle im Anhang sind damit ausgewertet worden.

3. Eindimensionale Zufallsprozesse

3.1. Einführung

3.1.1. Grundbegriffe und Definitionen

Mit den im Abschnitt 2.1. skizzierten Mitteln der Wahrscheinlichkeitstheorie ist man imstande, die zufällige Variation *endlich vieler Merkmale*, die sich gegenseitig beeinflussen, zu beschreiben. In den meisten geowissenschaftlichen Aufgabenstellungen liegt aber eine allgemeinere Situation vor. Eine (oder mehrere) physikalische, chemische oder geometrische Größe(n) ist (sind) in jedem Punkt eines räumlichen Bereiches zufälligen Veränderungen unterworfen. Letztere sind nicht unabhängig voneinander, sondern miteinander verwandt (gekoppelt, verbunden), umschrieben mit den Begriffen *Korrelation*, *Erhaltungsneigung*, *Kohärenz* oder *Persistenz*, bei dominierenden Periodizitäten auch *Wiederholungsneigung*. Als mathematisches Modell reichen daher *endlich* viele Zufallsgrößen, $X_1, X_2, \ldots, X_n$, nicht mehr aus. Die genannten Variationen können jedoch von *Familien abzählbar* vieler $\left(X(t_i),\ i = 1, 2, \ldots\right)$ bzw. *überabzählbar* vieler $\left(X(t),\ t \in T\right)$ Zufallsgrößen, wo T ein gewisses Intervall bezeichnet, adäquat beschrieben werden. Diese Familien dienen als mathematisches Modell für jeweils mehrere oder für „sehr lange" Registrierungen zufällig veränderlicher Meßgrößen.

Der Parameter t ist entweder die (Meß-)Zeit oder die Lage eines (Meß-)Punktes auf einer Raumkurve. Typisch für Zeitfunktionen sind Registrierungen meteorologischer, geophysikalischer, hydrologischer u. a. Größen an ortsfesten Meßstellen und Observatorien; Ortsfunktionen gewinnt man entlang von (nicht notwendig geradlinigen) Profilen, Traversen, Flug- und Schiffsrouten, wobei die Meßwerte ggf. auf einen festen Zeitpunkt zu beziehen sind. Üblicherweise bezeichnet man die unabhängige Variable t einheitlich als *Zeit*. Im Fall einer abzählbaren Familie $\left(X(t_i),\ i = 1, 2, \ldots\right)$ kann die Messung nur an diskreten Zeitpunkten erfolgen. Bei überabzählbaren Familien $\left(X(t),\ t \in T\right)$ kann kontinuierlich registriert werden.

Die Untersuchung von Familien von Zufallsgrößen wird als *Theorie der Zufallsprozesse* oder der *stochastischen Prozesse* bezeichnet.

Definition 3.1: Eine Familie von Zufallsgrößen $X(t)$, die von einem Parameter t abhängen, der in einer gewissen reellen Zahlenmenge T variiert, heißt *stochastischer Prozeß*. Ist T eine diskrete Menge, so spricht man von einem *Prozeß mit diskreter Zeit* (oder *zufälliger Folge*), andernfalls von einem *Prozeß mit stetiger Zeit*. Nimmt die Prozeßordinate an einem festen Zeitpunkt nur diskrete Werte an, spricht man von einem *Prozeß mit diskreter Ordinate*, andernfalls von einem *Prozeß mit stetiger Ordinate.*

Es sei noch darauf hingewiesen, daß ein stochastischer Prozeß auch anders aufgefaßt werden kann: als eine Abbildung, die jedem Element ω aus einer Menge Ω eine auf T definierte Funktion X zuweist:

$$\omega \mapsto X(t, \omega), \quad t \in T. \tag{3.1.1}$$

Für ein festes ω_0, $\omega_0 \in \Omega$, heißt dann $X(t, \omega_0)$ eine *Realisierung des Prozesses* $X(t)$. Für $t_1, t_2, \ldots, t_n \in T$ mit $t_i \neq t_j$ für $i \neq j$ ist $[X(t_1), X(t_2), \ldots, X(t_n)]^{\mathrm{T}}$ ein *zufälliger Vektor*. Seine Verteilungsfunktionen

$$F_{t_1,\ldots,t_n}(x_1, \ldots, x_n) := \mathsf{P}\big(X(t_1) < x_1, \ldots, X(t_n) < x_n\big) \tag{3.2.1}$$

heißt auch *endlichdimensionale Verteilungsfunktion* des Prozesses $X(t)$. Es erhebt sich die Frage, inwieweit ein Prozeß durch seine endlichdimensionalen Verteilungen charakterisiert wird. Darüber gibt ein berühmt gewordener Satz von A. N. Kolmogorow Auskunft. Zu seiner Vorbereitung dient

Definition 3.2: Eine Familie endlichdimensionaler Verteilungsfunktionen heißt *konsistent*, wenn sie die Bedingungen

$$F_{t_1,\ldots,t_n}(x_1, \ldots, x_n) = F_{t_{\pi(1)},\ldots,t_{\pi(n)}}(x_{\pi(1)}, \ldots, x_{\pi(n)}) \tag{3.1.3}$$

für alle Permutationen π der Zahlen $(1, 2, \ldots, n)$ und

$$\lim_{x_j \to \infty} F_{t_1,\ldots,t_n}(x_1, \ldots, x_n) = F_{t_1,\ldots,t_{j-1},t_{j+1},\ldots,t_n}(x_1, \ldots, x_{j-1}, x_{j+1}, \ldots, x_n) \tag{3.1.4}$$

erfüllt.

Satz 3.1 (A. N. Kolmogorow): *Die Konsistenz einer Familie endlichdimensionaler Verteilungsfunktionen ist notwendig und hinreichend für die Existenz eines stochastischen Prozesses mit diesen vorgegebenen Verteilungsfunktionen.*

Der Weg, einen stochastischen Prozeß durch seine endlichdimensionalen Verteilungen zu beschreiben, ist häufig nicht gangbar, oder wenn, dann mit beträchtlichem Aufwand verbunden. Man zieht daher, ähnlich wie bei den Zufallsgrößen, Momente der Verteilungen zur Beschreibung wesentlicher Eigenschaften des Prozesses heran. Diesem Vorgehen dient

Definition 3.3: Eine auf T definierte Funktion m heißt *Erwartungswertfunktion* (*Mittelwertfunktion*) des Prozesses $X(t)$, wenn für alle $t \in T$ die Beziehung

$$m(t) = \mathsf{E}\{X(t)\} \tag{3.1.5}$$

gilt. Eine auf $T \times T$ definierte Funktion K_{XX}, C_{XX} heißt *Autokorrelationsfunktion, Autokovarianzfunktion* (AKF) des Prozesses $X(t)$, wenn für alle $t', t'' \in T$ die Gleichung

$$\left.\begin{aligned} K_{XX}(t', t'') &= \mathsf{E}\{X(t')\, X(t'')\}, \\ C_{XX}(t', t'') &= \mathsf{E}\{[X(t') - m(t')]\,[X(t'') - m(t'')]\} \end{aligned}\right\} \tag{3.1.6}$$

besteht.

Aus (3.1.6) folgt $C_{XX}(t', t'') = K_{XX}(t', t'')$, wenn $m(t) = 0$ für alle $t \in T$, und

$$K_{XX}(t) = \mathsf{E}\{[X(t)]^2\}, \quad C_{XX}(t) = \mathsf{E}\{[X(t) - m(t)]^2\} \tag{3.1.7}$$

für $t' = t'' = t$. $C_{XX}(t) =: \sigma^2(t)$ heißt *Varianzfunktion* des Prozesses $X(t)$, die normierten Funktionen

$$\left.\begin{aligned} &K_{XX}(t', t'')/[K_{XX}(t', t')\, K_{XX}(t'', t'')]^{1/2}, \\ &C_{XX}(t', t'')/[C_{XX}(t', t')\, C_{XX}(t'', t'')]^{1/2}, \end{aligned}\right\} \tag{3.1.8}$$

die an der Stelle $t' = t'' = t$ den Wert Eins annehmen, *normierte* AKF oder auch kurz *Korrelationsfunktionen*.

3.1.2. Allgemeine Prozeßeigenschaften und -klassifizierung

Mit den Kennfunktionen (3.1.5) bis (3.1.8) werden wesentliche Prozeßeigenschaften erfaßt. Im Gegensatz zu den Zufallsgrößen mit konstantem m, σ^2 können diese Parameter nunmehr von der Zeit abhängen: Die Erwartungswertfunktion $m(t)$ vermittelt einen Eindruck vom mittleren Verhalten des Prozesses entlang t, die Varianzfunktion $\sigma^2(t)$ von seinen Schwankungen um $m(t)$; vgl. Abb. 3.1. Außerdem enthalten die AKF (3.1.6) bzw. (3.1.8) Information über den Grad der Abhängigkeit beliebiger Paare von Prozeßordinaten $X(t')$, $X(t'')$. Um diesen Zusammenhang zu erkennen, bilden wir auf beiden Seiten der Ungleichung

$$\pm 2X(t')\, X(t'') \leqq [X(t')]^2 + [X(t'')]^2$$

die Mittelwerte,

$$\pm 2\mathsf{E}\{X(t')\, X(t'')\} \leqq \mathsf{E}\{[X(t')]^2\} + \mathsf{E}\{[X(t'')]^2\},$$

und erhalten mit (3.1.6) und den Abkürzungen $K_{XX} = K$, $C_{XX} = C$

$$\left.\begin{aligned} &2\,|K(t', t'')| \leqq K(t', t') + K(t'', t''), \\ &2\,|C(t', t'')| \leqq C(t', t') + C(t'', t'') = \sigma^2(t') + \sigma^2(t''), \end{aligned}\right\} \tag{3.1.9}$$

normiert

$$\left.\begin{aligned} &|C(t', t'')|/\sigma(t')\, \sigma(t'') \leqq [\sigma^2(t') + \sigma^2(t'')]/2\sigma(t')\, \sigma(t''), \\ &|C(t', t'')|/\sigma(t')\, \sigma(t'') = 1 (< 1) \quad \text{für} \quad t' = t''(t' \neq t''), \end{aligned}\right\} \tag{3.1.10}$$

unabhängig von den *speziellen* Eigenschaften von $X(t)$: Prozeßordinaten sind mit sich selbst $(t'' - t' = 0)$ am stärksten, benachbarte Ordinaten $(t'' - t' \neq 0)$ schwächer korreliert. Ferner folgt aus (3.1.6)

$$K(t', t'') = K(t'', t'), \quad C(t', t'') = C(t'', t'). \tag{3.1.11}$$

Die AKF (3.1.6), (3.1.8) sind demnach beschränkte, bezüglich der Argumente t, t'' symmetrische Funktionen (vgl. auch Tabelle 3.1, S. 67, wo diese Eigenschaften für reell- und komplexwertige Prozesse formuliert sind). Außerdem unterliegen die AKF einer gewissen „Formbeschränkung“:

Es sei f eine beliebige reelle Funktion und $\{t_i\}_{-\infty}^{+\infty} \subset \mathbb{R}^1$ eine äquidistante Folge. Dann gilt

$$0 \leqq \mathsf{E}\left\{\sum_{i=-\infty}^{+\infty} f(t_i)\, X(t_i)\right\}^2 = \sum_{i,k=-\infty}^{+\infty} C(t_i, t_k)\, f(t_i)\, f(t_k).$$

Die Summe auf der rechten Seite kann als proportional der Partialsumme des Integrals

$$I = \int\int_{-\infty}^{+\infty} C(t', t'')\, f(t')\, f(t'')\, \mathrm{d}t'\, \mathrm{d}t'' \tag{3.1.12}$$

aufgefaßt werden. Vollzieht man den Grenzübergang $\Delta t = t_{i+1} - t_i \to 0$, so ergibt sich $0 \leqq I$ für beliebiges f. Diese Eigenschaft nennt man *positive Semidefinitheit* der AKF $C(t', t'')$. Sie läßt sich in gewissem Umfang geometrisch deuten: für $|t'' - t'|$ wachsend muß $|C(t', t'')|$ „genügend rasch“ abklingen.

Wenn von einem stochastischen Prozeß $X(t)$ Mittelwertfunktion und AKF vorgegeben sind, so kann man aus der Kenntnis dieser Funktionen trotzdem nicht den zeitlichen Ablauf rekonstruieren, denn zu $X(t)$ gehören beliebig viele Realisierungsmöglichkeiten $X(t, \omega_1)$, $X(t, \omega_2)$, ... — daher die Notwendigkeit der Meßwert*speicherung*. Dem Prozeß $X(t)$ sind lediglich Kennfunktionen mit „verdichteter“ Information über alle möglichen Realisierungen zugeordnet, mit denen man analytisch operieren kann. Wenn man also den zeitlichen Ablauf aus den Kennfunktionen nicht wiederherstellen kann, dann muß während der Mittelbildung Information verlorengegangen sein. Später wird noch gezeigt werden, daß dieser Informationsverlust gerade die Phasenbeziehungen betrifft.

Zufallsprozesse lassen sich nach verschiedenen Kriterien in Klassen einteilen.

(1) *Prozesse mit diskreter oder stetiger Zeit, Prozesse mit diskreter oder stetiger Ordinate.* In der Regel werden wir Prozesse, die stetig in der Zeit und stetig in der Ordinate sind, betrachten.

(2) *Reell- und komplexwertige Prozesse.* Bisher hatten wir, ohne es besonders zu vermerken, $X(t)$ als reellwertig angenommen. Es gibt jedoch Prozesse, die Lösungen gewisser Differentialgleichungen sind und Exponentialterme $\mathrm{e}^{\pm \mathrm{j}\lambda t}$ ($\lambda = const$, reell; t variabel, reell; $\mathrm{j}^2 = -1$) enthalten. Es ist deshalb nützlich, auch komplexwertige Prozesse zuzulassen, selbst wenn nur ihr Realteil einen physikalischen Sinn besitzt; nicht zuletzt wegen der bequemen Rechnung im Komplexen, wie es z. B. in der Wechselstromtechnik üblich ist. Im weiteren Text werden vorzugsweise reellwertige Prozesse behandelt, jedoch auch Beispiele komplexwertiger Prozesse gebracht.

(3) *Stationäre und instationäre Prozesse.* Wenn sich die wahrscheinlichkeitstheoretischen Eigenschaften eines Prozesses im Zeitablauf nicht ändern, heißt er stationär, andernfalls nicht- oder instationär. Im geowissenschaftlichen Bereich kommen stationäre und instationäre Prozesse gleichermaßen vor.

Instationäre Prozesse existieren entweder *a priori* oder werden *a posteriori* im Meß- und Auswerteprozeß erzeugt. Zu den a priori existierenden zählen meteorologische und geophysikalische Feldgrößen mit ausgeprägten Tages- und Jahresgängen, säkularen u. a. niederfrequenten Schwankungen sowie ihren typischen Höhenabhängigkeiten. Die zweite Gruppe wird entweder durch das Gangverhalten der Meßinstrumente (z. B. Gravimeter u. a. Beschleunigungsmesser) oder auch durch gewisse Integraltransformationen (Summation, Mittelbildung) erzeugt.

Beispiel 3.1: Realisierungen eindimensionaler Prozesse.
In Abb. 3.1 sind Ausschnitte aus drei Realisierungen, Registrierungen der vertikalen Auslenkung eines Laserstrahls, als Funktion der Zeit dargestellt. Sie besitzen, je nach Turbulenzzustand der Atmosphäre und Auflösung, unterschiedliche Eigenschaften.

$x_1(t)$: Annähernd stationäre, hochfrequente Fluktuationen mit $m_1 \approx 0$, $\sigma_1^2 \approx$ const.

$x_2(t)$: Einem niederfrequenten Gang sind hochfrequente Fluktuationen $x_1(t)$ überlagert, so daß $x_2(t)$ schwach instationär ist mit $m_2 = m_2(t)$ und (für genügend große Zeitintervalle) $\sigma_2^2 \approx$ const.

$x_3(t)$: Über $\Delta t = 1$ h geglättete Tagesschwankungen mit Maxima (Minima) sowie kleinen (großen) Oszillationen am Tage (in der Nacht): ausgeprägt instationär mit $m_3 = m_3(t)$, $\sigma_3^2 = \sigma_3^2(t)$.

Obwohl instationäre Prozesse häufig in Teilprozesse zerlegt, durch Vorbehandlung wie Trendabspaltung und Filterung in stationäre überführt werden können und damit der rechnerischen Behandlung und der Anschauung besser zugänglich sind, muß man sich grundsätzlich über die Dominanz instationärer Prozesse im klaren sein. Wegen der vorzüglichen Eigenschaften stationärer Prozesse wird diese Prozeßklasse bevorzugt behandelt, jedoch immer an den instationären Fall, besonders mit Beispielen, erinnert.

(4) *Gaußsche Prozesse.* Sind alle endlichdimensionalen Verteilungen eines Prozesses mehrdimensionale Normalverteilungen, so heißt er GAUSSscher Prozeß. GAUSSsche Prozesse sind in Natur und Technik weit verbreitet. Ihre Eigenschaften werden, ähnlich wie bei den normalverteilten Zufallsgrößen, von den Momenten 1. und 2. Ordnung, also im Rahmen der Korrelationstheorie, vollständig beschrieben. Nicht-GAUSSsche Prozesse können ggf. in GAUSSsche transformiert werden.

(5) *Weitere spezielle Prozesse.* Man kann Prozesse auch danach unterscheiden, wie sich ihr „Verlauf in der Vergangenheit" ($t < t_0$) auf den der „Zukunft" ($t > t_0$) auswirkt. Hat lediglich die „Gegenwart" (t_0), aber nicht die „Vergangenheit" Einfluß auf den „zukünftigen Verlauf", so nennt man diesen Prozeß einen *Markowschen Prozeß*. Die Theorie der MARKOWschen Prozesse wird im Abschnitt 5.1.1. kurz skizziert. — Stochastische Prozesse können weiterhin differenzierbar oder nicht-differenzierbar sein. Mitunter werden auch die Aleitungen von im Sinne der klassischen Analysis nicht-differenzierbaren Prozessen benötigt. Es ist sowohl vom theoretischen als auch vom rechentechnischen Interesse, derartige *entartete* oder *verallgemeinerte Prozesse* zu untersuchen (Abschnitt 5.1.2.).

Die rein anwendungsorientierte Einteilung in *Signal- und Rauschprozesse* ist bereits im Abschnitt 1.3. besprochen worden. Die Klassifizierungsmöglichkeiten (1) bis (5) sind unabhängig voneinander. So kann ein stationärer Prozeß

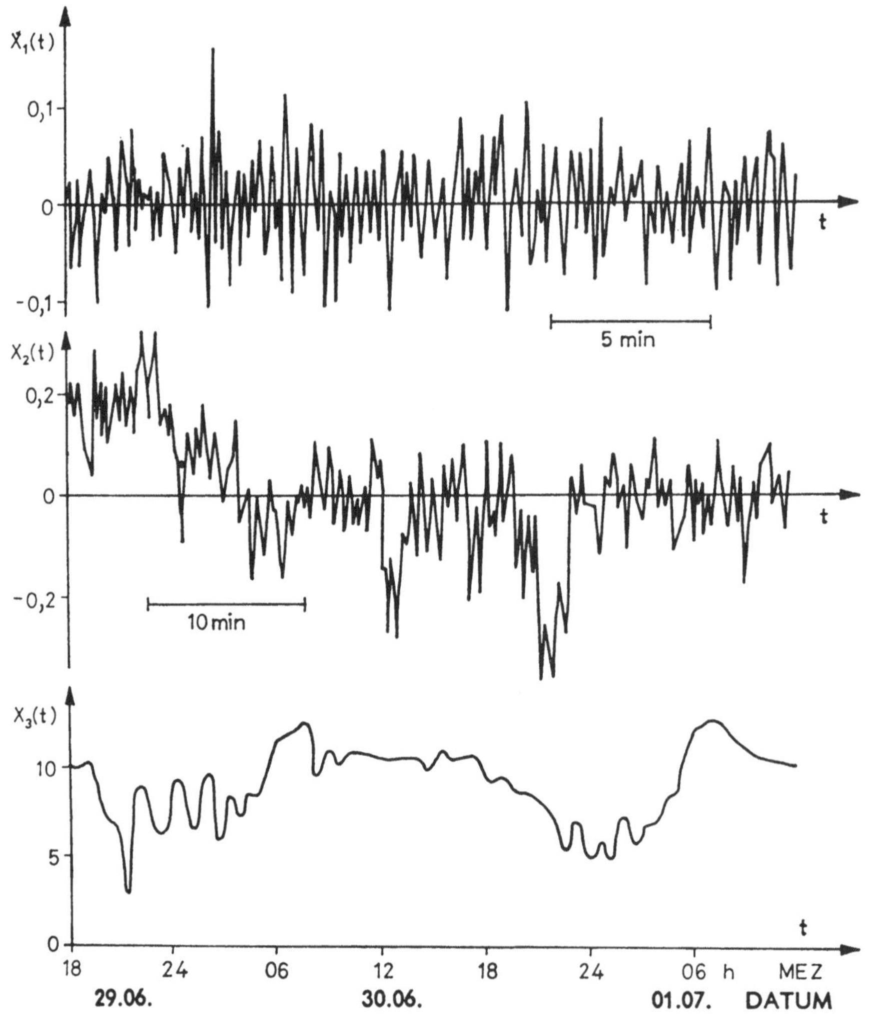

Abb. 3.1. Vertikale Laserstrahlschwankungen ($x(t)$ in cm) in der bodennahen Atmosphäre mit verschiedener Auflösung[1])

---

[1]) Abb. 3.1, 3.2, 3.3c: Hochschule für Verkehrswesen Friedrich List, Dresden, Sektion Verkehrsbauwesen, Wissenschaftsbereich Ingenieurgeodäsie.

gaußsch oder nichtgaußsch, differenzierbar oder nichtdifferenzierbar sein, usf. — Von überragender Bedeutung in der Behandlung der Zufallsprozesse ist der stationäre GAUSS-Prozeß (und daher auch die AKF), vergleichbar mit jener der harmonischen Funktionen sin, cos für die Beschreibung determinierter periodischer Vorgänge. Indem man mit gewissen Voraussetzungen wie stationäres und normales Verhalten die Anwendungsbreite etwas einengt, hat man zur Lösung praktischer Aufgaben wirkungsvollere Hilfsmittel zur Hand, und viele Prozeßabläufe können dann leichter und/oder vollständiger beherrscht werden.

3.2. Stationäre Prozesse

3.2.1. Darstellung im Zeitbereich

Die Klasse der stationären Prozesse zeichnet sich durch die zeitliche Konstanz gewisser Eigenschaften aus. Wir betrachten einen Prozeßtyp, den man als *im weiteren Sinne stationär* bezeichnet.

Definition 3.4: Ein stochastischer Prozeß $X(t)$ heißt *im weiteren Sinne stationär*, wenn für beliebige $t', t'' \in T$ die Beziehungen

$$m(t') = m(t'') \tag{3.2.1}$$

und

$$C(t', t'') = C(t'' - t') \tag{3.2.2}$$

gelten.

Wegen (3.1.9) und (3.1.11) folgt aus (3.2.2) mit $\tau := t'' - t'$

$$C(\tau) = C(-\tau), \quad |C(\tau)| \leqq C(0). \tag{3.2.3}$$

Die AKF eines (im weiteren Sinne) stationären Prozesses ist eine gerade und beschränkte Funktion. Mit $m = \text{const}$, $C(0) =: \sigma^2 = \text{const}$, $C = C(\tau)$ bezieht sich die Stationarität im weiteren Sinne auf die Momente 1. und 2. Ordnung. *Stationär im engeren Sinne* bezeichnet man einen Prozeß $X(t)$, wenn sich seine mehrdimensionalen Verteilungen (also auch die höheren Momente) bei Verschiebung des Zeitursprungs ($t \to t + \tau$) nicht ändern. Beide Begriffe fallen offenbar genau dann zusammen, wenn $X(t)$ ein GAUSSscher Prozeß ist.

Häufig betrachtet man Modell-Prozesse oder approximiert empirisch geschätzte AKF durch Modell-Funktionen. Eine Auswahl der gebräuchlichsten Funktionen ist im Anhang A1 und A2 zusammengestellt. Monoton gegen Null abnehmende AKF (A1) enthalten neben der Varianz σ^2 noch (mindestens) einen freien (Abkling-)Parameter, gedämpft oszillierende bzw. unter die τ-Achse schwingende AKF (A2) außer σ^2 einen freien Parameter mit der Eigenschaft einer Frequenz bzw. Wellenzahl oder je einen Abkling- und Frequenzparameter. Um *spezielle* Eigenschaften der AKF zu charakterisieren, gibt man gewisse Funktionen dieser Parameter an:

(1) *Korrelationslänge* oder *Halbwertsbreite* τ_0 mit $C(\tau_0) = \sigma^2/2$.

(2) *Integralskala* I mit $I = \frac{1}{\sigma^2} \int_0^\infty C(\tau)\, d\tau$.

(3) *Mikroskala* λ (für im Zeitursprung $\tau = 0$ stetig differenzierbare AKF) mit $\lambda = [-2\sigma^2/C''(0)]^{1/2}$, verwandt mit dem Krümmungsradius von $C(\tau)$ bei $\tau = 0$, $R = -1/C''(0) = \lambda^2/2\sigma^2$.

(4) *Kohärenzzeit* τ_k (für im Zeitursprung nicht stetig differenzierbare AKF) mit $\tau_k = \lim\limits_{\tau \to 0} |C'(\tau)|$.

(5) Weitere charakteristische Größen für das Verhalten einer AKF sind (erster) Wendepunkt, (erste positive) Nullstelle, (erstes) Minimum.

Beispiel 3.2: Stationärer Prozeß mit AKF vom Exponentialtyp.
Der stationäre Prozeß mit der AKF $C(\tau) = \sigma^2 e^{-|\tau|/d}$, der Varianz $\sigma^2 = C(0)$, der Korrelationslänge $\tau_0 = d \cdot \ln 2$, der Integralskala $I = d$ und der Kohärenzzeit $\tau_k = \sigma^2/d$ wurde als Modellprozeß bereits in den grundlegenden Arbeiten zur statistischen Turbulenztheorie von G. I. Taylor benutzt. Die Korrelationseigenschaften von Prozessen, die mit turbulenten Erscheinungen zusammenhängen, z. B. Brechungsindex-, Refraktions-, optische Zielstrahl- und Laserstrahlschwankungen, werden häufig durch eine exponentielle AKF beschrieben. Abb. 3.2 zeigt die empirische AKF $\hat{K}(\tau)$ gemäß (3.1.6), (3.1.8) von Laserstrahlschwankungen $X(t)$ in der bodennahen turbulenten Atmosphäre. Sie kann durch $K(\tau) = C(\tau) + [\mathsf{E}X(t)]^2$, $C(\infty) = 0$, $K(\infty) = [\mathsf{E}X(t)]^2 =$ const approximiert werden.

Interessant ist noch die folgende Eigenschaft: $X(t')$, $X(t'')$ $X(t''')$ seien Prozeßwerte mit $0 < t' < t'' < t'''$. Der partielle Korrelationskoeffizient zwischen $X(t')$ und $X(t''')$ nach Elimination des Einflusses von $X(t'')$ auf beide ist nach (2.1.22) mit $x := t/d$:

$$\varrho_{13.2} = \frac{e^{-|x'''-x'|} - e^{-|x''-x'|}\, e^{-|x'''-x''|}}{\sqrt{\{(1 - e^{-2|x''-x'|})\,(1 - e^{-2|x'''-x''|})\}}} = 0,$$

d. h., die Korrelation zwischen $X(t')$ und $X(t''')$ beruht ausschließlich auf der Korrelation beider mit $X(t'')$; eine direkte Abhängigkeit zwischen $X(t')$ und $X(t''')$ besteht nicht. Man nennt diese Eigenschaft *markowsch*. Demzufolge können Laserstrahlschwankungen im Minutenbereich als Markow-Prozeß (siehe Abschnitt 5.1.1.) beschrieben werden.

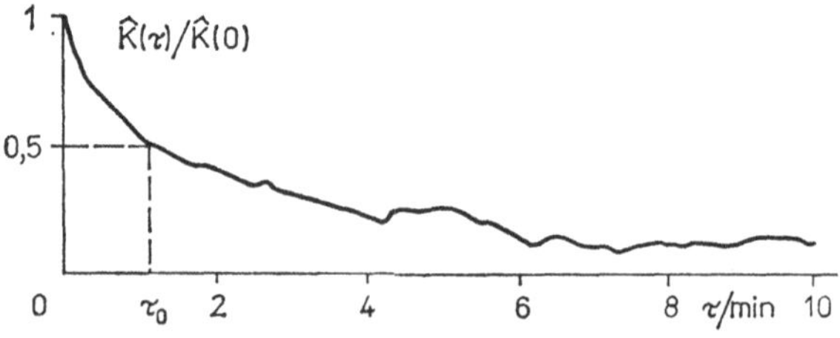

Abb. 3.2. Empirische AKF vertikaler Laserstrahlschwankungen im Minutenbereich. Ausschnitt der Realisierung $x_2(t)$ siehe Abb. 3.1. Korrelationslänge $\tau_0 \approx 1{,}1$ min

3.2.2. Darstellung im Frequenzbereich

Nach den Grundgedanken von J. B. FOURIER (1811) läßt sich jede auf dem Intervall $[-T, +T]$ periodische Funktion x als Überlagerung von Sinus- und Kosinusschwingungen darstellen:

$$x(t) = \frac{a_0}{2} + \sum_{k=1}^{\infty} (a_k \cos \omega_k t + b_k \sin \omega_k t), \quad \omega_k = \frac{k\pi}{T}. \tag{3.2.4}$$

Hierbei drücken die Koeffizienten a_k und b_k die Amplituden der Kosinus- bzw. Sinusschwingung auf der Frequenz ω_k aus. Es ist daher nur eine diskrete, äquidistante Folge $\{\omega_k\}$ von Frequenzen „besetzt", und in Analogie zur Spektroskopie spricht man davon, daß die Koeffizienten a_k, b_k, $k \in \mathbb{N}$ ein „Linienspektrum" der Funktion x bilden. Das „Linienspektrum" kann aus der Registrierung des zeitlichen Verlaufs der Funktion x auf folgende Weise gewonnen werden:

$$\begin{aligned} a_0 &= \frac{1}{T} \int_{-T}^{+T} x(t)\,\mathrm{d}t, \\ a_k &= \frac{1}{T} \int_{-T}^{+T} x(t) \cos \omega_k t\,\mathrm{d}t, \quad b_k = \frac{1}{T} \int_{-T}^{+T} x(t) \sin \omega_k t\,\mathrm{d}t, \quad k \in \mathbb{N}. \end{aligned} \tag{3.2.5}$$

Wir wollen nun untersuchen, wie sich auf diese Darstellung der Grenzübergang $T \to \infty$ auswirkt. Dazu benutzen wir eine zu (3.2.4) äquivalente komplexe Darstellung,

$$x(t) = \frac{1}{2T} \sum_{k=-\infty}^{+\infty} \tilde{x}(\omega_k)\,\mathrm{e}^{\mathrm{j}\omega_k t} \quad \text{mit} \quad \tilde{x}(\omega_k) = \int_{-T}^{+T} x(t)\,\mathrm{e}^{-\mathrm{j}\omega_k t}\,\mathrm{d}t, \tag{3.2.6}$$

und formen $x(t)$ um in

$$x(t) = \frac{1}{2\pi} \sum_{k=-\infty}^{+\infty} \tilde{x}(\omega_k)\,\mathrm{e}^{\mathrm{j}\omega_k t} \Delta\omega, \qquad \Delta\omega = \frac{\pi}{T}. \tag{3.2.7}$$

Aus dieser Beziehung lassen sich zwei Folgerungen ziehen:

(1) Mit wachsendem T rücken die Spektrallinien immer dichter zusammen, d. h., für $T \to \infty$ geht das „Linienspektrum" in ein kontinuierliches Spektrum über.

(2) Die Formel (3.2.7) kann als Partialsumme des Integrals

$$\frac{1}{2\pi} \int_{-\infty}^{+\infty} \tilde{x}(\omega)\,\mathrm{e}^{\mathrm{j}\omega t}\,\mathrm{d}\omega$$

aufgefaßt werden.

Aus (1) und (2) folgert man für $T \to \infty$

$$x(t) = \frac{1}{2\pi} \int_{-\infty}^{+\infty} \tilde{x}(\omega)\, e^{j\omega t}\, d\omega \quad \text{mit} \quad \tilde{x}(\omega) = \int_{-\infty}^{+\infty} x(t)\, e^{-j\omega t}\, dt. \tag{3.2.8}$$

Mit (3.2.8) haben wir die Darstellung einer aperiodischen Funktion mit Hilfe des FOURIER-Integrals gewonnen. Die $\mathcal{F}$-Transformierte $\tilde{x}(\omega) = \mathcal{F}\{x(t)\}$ bezeichnet man auch als *Amplitudenspektrum* von $x(t)$.

Die Zerlegung determinierter periodischer und aperiodischer Funktionen in ihre spektralen Komponenten (*harmonische Analyse*) ist in den Geowissenschaften weit verbreitet. Die duale Betrachtungsweise im Zeit- und Frequenzbereich erhöht die Anschaulichkeit und gewährt gewichtige Rechenvorteile. Es ist nun wünschenswert, diese Vorzüge auch für zufällig schwankende Funktionen auszunutzen. Wie sich zeigen wird, sind stationäre Zufallsprozesse spektral zerlegbar. Wesentliche Prozeßeigenschaften können sowohl im Zeit- oder Ortsbereich als auch im Frequenz- oder Wellenzahlbereich angegeben werden. Die Äquivalenz beider Beschreibungsweisen wird in dem berühmten Theorem von N. WIENER und A. J. CHINTSCHIN begründet.

Nun versuchen wir, die o. a. Darstellungsmöglichkeiten einer periodischen (aperiodischen) Funktion mittels FOURIER-Reihe (FOURIER-Integral) auf zufällig schwankende Funktionen, genauer: auf stationäre Zufallsprozesse zu übertragen. Zu diesem Zweck nehmen wir an, daß $S(\omega_k)$, $\omega_k \in \mathbb{N}$ komplexe Zufallsgrößen mit

$$\left.\begin{aligned} &\mathsf{E}\{S(\omega_k)\} = 0, \quad k \in \mathbb{N}, \quad S(\omega_k) = \overline{S(\omega_{-k})}, \\ &\mathsf{E}\left\{S(\omega_j)\, \overline{S(\omega_k)}\right\} = \sigma_k^2 \delta_{jk}; \quad j, k \in \mathbb{N} \end{aligned}\right\} \tag{3.2.9}$$

sind. δ_{jk} ist das KRONECKER-Symbol, $\overline{S(\omega_k)}$ die zu $S(\omega_k)$ konjugiert-komplexe Größe. Man überzeugt sich leicht, daß

$$X(t) = \frac{1}{2T} \sum_{k=-\infty}^{+\infty} S(\omega_k)\, e^{j\omega_k t} \tag{3.2.10}$$

einen auf $[-T, +T]$ periodischen stationären Prozeß darstellt. Um analog zu (3.2.5) das Verteilungsgesetz der Zufallsgrößen $S(\omega_k)$ aus dem Prozeß $X(t)$ bestimmen zu können, müßten dessen sämtliche endlichdimensionalen Verteilungen zur Verfügung stehen. Da dies gewöhnlich nicht gewährleistet oder nicht praktikabel ist, begnügt man sich damit, die Parameter der Verteilung der $S(\omega_k)$ zu bestimmen. Dazu benötigt man als Ausgangsinformation lediglich die AKF des Prozesses $X(t)$. Aus der Definition der AKF sowie (3.2.9) und (3.2.10) folgt nämlich

$$C(\tau) = \mathsf{E}\left\{\overline{X(t)}\, X(t+\tau)\right\} = \frac{1}{4T^2} \sum_{k=-\infty}^{+\infty} \sigma_k^2 e^{j\omega_k \tau} \tag{3.2.11}$$

und daraus

$$\sigma_k^2 = 2T \int_{-T}^{+T} C(\tau)\, e^{-j\omega_k\tau}\, d\tau, \quad k \in \mathbb{N}. \tag{3.2.12}$$

Wie kann nun der Übergang auf den aperiodischen Fall $T \to \infty$ vollzogen werden? Zunächst kann man analog dem deterministischen Fall

$$X(t) = \frac{1}{2\pi} \sum_{k=-\infty}^{+\infty} S(\omega_k)\, e^{j\omega_k t} \Delta\omega \tag{3.2.13}$$

schreiben. Um im Grenzfall für obige Summe ein Integral angeben zu können, muß ein geeigneter Integralbegriff eingeführt werden. Dieser Begriff wird das sog. *stochastische Integral* sein.

Definition 3.5: Ein komplexwertiger Prozeß $\Phi(\omega)$, $\omega \in \mathbb{R}^1$ heißt *Prozeß mit unkorrelierten Zuwächsen*, wenn für eine beliebige Folge $\{\omega_k\}$ paarweise verschiedener Werte

$$\mathsf{E}\{[\Phi(\omega_{k+1}) - \Phi(\omega_k)]\, \overline{[\Phi(\omega_{i+1}) - \Phi(\omega_i)]}\} = 0 \quad \text{für} \quad i \neq k \tag{3.2.14}$$

gilt.

Definition 3.6: Es sei f eine komplexe Funktion und Φ ein Prozeß mit unkorrelierten Zuwächsen. Falls nun der Grenzwert

$$\int_{-\infty}^{+\infty} f(\omega)\, d\Phi(\omega) := \lim_{n\to\infty} \sum_{k=-n}^{+n} f(\omega_k)\, [\Phi(\omega_{k+1}) - \Phi(\omega_k)] \tag{3.2.15}$$

existiert, so wird er *stochastisches Integral von f bezüglich Φ* genannt.

Nunmehr kann man in (3.2.13) die Größen $S(\omega_k)\, \Delta\omega$ als Zuwächse eines Prozesses Φ mit unkorrelierten Zuwächsen deuten:

$$S(\omega_k)\, \Delta\omega = \Phi(\omega_{k+1}) - \Phi(\omega_k). \tag{3.2.16}$$

Damit geht die Darstellung (3.2.13) für $T \to \infty$ über in

$$X(t) = \frac{1}{2\pi} \int_{-\infty}^{+\infty} e^{j\omega t}\, d\Phi(\omega). \tag{3.2.17}$$

Wir haben hiermit auf heuristischem Wege den wichtigen Satz über die Spektralzerlegung stationärer Prozesse vorbereitet.

Satz 3.2 (**Spektralzerlegung stationärer Prozesse**): *Es sei $X(t)$, $t \in (-\infty, +\infty)$ ein (im weiteren Sinne) stationärer Prozeß. Dann existiert ein Prozeß $\Phi(\omega)$ mit unkorrelierten Zuwächsen derart, daß*

$$X(t) = \frac{1}{2\pi} \int_{-\infty}^{+\infty} e^{j\omega t}\, d\Phi(\omega)$$

gilt. Diese Darstellung des Prozesses $X(t)$ heißt Spektraldarstellung, $\Phi(\omega)$ zufälliges Spektralmaß.

Analog dem periodischen Fall versucht man nun, aus der AKF Aussagen über das „mittlere Verhalten" von Φ abzuleiten. Dazu benutzt man

Lemma 3.1: Für einen Prozeß $\Phi(\omega)$ mit unkorrelierten Zuwächsen existiert eine nichtabnehmende Funktion $F(\omega)$ derart, daß

$$\mathsf{E}\{|\Phi(\omega_2) - \Phi(\omega_1)|^2\} = F(\omega_2) - F(\omega_1), \quad \omega_2 \geqq \omega_1$$

gilt.

Mit Hilfe der Spektraldarstellung berechnet sich nun die AKF zu

$$C(\tau) = \mathsf{E}\left\{\overline{X(t)}\, X(t+\tau)\right\} = \lim_{n\to\infty} \frac{1}{4\pi^2} \sum_{i=-n}^{n} \sum_{k=-n}^{n} \mathrm{e}^{-\mathrm{j}(\omega_i t - \omega_k(t+\tau))}$$

$$\times\, \mathsf{E}\left\{[\Phi(\omega_{i+1}) - \Phi(\omega_i)]\, \overline{[\Phi(\omega_{k+1}) - \Phi(\omega_k)]}\right\}$$

$$= \lim_{n\to\infty} \frac{1}{4\pi^2} \sum_{i=-n}^{n} \mathrm{e}^{\mathrm{j}\omega_i\tau}[F(\omega_{i+1}) - F(\omega_i)]$$

$$= \frac{1}{2\pi} \int_{-\infty}^{+\infty} \mathrm{e}^{\mathrm{j}\omega\tau}\, \frac{F'(\omega)}{2\pi}\, \mathrm{d}\omega = \mathcal{F}^{-1}\{S(\omega)\}$$

mit $S(\omega) := F'(\omega)/2\pi$. Damit ist das Theorem von Wiener/Chintschin vorbereitet.

Satz 3.3 (Theorem von Wiener/Chintschin): *Die Funktion $C(\tau)$ ist genau dann die AKF eines (im weiteren Sinne) stationären Prozesses, wenn eine nichtnegative Funktion $S(\omega)$ existiert, so daß*

$$C(\tau) = \mathcal{F}^{-1}\{S(\omega)\}, \quad S(\omega) = \mathcal{F}\{C(\tau)\} \tag{3.2.18}$$

gilt. $S(\omega)$ heißt Spektraldichte oder spektrale Leistungsdichte.

Aus den Eigenschaften (3.2.3) der AKF sowie (3.2.18) folgt

$$S(\omega) = S(-\omega), \quad S(\omega) \geqq 0, \tag{3.2.19}$$

$$C(0) = \frac{1}{2\pi} \int_{-\infty}^{+\infty} S(\omega)\, \mathrm{d}\omega. \tag{3.2.20}$$

Ebenso wie die AKF $C(\tau)$ ist die äquivalente Kennfunktion im Frequenzbereich $S(\omega)$ eine gerade und beschränkte Funktion, so daß in (3.2.18) die $\mathcal{F}$-Transformation durch die $\mathcal{F}_c$-Transformation gemäß (2.4.9) ersetzt werden kann. Die Eigenschaften (3.2.19), (3.2.20) lassen sich aus den im Anhang A1, A2 zusammengestellten Spektraldichten unmittelbar ablesen.

Um den Begriff *spektrale Leistungsdichte* für $S(\omega)$ zu begründen, bedient man sich einer Analogie zur Elektrotechnik. Nach dem Ohmschen Gesetz $I = U/R$ kann die elektrische Leistung $P = U \times I$ auch dargestellt werden als

$P = I^2 \times R = U^2/R$, ist also dem Quadrat der Stromstärke I oder der Spannung U proportional (mit dem Proportionalitätsfaktor des konstanten Widerstandes R bzw. des Leitwertes $1/R$). Sind $I = I(t)$, $U = U(t)$ periodische Zeitfunktionen (Wechselstrom!), mittelt man ihre Quadrate über eine volle Periode. Ist analog hierzu $X(t)$ ein Zufallsprozeß, hat man über alle Realisierungen zu mitteln. Der Quadratmittelwert $\mathsf{E}\{[X(t)]^2\} \equiv C(0)$ ist dann ebenfalls proportional einer Leistung. Aus (3.2.20) liest man ab, daß dann $S(\omega)$ einer Leistungs*dichte* proportional sein muß bzw. die Leistung des Prozesses auf dem Frequenzintervall $(\omega, \omega + d\omega)$ angibt. Für die in den Geowissenschaften vorkommenden Prozesse existiert das Leistungsintegral (3.2.20) fast immer.

Wegen des Faktors $1/2\pi$ in (3.2.11) ist noch eine Bemerkung zur Notation der $\mathcal{F}$-Transformation angebracht. In der Literatur sind verschiedene (gleichwertige) Schreibweisen üblich. Sie unterscheiden sich voneinander durch das Argument ν (Frequenz) oder $\omega = 2\pi\nu$ (Kreisfrequenz) sowie die vor den Integralen stehenden Normierungsfaktoren. Jedes der gebräuchlichen Systeme hat Vor- und Nachteile. Mit der von uns benutzten Form (2.4.6), (2.4.7) treten im Faltungssatz (Tabelle 2.1, S. 43) keinerlei Normierungsfaktoren auf, dagegen kommt in allen Integralen über die Spektraldichte, z. B. (3.2.20), der Faktor $1/2\pi$ vor. Er verschwindet, wenn man ω durch ν ersetzt; dann hat man jedoch den Faktor 2π in den Argumenten mitzuschleppen. Arbeitet man häufig mit dem Faltungssatz, empfiehlt sich die hier bevorzugte Notation. Dominieren dagegen Integrale über die Spektraldichte, versieht man besser die Fourier-Hintransformation mit dem Faktor $1/2\pi$.

Beispiel 3.3: Breitbandrauschen.
Gegeben sei ein Prozeß $X(t)$ mit konstanter Spektraldichte S_0 bis zu einer oberen Grenzfrequenz ω_g,

$$S(\omega) = S_0 \Pi\left(\frac{1}{2}\frac{\omega}{\omega_g}\right), \qquad S_0 = \sigma^2 \frac{\pi}{\omega_g}.$$

Die zugehörige AKF ist die Spaltfunktion,

$$C(\tau) = \mathcal{F}^{-1}\{S(\omega)\} = \frac{S_0}{2\pi} \int_{-\omega_g}^{+\omega_g} \cos \omega\tau \, d\omega = \frac{S_0}{\pi} \frac{\sin \omega_g \tau}{\tau} = \sigma^2 \frac{\sin \omega_g \tau}{\omega_g \tau},$$

mit $\tau_0 \approx 1{,}9/\omega_g$, $I = \pi/2\omega_g$, $\lambda = \sqrt{6}/\omega_g$, $R = 3/\sigma^2\omega_g^2$ und Nullstellen bei $\tau_k = k\pi/\omega_g$; $k = 1, 2, \ldots$ (Abb. 3.3, a). Je breiter das Spektralband, um so rascher fällt die AKF ab. Im Grenzfall $\omega_g \to \infty$,

$$\frac{S_0}{\pi} \lim_{\omega_g \to \infty} \frac{\sin \omega_g \tau}{\tau} = S_0 \delta(\tau),$$

entartet die AKF zu einem Dirac-Impuls mit $I = 0$, und die Spektraldichte

$$S(\omega) = \mathcal{F}\{C(\tau)\} = S_0 \mathcal{F}\{\delta(\tau)\} = S_0 \quad (-\infty < \omega < +\infty)$$

ist unbegrenzt (Abb. 3.3, b). In Analogie zur Optik (Spektralfarben!) bezeichnet man diesen entarteten Prozeß als *weißes Rauschen.* Seine Ordinaten sind für beliebige, insbesondere für beliebig kleine Abstände τ, $\tau \neq 0$, korrelationsfrei. Wegen $C(0) \to \infty$ (unbeschränkte Varianz oder Leistung) kann ein solcher Prozeß real nicht existieren, ist jedoch gut geeignet, um chaotische Fluktuationen mit extrem schwach korrelierten Prozeßwerten zu beschreiben, z. B. hochfrequente Laserstrahlschwankungen (Abb. 3.3, c).

Aus dem weißen Rauschen können mittels linearer Filterung (Abschnitt 3.3.4.) Prozesse mit endlicher Leistung erzeugt werden; z. B. kann man breitbandiges Rauschen als ein durch einen Spalt der Breite ω_g gefiltertes weißes Rauschen ansehen. Dies motiviert auch die Bezeichnung Spaltfunktion für die zugehörige AKF.

Die speziellen Eigenschaften anderer AKF- und Spektraldichte-Modelle möge sich der Leser selbst verdeutlichen. Für die Modelle im Anhang A1, A2 gilt allgemein:

(1) Je breiter das Spektralband, um so stärker sind hochfrequente Fluktuationen am Prozeß beteiligt, die benachbarte Ordinaten stärker entkoppeln, so daß die zugehörige AKF rascher abklingt, und umgekehrt.
(2) Zu monoton gegen Null abnehmenden AKF gehören Spektraldichten mit gleicher Eigenschaft (Modelle in A1).
(3) Unter die τ-Achse schwingende bzw. oszillierende AKF zeigen an, daß im Prozeß ein gewisser Frequenzbereich gegenüber benachbarten Bereichen dominiert; zugehörig sind Spektraldichten mit beschränktem oder hervorgehobenem Frequenzbereich (Modelle in A2).
(4) Zu begrenzten Spektraldichten (mit Unstetigkeiten an den Begrenzungsstellen) gehören oszillierende AKF (Modelle 3, 4 in A2), zu unbegrenzten Spektraldichten mit periodisch wiederkehrenden, hervorgehobenen Bandbereichen gehören AKF mit Unstetigkeitsstellen (Modell 5 in A1, Beispiel 3.6, S. 77).

3.2.3. Systeme stationärer Prozesse

Bisher wurde der Zusammenhang zwischen dem Wert $X(t)$ eines Prozesses zum Zeitpunkt t und seinem Wert $X(t + \tau)$ zum Zeitpunkt $t + \tau$ untersucht. Von ebensolchem Interesse ist die Abhängigkeit des Wertes $X(t)$ eines Prozesses vom Wert $Y(t + \tau)$ eines anderen Prozesses.

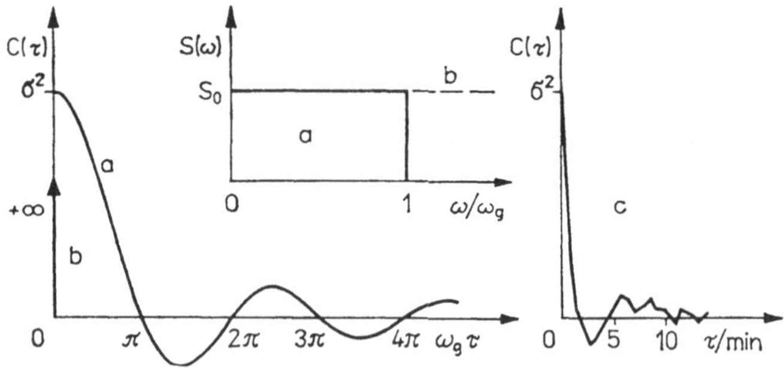

Abb. 3.3. AKF $C(\tau)$ und Spektraldichte $S(\omega)$ des breitbandigen (a) und des weißen Rauschens (b). Empirische AKF vertikaler Laserstrahlschwankungen im Zehnersekunden-Bereich (c). Ausschnitt der Realisierung $x_1(t)$ siehe Abb. 3.1. Korrelationslänge $\tau_0 \approx 20$ s, Grenzfrequenz $\omega_g \approx 2$ min^{-1}

Tabelle 3.1: Auto- und Kreuzkorrelationseigenschaften eindimensionaler Prozesse $X(t)$, $Y(t)$. $\overline{C}$ ist die zu C konjugiert-komplexe Funktion, für reellwertige Prozesse identisch mit C. $\tau := t'' - t'$.

Prozeß-eigenschaft	Korrelationseigenschaften	
	Symmetrie	Beschränktheit
Instationär	$C_{XX}(t', t'') = \overline{C_{XX}(t'', t')}$	$2\lvert\operatorname{Re} C_{XX}(t', t'')\rvert \leqq C_{XX}(t', t') + C_{XX}(t'', t'')$
	$C_{XY}(t', t'') = \overline{C_{YX}(t'', t')}$	$\lvert C_{XY}(t', t'')\rvert \leqq [C_{XX}(t', t')\, C_{YY}(t'', t'')]^{1/2}$
Stationär	$C_{XX}(\tau) = \overline{C_{XX}(-\tau)}$	$\lvert\operatorname{Re} C_{XX}(\tau)\rvert \leqq C_{XX}(0)$
	$C_{XY}(\tau) = \overline{C_{YX}(-\tau)}$	$\lvert C_{XY}(\tau)\rvert \leqq [C_{XX}(0)\, C_{YY}(0)]^{1/2}$

Definition 3.5: Die Funktion

$$\left.\begin{aligned} K_{XY}(t', t'') &:= \mathsf{E}\{X(t')\, Y(t'')\}, \\ C_{XY}(t', t'') &:= \mathsf{E}\{[X(t') - m_X(t')]\,[Y(t'') - m_Y(t'')]\} \end{aligned}\right\} \tag{3.2.21}$$

heißt *Kreuzkorrelationsfunktion, Kreuzkovarianzfunktion* (KKF) der Prozesse $X(t)$, $Y(t)$; normiert

$$\left.\begin{aligned} &K_{XY}(t', t'')/[K_{XX}(t', t')\, K_{YY}(t'', t'')]^{1/2}, \\ &C_{XY}(t', t'')/[C_{XX}(t', t')\, C_{YY}(t'', t'')]^{1/2}. \end{aligned}\right\} \tag{3.2.22}$$

Die Eigenschaften der KKF sind, gemeinsam mit denen der AKF, in Tabelle 3.1 zusammengestellt. Selbst wenn $X(t)$, $Y(t)$ (im weiteren Sinne) stationär sind, kann ihre KKF von t', t'' einzeln abhängen. Andernfalls gilt

Definition 3.6: Zwei stationäre Prozesse $X(t)$, $Y(t)$ heißen *stationär verbunden*, wenn ihre KKF lediglich von der Differenz $\tau = t'' - t'$ abhängt:

$$C_{XY}(t', t'') = C_{XY}(t'' - t') = C_{XY}(\tau). \tag{3.2.23}$$

Lemma 3.2: Zwei (im weiteren Sinne) stationäre Prozesse $X(t)$, $Y(t)$ sind stationär verbunden, wenn sie *gaußsch* sind. Für zwei stationär verbundene, stationäre Prozesse $X(t)$, $Y(t)$ gilt

$$C_{XY}(\tau) = C_{YX}(-\tau), \quad \lvert C_{XY}(\tau)\rvert \leqq [C_{XX}(0)\, C_{YY}(0)]^{1/2}. \tag{3.2.24}$$

Das Maximum der KKF liegt im allgemeinen bei einem $\tau^* \neq 0$. Die Lage dieses Maximums läßt sich anschaulich als Verschiebung deuten, für welche der Prozeß $X(t)$ die größte „Ähnlichkeit" mit $Y(t + \tau^*)$ hat. Auch die KKF

$C_{XY}(\tau)$ läßt sich einer $\mathcal{F}$-Transformation unterwerfen. Die der KKF äquivalente Kennfunktion im Frequenzbereich

$$S_{XY}(\omega) = \mathcal{F}\{C_{XY}(\tau)\} = \int_{-\infty}^{+\infty} \mathrm{e}^{-\mathrm{j}\omega\tau} C_{XY}(\tau)\,\mathrm{d}\tau \qquad (3.2.25)$$

heißt *gegenseitige Spektraldichte* oder kurz *Kreuzspektrum* der Prozesse $X(t)$, $Y(t)$. Da $C_{XY}(\tau)$ im allgemeinen weder eine gerade noch eine ungerade Funktion ist, wird $S_{XY}(\omega)$ komplexwertig. Zerlegt man $C_{XY}(\tau)$ in einen geraden und in einen ungeraden Anteil, so liefert die $\mathcal{F}$-Transformation des ersten den (geraden) Realteil, die des zweiten den (ungeraden) Imaginärteil von $S_{XY}(\omega)$. Daraus folgt die Symmetrieeigenschaft

$$S_{XY}(\omega) = \overline{S_{YX}(\omega)} = S_{YX}(-\omega)\,. \qquad (3.2.26)$$

Aus der exponentiellen Schreibweise

$$S_{XY}(\omega) = |S_{XY}(\omega)|\,\mathrm{e}^{\mathrm{j}\varphi(\omega)}, \quad \tan\varphi(\omega) = \frac{\operatorname{Im}\{S_{XY}(\omega)\}}{\operatorname{Re}\{S_{XY}(\omega)\}} \qquad (3.2.27)$$

erkennt man, daß die KKF, im Gegensatz zur AKF, eine (relative) Phaseninformation enthalten muß. $\varphi(\omega)$ kennzeichnet die mittlere Phasenverschiebung des Anteils von $X(t)$ auf der Frequenz ω gegenüber dem Anteil von $Y(t)$ auf der gleichen Frequenz. $|S_{XY}(\omega)|$ oder $|S_{XY}(\omega)|^2$ heißt *Kohärenz*, die Funktion

$$\varkappa(\omega) := \frac{|S_{XY}(\omega)|^2}{S_{XX}(\omega)\,S_{YY}(\omega)} \quad \left(0 \leqq \varkappa(\omega) \leqq 1\right) \qquad (3.2.28)$$

normierte Kohärenz. Sie drückt den Ähnlichkeitsgrad von $X(t)$ und $Y(t)$ auf der Frequenz ω aus, und zwar unabhängig von einer eventuellen Zeitverschiebung der beiden Prozesse gegeneinander.

In den geowissenschaftlichen Aufgabenstellungen kommen Systeme stochastischer Prozesse sehr häufig vor, und die Kreuzkorrelationsanalyse, resp. die Kreuzspektralanalyse für stationär verbundene Prozesse, erweist sich als wirkungsvolles Verfahren, um die vielfältigsten Zusammenhänge aufzudecken, z. B. ein schwaches Signal in einem starken Rauschen aufzufinden. Namentlich für die mehrdimensionalen Probleme in meteorologischen und geophysikalischen Feldern eröffnet sich ein weites Anwendungsgebiet, so in der Turbulenztheorie, in der physikalischen Geodäsie samt ihrer Fehlertheorie usf. — Auf KKF und Kreuzspektren stößt man bereits, wenn man die Eigenschaften einer algebraischen Summe von Zufallsprozessen untersucht.

Beispiel 3.4: Summe und Differenz zweier Zufallsprozesse.
Gegeben seien zwei stationäre Prozesse $X(t)$, $Y(t)$ mit $m_X(t) = m_Y(t) \equiv 0$, gesucht die AKF und die Spektraldichte von $Z(t) = X(t) \pm Y(t)$. Aus

$$Z(t)\,Z(t+\tau) = X(t)\,X(t+\tau) \pm X(t)\,Y(t+\tau) \pm Y(t)\,X(t+\tau) + Y(t)\,Y(t+\tau)$$

folgt nach Mittelwertbildung

$$C_{ZZ}(\tau) = C_{XX}(\tau) \pm C_{XY}(\tau) \pm C_{YX}(\tau) + C_{YY}(\tau) \tag{3.2.29}$$

und nach Transformation in den Frequenzbereich

$$S_{XX}(\omega) = S_{XX}(\omega) \pm S_{XY}(\omega) \pm S_{YX}(\omega) + S_{YY}(\omega). \tag{3.2.30}$$

Insbesondere gilt für $\tau = 0$

$$C_{ZZ}(0) = C_{XX}(0) \pm 2C_{XY}(0) + C_{YY}(0). \tag{3.2.31}$$

Mit der Schreibweise

$$\sigma_Z^2 = \sigma_X^2 \pm 2\sigma_{XY} + \sigma_Y^2 \tag{3.2.32}$$

entspricht dies einem Spezialfall der „Fehlerfortpflanzung für korrelierte Meßgrößen X, Y".

3.3. Lineare Transformationen

3.3.1. Transformation von Zufallsprozessen

Häufig ist ein stationärer Prozeß $X(t)$ der Eingang in ein System, in welchem $X(t)$ einer linearen Transformation unterworfen wird und als Folge dieser Transformation den Ausgangsprozeß $Y(t)$ liefert (Abb. 3.4). Derartige Systeme können

(1) Meßgeräte sein, die $X(t)$ infolge ihrer Trägheit glätten,
(2) mechanische oder elektrische Systeme sein, die durch $X(t)$ in ihrem Gleichgewichtszustand gestört werden und auf diese Störung mit $Y(t)$ antworten oder
(3) numerische Auswertevorgänge sein, denen $X(t)$ unterworfen wird.

In diesem Zusammenhang können drei Aufgabenstellungen unterschieden werden:

(1) Die statistischen Eigenschaften des Eingangs $X(t)$ und die Übertragungseigenschaften des Systems sind bekannt, diejenigen des Ausgangs $Y(t)$ gesucht.

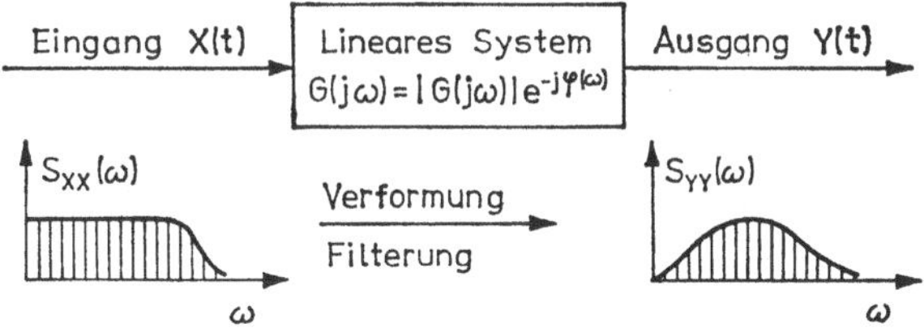

Abb. 3.4. Schema zur linearen Transformation stationärer Prozesse

(2) Die statistischen Eigenschaften des Ausgangs $Y(t)$ und die Übertragungseigenschaften des Systems sind bekannt, diejenigen des Eingangs $X(t)$ gesucht.
(3) Die statistischen Eigenschaften von $X(t)$ und $Y(t)$ sind bekannt (gemessen), und man bemüht sich, durch sog. *Eingangs-Ausgangs-Analyse* auf die Übertragungseigenschaften des Systems zu schließen.

Um diese Problemstellungen behandeln zu können, muß untersucht werden, wie eine lineare Transformation die Eigenschaften von $X(t)$, etwa die AKF und die Spektraldichte, verändert (Abschnitte 3.3.2. bis 3.3.4., ergänzt durch die Übertragungseigenschaften linearer Differentialgleichungen im Abschnitt 5.2.1.). Allgemein kann $X(t)$ stationär oder instationär, gaußsch oder nichtgaußsch usf., die Transformation linear oder nicht-linear sein. Am einfachsten gestaltet sich die lineare Transformation stationärer Prozesse im Rahmen der Korrelations- und Spektraltheorie; bei gaußschen stationären Prozessen werden damit die statistischen Eigenschaften sogar vollständig erfaßt. Bei den nicht spektral zerlegbaren instationären Prozessen sind wir auf die Behandlung im Zeitbereich bzw. die Korrelationsanalyse beschränkt (Abschnitt 3.3.5.). Nichtlineare Transformationen kommen in den Geowissenschaften ebenfalls vor; in manchen Übertragungssystemen wirken lineare und nicht-lineare Anteile. Schwierigkeitsgrad und Rechenumfang nehmen im Vergleich zu den linearen Transformationen bedeutend zu. Nur gaußsche (gaußsche und stationäre) nichtlinear transformierte Prozesse lassen sich im Rahmen der Korrelationstheorie (Korrelations- und Spektraltheorie) behandeln; für nicht-Gaußsche Prozesse werden zusätzlich die höheren Momente bzw. die kompletten Verteilungen benötigt. Man kann sich jedoch in vielen Fällen mit der Linearisierung des Problems behelfen und (genügend genaue) Näherungslösungen für die zweiten Momente erhalten.

3.3.2. Integraltransformationen stationärer Prozesse

Als erste Art linearer Transformationen wollen wir die Integraltransformation

$$Y(t) = [K * X](t) := \int_{-\infty}^{+\infty} K(t-s)\, X(s)\, \mathrm{d}s \qquad (3.3.1)$$

betrachten. Dazu müssen wir uns verständigen, in welchem Sinne das Integral (3.3.1) zu verstehen ist.

Definition 3.7: Eine Zufallsgröße Z heißt *Integral des stationären Prozesses* $X(t)$ *im quadratischen Mittel* bezüglich der Gewichtsfunktion w, wenn

$$\lim_{n\to\infty} \mathsf{E} \left| Z - \sum_{i=1}^{n} X(t_i)\, w(t_i)\, (t_{i+1} - t_i) \right|^2 = 0 \qquad (3.3.2)$$

gilt. Man schreibt für Z auch

$$Z = \int_{-\infty}^{+\infty} w(t)\, X(t)\, \mathrm{d}t. \tag{3.3.3}$$

Unter welchen Umständen existiert nun das Integral (im quadratischen Mittel) eines stationären Prozesses?

Lemma 3.2: Es sei $X(t)$ ein stationärer Prozeß mit der AKF C_{XX}. Existiert dann

$$Y(t) = \int_{-\infty}^{+\infty} K(t-s)\, X(s)\, \mathrm{d}s, \tag{3.3.4}$$

so ist $Y(t)$ ebenfalls stationär, und es gilt

$$C_{YY} = K^- * K * C_{XX}, \tag{3.3.5}$$

wobei $K^-(x) := K(-x)$ zu setzen ist.

Wir wollen auf einen exakten Beweis des Lemmas verzichten und dafür den inhaltlichen Erwägungen den Vorrang geben. Wir nehmen an, daß das Integral im quadratischen Mittel existiert. Dann kann formal folgende Rechnung ausgeführt werden:

$$\begin{aligned}
\mathsf{E}\{Y(t)\, Y(t+\tau)\} &= \mathsf{E}\left\{\int_{-\infty}^{+\infty} K(t-s)\, X(s)\, \mathrm{d}s \int_{-\infty}^{+\infty} K(t+\tau-s)\, X(s)\, \mathrm{d}s\right\} \\
&= \mathsf{E}\left\{\lim_{n\to\infty} \sum_{i=1}^{n} K(t-s_i)\, X(s_i)\, (s_{i+1}-s_i)\right. \\
&\quad \left. \times \lim_{m\to\infty} \sum_{j=1}^{m} K(t+\tau-s_j)\, X(s_j)\, (s_{j+1}-s_j)\right\} \\
&= \lim_{\substack{n\to\infty \\ m\to\infty}} \sum_{i=1}^{n} \sum_{j=1}^{m} K(t-s_i)\, K(t+\tau-s_j) \\
&\quad \times \mathsf{E}\{X(s_i)\, X(s_j)\}\, (s_{i+1}-s_i)\, (s_{j+1}-s_j) \\
&= \lim_{\substack{n\to\infty \\ m\to\infty}} \sum_{i=1}^{n} \sum_{j=1}^{m} K(t-s_i)\, K(t+\tau-s_j)\, C_{XX}(s_j-s_i) \\
&\quad \times (s_{i+1}-s_i)\, (s_{j+1}-s_j) \\
&= \lim_{n\to\infty} \sum_{i=1}^{n} K(t-s_i)\, (s_{i+1}-s_i) \int_{-\infty}^{+\infty} K(t+\tau-s)\, C_{XX}(s-s_i)\, \mathrm{d}s \\
&= \int_{-\infty}^{+\infty} K(t-s_i)\, [K * C_{XX}]\, (t+\tau-s_i)\, \mathrm{d}s \\
&= \int_{-\infty}^{+\infty} K^-(\tau-\sigma)\, [K * C_{XX}]\, (\sigma)\, \mathrm{d}\sigma = K^- * K * C_{XX}(\tau).
\end{aligned}$$

Tabelle 3.2: Spezielle Integraltransformationen. $j^2 = -1$.

Kern	Integral-transformation	$\mathcal{F}$-Transformierte des Kernes	
K	$\int_{-\infty}^{+\infty} K(t-s)\, X(s)\, ds$	$\mathcal{F}\{K\}$	$\mathcal{F}\{K\}\, \mathcal{F}\{K^-\}$
$\delta(x)$	$X(t)$	1	1
$[\delta(x+h) - \delta(x-h)]/2h$	$[X(t+h) - X(t-h)]/2h$	$j \sin(\omega h)/h$	$\sin^2 (\omega h)/h^2$
$\frac{1}{2n+1} \sum_{\nu=-n}^{+n} \delta(x + \nu h)$	$\frac{1}{2n+1} \sum_{\nu=-n}^{+n} X(t + \nu h)$	$\frac{\sin[(2n+1)\, \omega h/2]}{(2n+1) \sin(\omega h/2)}$	$\frac{\sin^2[(2n+1)\, \omega h/2]}{(2n+1)^2 \sin^2(\omega h/2)}$
$H(x)$	$\int_{-\infty}^{t} X(s)\, ds$	$\frac{1}{j\omega} \quad (\omega \neq 0)$	$\omega^{-2} \quad (\omega \neq 0)$
$\Pi\left(\frac{x}{2h}\right)$	$\int_{t-h}^{t+h} X(s)\, ds$	$2h \frac{\sin \omega h}{\omega h}$	$4h^2 \left(\frac{\sin \omega h}{\omega h}\right)^2$

Für die Spektraldichten lautet das Transformationsgesetz

$$S_{YY}(\omega) = \mathcal{F}\{K^-\}\, \mathcal{F}\{K\}\, S_{XX}(\omega)\,. \tag{3.3.6}$$

Diese Beziehung entsteht durch formale $\mathcal{F}$-Transformation aus (3.3.5). In der allgemeinen Integraltransformation (3.3.1) sind viele wichtige Spezialfälle enthalten, die sich durch geeignete Wahl der Kerne K erzeugen lassen (Tabelle 3.2).

3.3.3. Differentiation stationärer Prozesse

Ebenso wie die bereits betrachtete Integraltransformation ist auch die Differentiation eine lineare Operation. Unter Differentiation eines stationären Prozesses wollen wir hier die *Ableitung im quadratischen Mittel* verstehen.

Definition 3.8: Ein (im weiteren Sinne) stationärer Prozeß $X(t)$ heißt *im quadratischen Mittel differenzierbar,* wenn ein Prozeß $X'(t)$ existiert, so daß

$$\lim_{h\to 0} \mathsf{E} \left\{\left(X'(t) - \frac{X(t+h) - X(t)}{h}\right)^2\right\} = 0 \tag{3.3.7}$$

gilt. Der Prozeß $X'(t)$ heißt dann *Quadratmittelableitung* von $X(t)$.

Lemma 3.3: Die Quadratmittelableitung $X'(t)$ eines Prozesses $X(t)$ existiert genau dann, wenn seine AKF C_{XX} zweimal differenzierbar ist.

Lemma 3.4: Es sei $X(t)$ ein im quadratischen Mittel differenzierbarer stationärer Prozeß mit der AKF C_{XX} und der Spektraldichte S_{XX}. Seine Ableitung sei $X'(t)$. Dann gilt:

(1) $$\mathsf{E}\{X'(t)\} = 0. \qquad (3.3.8)$$

(2) $X'(t)$ ist wiederum stationär, und es gilt

$$C_{X'X'}(\tau) = -C''_{XX}(\tau), \qquad (3.3.9)$$

(3) $$S_{X'X'}(\omega) = \omega^2 S_{XX}(\omega). \qquad (3.3.10)$$

Das Lemma 3.4 soll nun formal begründet werden:

(1) $$\mathsf{E}\{X'(t)\} = \mathsf{E}\left\{\lim_{h\to 0} \frac{1}{h}[X(t+h) - X(t)]\right\} = \lim_{h\to 0} \frac{1}{h}[\mathsf{E}X(t+h) - \mathsf{E}X(t)] = 0.$$

(2) $$C_{X'X'}(\tau) = \mathsf{E}\left\{\lim_{\substack{h\to 0\\k\to 0}} \frac{X(t+\tau+h) - X(t+\tau)}{h} \times \frac{X(t+k) - X(t)}{k}\right\}$$

$$= \lim_{\substack{h\to 0\\k\to 0}} \left\{\frac{1}{hk}[C_{XX}(\tau+h-k) - C_{XX}(\tau+h) - C_{XX}(\tau-k) + C_{XX}(\tau)]\right\}$$

$$= \lim_{h\to 0} \left\{\frac{1}{h}\left[\lim_{k\to 0} \frac{C_{XX}(\tau+h-k) - C_{XX}(\tau+h)}{k} - \lim_{k\to 0} \frac{C_{XX}(\tau-k) - C_{XX}(\tau)}{k}\right]\right\}$$

$$= \lim_{h\to 0} \frac{1}{h}[-C'_{XX}(\tau+h) + C'_{XX}(\tau)] = -C''_{XX}(\tau).$$

(3) $$S_{X'X'}(\omega) = \mathcal{F}\{C_{X'X'}\} = -\mathcal{F}\{C''_{XX}\} = \omega^2 \mathcal{F}\{C_{XX}\} = \omega^2 S_{XX}(\omega).$$

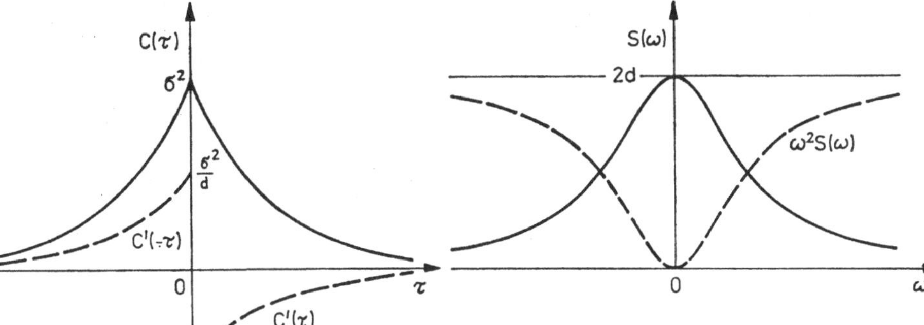

Abb. 3.5. Beispiel eines nichtdifferenzierbaren Prozesses: AKF $C(\tau)$ vom Exponentialtyp und zugehörige Spektraldichte $S(\omega)$

Beispiel 3.5: Stationärer Przozeß mit AKF vom Exponentialtyp.
Der Prozeß $X(t)$ mit

$$C_{XX}(\tau) = \sigma^2 \, e^{-|\tau|/d}, \quad S_{XX}(\omega) = \frac{2d}{1 + (\omega d)^2}$$

ist nicht differenzierbar: Die AKF von $X'(t)$, $C_{X'X'}(\tau) = -C''_{XX}(\tau)$ mit $C_{X'X'}(\tau) = C_{X'X'}(-\tau)$ existiert nicht, denn $C'(\tau)$ besitzt bei $\tau = 0$ eine Sprungstelle (Abb. 3.5). Im Frequenzbereich entspricht diesem Sachverhalt eine unbegrenzte und daher nicht absolut integrierbare Spektraldichte $S_{X'X'}(\omega) = \omega^2 S_{XX}(\omega)$, d. h., es existiert zu $S_{X'X'}(\omega)$ keine $\mathcal{F}^{-1}$-Transformierte gemäß (3.2.18).

Analog zur Definition 3.8 kann man auch höhere Ableitungen im quadratischen Mittel einführen. Es ergeben sich dann die in Tabelle 3.4, S. 79 aufgeführten Regeln der Kovarianz- und Spektralfortpflanzung.

Die Differentiation im quadratischen Mittel ist in gewisser Weise die Umkehrung der Integration im quadratischen Mittel.

Lemma 3.5: Es sei $X(t)$ ein im quadratischen Mittel integrierbarer stationärer Prozeß mit der AKF C_{XX} und der Spektraldichte S_{XX}. Dann ist der Prozeß

$$Y(t) := \int_{-\infty}^{t} X(s) \, ds \tag{3.3.11}$$

im quadratischen Mittel differenzierbar, und für $Y'(t)$ gilt

$$C_{Y'Y'}(\tau) = C_{XX}(\tau), \quad S_{Y'Y'}(\omega) = S_{XX}(\omega). \tag{3.3.12}$$

Formal ergeben sich die Beziehungen (3.3.12) wie folgt:

$$\begin{aligned} C_{YY}(\tau) &= [H^- * H * C_{XX}](\tau), \\ C_{Y'Y'}(\tau) &= -C''_{YY}(\tau) = -[H^- * H * C_{XX}]''(\tau) \\ &= -[H^{-\prime} * H' * C_{XX}](\tau) = -[-\delta * \delta * C_{XX}](\tau) = C_{XX}(\tau), \\ S_{Y'Y'}(\omega) &= \mathcal{F}\{C_{Y'Y'}\} = \mathcal{F}\{C_{XX}\} = S_{XX}(\omega). \end{aligned}$$

Neben dem Ableitungsbegriff im quadratischen Mittel spielen noch andere Ableitungsbegriffe eine Rolle. Beispielsweise ist der WIENERsche Prozeß im quadratischen Mittel nicht differenzierbar. Bildet man jedoch seine distributionentheoretische Ableitung, so erhält man den als weißes Rauschen bezeichneten Prozeß (vgl. Abschnitte 5.1.1. und 5.1.2.).

3.3.4. Lineare Filterung stationärer Prozesse

Als lineare Filteroperation kann jede auf einen Prozeß $X(t)$ wirkende lineare Operation angesehen werden, da sie dessen Spektraldichte $S_{XX}(\omega)$ verändert (Abb. 3.4, S. 69). Entsprechend den in den Abschnitten 3.3.2. und 3.3.3. behandelten beiden Arten linearer Operationen gibt es Integrationsfilter und

Differentiationsfilter mit den *Filtervorschriften*

$$Y(t) = \int_{-\infty}^{+\infty} g(t - s)\, X(s)\, \mathrm{d}s\,, \quad Y(t) = \frac{\mathrm{d}^m}{\mathrm{d}t^m} X(t)\,. \tag{3.3.13}$$

Die Funktion g des Integrationsfilters heißt *Gewichtsfunktion* und ihre $\mathcal{F}$-Transformierte $G(j\omega) := \mathcal{F}\{g\}$ *Filter-* oder *Durchlaßcharakteristik*. Bei Differentiationsfiltern treten diese Begriffe zunächst nicht auf. Man kann aber g formal durch Deltafunktionen ausdrücken, indem man die Integraltransformation (3.3.1) durch geeignete Wahl des Kernes auf Differentiationsfilter zurückführt. Man darf jedoch nicht übersehen, daß der angegebene Formalismus nur gültig ist, wenn man vorgreifend allgemeinere Funktions- und Ableitungsbegriffe benutzt.

Die Filterwirkung besteht darin, daß diejenigen Spektralanteile auf der Frequenz ω, für die $|G(\mathrm{j}\omega)| > 1$ (<1; 0) gilt, verstärkt (abgeschwächt; unterdrückt) werden. Ist g gerade, so ist $G(\mathrm{j}\omega)$ reell und die Filterung phasentreu. Andernfalls tritt eine (frequenzabhängige) Phasenverschiebung

$$\varphi(\omega) = \operatorname{arc\,tan} \frac{\operatorname{Im}\{G(\mathrm{j}\omega)\}}{\operatorname{Re}\{G(\mathrm{j}\omega)\}} \tag{3.3.14}$$

zwischen $X(t)$ und $Y(t)$ auf. Die Spektraldichte $S_{YY}(\omega)$ des gefilterten Prozesses $Y(t)$ ist gegenüber $S_{XX}(\omega)$ des ungefilterten Prozesses $X(t)$ gemäß

$$S_{YY}(\omega) = U(\omega)\, S_{XX}(\omega) \tag{3.3.15}$$

verändert. Die Funktion $U(\omega) = G(\mathrm{j}\omega)\,\overline{G(\mathrm{j}\omega)} = |G(\mathrm{j}\omega)|^2$ wird *Übertragungsfunktion* des Filters genannt. Beziehung (3.3.15) wurde im Abschnitt 3.3.2. für Integraltransformationen begründet, gilt jedoch in einem allgemeineren Sinn für jede lineare Filterung eines stationären Prozesses. Ferner gilt

$$S_{YY}(\omega) = G(\mathrm{j}\omega)\, S_{YX}(\omega) = \overline{G(\mathrm{j}\omega)}\, S_{XY}(\omega) \tag{3.3.16}$$

mit den gegenseitigen Spektraldichten

$$S_{XY}(\omega) = G(\mathrm{j}\omega)\, S_{XX}(\omega)\,, \quad S_{YX}(\omega) = \overline{G(\mathrm{j}\omega)}\, S_{XX}(\omega) \tag{3.3.17}$$

und nach dem Theorem von WIENER/CHINTSCHIN

$$C_{YY} = \mathcal{F}^{-1}\{S_{YY}\}\,, \quad C_{XY} = \mathcal{F}^{-1}\{S_{XY}\}\,, \quad C_{YX} = \mathcal{F}^{-1}\{S_{YX}\}\,. \tag{3.3.18}$$

Ist die Filterung phasentreu mit $\varphi \equiv 0$, $G \equiv \overline{G} \equiv |G|$, so wird $S_{XY} \equiv S_{YX}$ und $C_{XY} \equiv C_{YX}$. X und Y sind somit ein Paar stationär verbundener Prozesse, wie sie in Abschnitt 3.2.3. eingeführt wurden.

Aus der Elektrotechnik stammt eine anschauliche Einteilung der Filter: Man nennt einen Filter *Hochpaßfilter* (*Tiefpaßfilter*), wenn $|G|$ mit wachsendem ω wächst (fällt), d. h. hochfrequente (niederfrequente) Anteile durchgelassen

Tabelle 3.3: Eigenschaften einiger Hoch- und Tiefpaßfilter. $j^2 = -1$.

Filtertyp	Filtervorschrift $Y(t)$	Gewichtsfunktion $g(x)$
Hochpaßfilter:		
Differentiationsfilter	$X'(t)$	$\delta'(x)$
Differenzenfilter	$[X(t) - X(t - h)]/h$	$[\delta(x) - \delta(x - h)]/h$
	$[X(t + h/2) - X(t - h/2)]h$	$[\delta(x + h/2) - \delta(x - h/2)]/h$
	$[X(t + h) - X(t)]/h$	$[\delta(x + h) - \delta(x)]/h$
Tiefpaßfilter:		
Integrationsfilter	$\int_{-\infty}^{t} X(s)\, ds$	$H(x)$
Gleitendes Mittel	$\frac{1}{2h} \int_{-h}^{+h} X(t - s)\, ds$	$\frac{1}{2h} \Pi\left(\frac{x}{2h}\right)$
Diskretes gleitendes Mittel	$[X(t + h) + X(t - h)]/2$	$[\delta(x + h) + \delta(x - h)]/2$
	$\frac{1}{2n + 1} \sum_{\nu=-n}^{+n} X(t + \nu h)$	$\frac{1}{2n + 1} \sum_{\nu=-n}^{+n} \delta(x + \nu h)$

werden (Abb. 3.6, Tabelle 3.3). Filtert man $X(t)$ mehrfach nacheinander mit den Filtercharakteristiken $G_1, G_2, \ldots, G_n$, so ist die Charakteristik der gesamten Operation (sog. *multiplikative* Filterung, Abb. 3.6)

$$G = G_1 G_2 \ldots G_n. \tag{3.3.19}$$

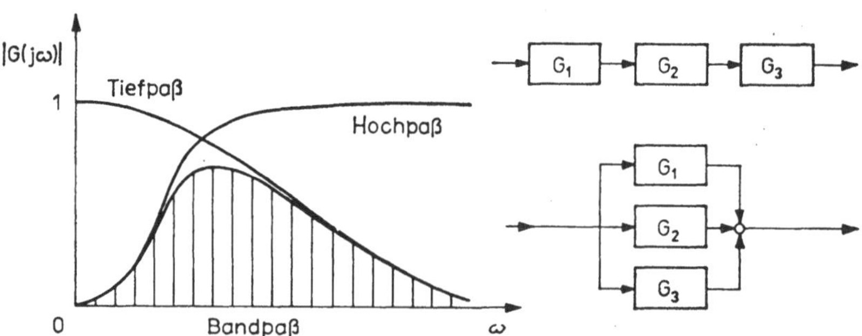

Abb. 3.6. Durchlaßverhalten eines Hoch-, Tief- und Bandpaßfilters (links), Schema der multiplikativen und additiven Filterung (rechts)

Filtercharakteristik $G(j\omega)$	Übertragungsfunktion $G(j\omega)\,\overline{G(j\omega)} = \lvert G(j\omega)\rvert^2$	Phasenverschiebung $\tan\varphi(\omega)$
$j\omega$	ω^2	$+\infty$
$[1 - \exp(-j\omega h)]/h$	$\sin^2(\omega h/2)/(h/2)^2$	$+\sin(\omega h)/2\sin^2(\omega h/2)$
$j\sin(\omega h/2)/(h/2)$	$\sin^2(\omega h/2)/(h/2)^2$	$+\infty$
$[\exp(+j\omega h) - 1]/h$	$\sin^2(\omega h/2)/(h/2)^2$	$-\sin(\omega h)/2\sin^2(\omega h/2)$
$\frac{1}{j\omega}\quad(\omega \neq 0)$	$\omega^{-2}\quad(\omega \neq 0)$	$-\infty$
$\frac{\sin\omega h}{\omega h}$	$\left(\frac{\sin\omega h}{\omega h}\right)^2$	0
$\cos\omega h$	$\cos^2\omega h$	0
$\frac{\sin[(2n+1)\,\omega h/2]}{(2n+1)\sin(\omega h/2)}$	$\frac{\sin^2[(2n+1)\,\omega h/2]}{(2n+1)^2\sin^2(\omega h/2)}$	0

Wird dagegen $X(t)$ verschiedenen Filterungen mit $G_1\ G_2, \ldots, G_n$ unterworfen und addiert man die gefilterten Prozesse, so ist die Charakteristik der gesamten Operation (sog. *additive* Filterung, Abb. 3.6)

$$G = G_1 + G_2 + \cdots + G_n. \tag{3.3.20}$$

Diese beiden Möglichkeiten der multiplikativen und additiven Filterung kann man einerseits ausnutzen, um Filter mit einer gewünschten Wirkung zu konstruieren, andererseits um Filterwirkungen von Meß- und Auswerteverfahren zu analysieren (vgl. Beispiel 3.6). Werden z. B. ein Hoch- und ein Tiefpaßfilter (unabhängig von der Reihenfolge) nacheinander angewandt, fällt die resultierende Charakteristik $|G(j\omega)|$ beidseitig eines Maximums ab (Abb. 3.6). Derartige *Bandpaßfilter* sind ein geeignetes Hilfsmittel, um periodische oder quasiperiodische Vorgänge im Beobachtungsmaterial aufzufinden, kommen aber auch als spezifische Eigenschaften von Meß- und Auswerteverfahren vor.

Beispiel 3.6: Das geometrische Nivellement als Bandfilter.
Der nivellitische Höhenunterschied Δh über eine Strecke $l = 2sn$ ergibt sich als Summe von n Standpunktdifferenzen δh aus Lattenablesungen im Rückblick (R) und Vorblick

(V) mit der Zielweite s (Abb. 3.6, a) zu

$$\Delta h = \sum_{i=1}^{n} \delta h_i = \sum_{i=1}^{n} (R_i - V_i). \tag{3.3.21}$$

Wegen $s \ll l$ kann

$$\Delta h = \sum_{i=1}^{n} \frac{\delta h_i}{\delta t} \delta t \quad \text{durch} \quad \Delta h = \int_{-l/2}^{+l/2} h'(t)\,\mathrm{d}t$$

approximiert werden. Faßt man das Höhenprofil $h(t)$ entlang des Nivellementsweges t als stochastischen Prozeß (mit den Meßwertfolgen $\{R_i\}$, $\{V_i\}$) auf, entspricht diese Rechenvorschrift einem Differentiationsfilter (Hochpaß) mit anschließender Integration (Tiefpaß) und die gesamte Operation einem Bandpaß mit den Durchlaßcharakteristiken (vgl. Tabelle 3.3 und Multiplikationsregel (3.3.19))

$$G_1 = \mathrm{j}\omega, \quad G_2 = \sin(\omega l/2)/(\omega/2), \quad G_1 G_2 = 2\mathrm{j}\sin(\omega l/2). \tag{3.3.22}$$

Sei $h(t)$ ein stationärer Prozeß mit der Spektraldichte $S_{hh}(\omega)$, dann gilt nach (3.3.15)

$$S_{\Delta h \Delta h}(\omega) = |G_1 G_2|^2 \, S_{hh}(\omega) = 4 \sin^2(\omega l/2) \, S_{hh}(\omega) \tag{3.3.23}$$

mit Bandbereich 0 bis $2\pi/l$, periodisch in $2\pi/l$ (sog. *Kammfilter*; Abb. 3.7, b). Die spezielle Form von $S_{hh}(\omega)$ bestimmt die Höhe der Maxima von $S_{\Delta h \Delta h}(\omega)$ bei $\omega = (2k + 1)\,\pi/l$, $k = 0, 1, 2, \ldots$ — Sei z. B. $C_{hh}(\tau)$ vom Exponentialtyp (Anhang A1, Modell 2a), dann

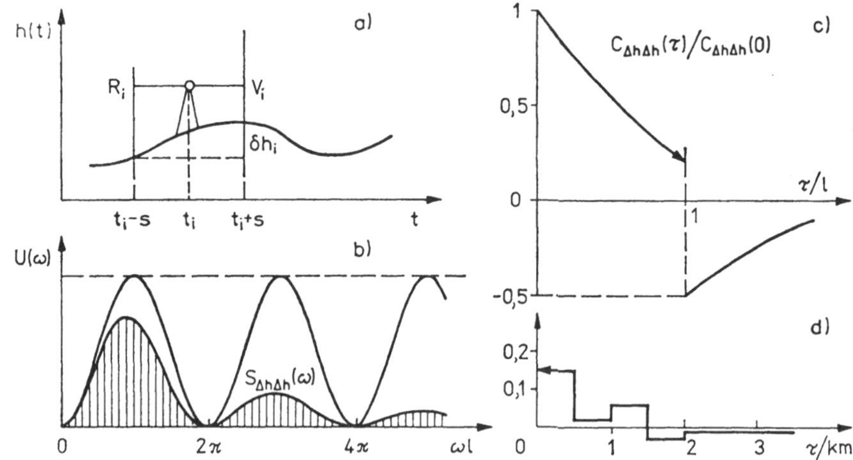

Abb. 3.7. Das geometrische Nivellement als Bandfilter. (a) Meßprinzip, (b) Übertragungsfunktion $U(\omega)$ und Spektraldichte $S_{\Delta h \Delta h}(\omega)$ für Höhenunterschiede Δh über Streckenlängen l, (c) AKF-Modell $C_{\Delta h \Delta h}(\tau)$, (d) empirische Korrelationskoeffizienten gemessener Δh im Abstand $\tau = kl/2$, $k = 1, 2, \ldots$, mit Klassenbreite 0,5 km

Tabelle 3.4: AKF und Spektraldichten linear transformierter eindimensionaler Prozesse $Y(t)$. $\tau := t'' - t'$.

Linear transformierter Prozeß $Y(t)$	AKF C_{YY}		Spektraldichte S_{YY}
	X instationär	X stationär	X stationär
$aX(t) + b$	$a^2 C_{XX}(t', t'')$	$a^2 C_{XX}(\tau)$	$a^2\, S_{XX}(\omega)$
$\frac{\mathrm{d}}{\mathrm{d}t}\, X(t)$	$\frac{\partial^2}{\partial t'\, \partial t''}\, C_{XX}(t', t'')$	$-\frac{\mathrm{d}^2}{\mathrm{d}\tau^2}\, C_{XX}(\tau)$	$\omega^2\, S_{XX}(\omega)$
$\frac{\mathrm{d}^n}{\mathrm{d}t^n}\, X(t)$	$\frac{\partial^{2n}}{\partial t'^n\, \partial t''^n}\, C_{XX}(t', t'')$	$(-1)^n\, \frac{\mathrm{d}^{2n}}{\mathrm{d}\tau^{2n}}\, C_{XX}(\tau)$	$\omega^{2n}\, S_{XX}(\omega)$
$\int\limits_0^t X(t')\, \mathrm{d}t'$	$\int\limits_0^{t_1} \int\limits_0^{t_2} C_{XX}(t', t'')\, \mathrm{d}t'\, \mathrm{d}t''$	$\int\limits_0^{t_1} \int\limits_0^{t_2} C_{XX}(t'' - t')\, \mathrm{d}t'\, \mathrm{d}t''$	
$\int\limits_0^t p(t, t')\, X(t')\, \mathrm{d}t'$	$\int\limits_0^{t_1} \int\limits_0^{t_2} p_1 p_2 C_{XX}(t', t'')\, \mathrm{d}t'\, \mathrm{d}t''$	$\int\limits_0^{t_1} \int\limits_0^{t_2} p_1 p_2 C_{XX}(t'' - t')\, \mathrm{d}t'\, \mathrm{d}t''$	
	$p_1 = p(t_1, t')$	$p_2 = p(t_2, t'')$	

Tabelle 3.5: KKF und gegenseitige Spektraldichten zwischen linear transformierten eindimensionalen Prozessen $U(t)$, $V(t)$, $\tau := t'' - t'$, $j^2 = -1$.

Linear transformierte Prozesse		KKF C_{uv}
$U(t)$	$V(t)$	X instationär
$aX(t) + b$	$cY(t) + d$	$acC_{XY}(t', t'')$
$X(t)$	$\frac{\mathrm{d}}{\mathrm{d}t} X(t)$	$\frac{\partial}{\partial t''} C_{XX}(t', t'')$
$X(t)$	$\frac{\mathrm{d}^2}{\mathrm{d}t^2} X(t)$	$\frac{\partial^2}{\partial t''^2} C_{XX}(t', t'')$
$\frac{\mathrm{d}}{\mathrm{d}t} X(t)$	$\frac{\mathrm{d}}{\mathrm{d}t} Y(t)$	$\frac{\partial^2}{\partial t' \, \partial t''} C_{XY}(t', t'')$
$\frac{\mathrm{d}^n}{\mathrm{d}t^n} X(t)$	$\frac{\mathrm{d}^m}{\mathrm{d}t^m} Y(t)$	$\frac{\partial^{n+m}}{\partial t'^n \, \partial t''^m} C_{XY}(t', t'')$
$X(t)$	$\int_0^t q(t, t') \, Y(t') \, \mathrm{d}t'$	$\int_0^{t_2} q(t_2, t'') \, C_{XY}(t_1, t'') \, \mathrm{d}t''$
$\int_0^t p(t, t') \, X(t') \, \mathrm{d}t'$	$\int_0^t q(t, t') \, Y(t') \, \mathrm{d}t'$	$\int_0^{t_1} \int_0^{t_2} p_1 q_2 C_{XY}(t', t'') \, \mathrm{d}t' \, \mathrm{d}t''$ $p_1 = p(t_1, t')$

nehmen die Höhen der Maxima $\sim\omega$ ab, $S_{\Delta h \Delta h}(\omega)$ ist absolut integrierbar, und nach (3.2.18) erhält man die AKF

$$C_{\Delta h \Delta h}(\tau) = \mathcal{F}^{-1}\{S_{\Delta h \Delta h}(\omega)\} = \sigma_h^2[2e(|\tau|) - e(|\tau| + l) - e(||\tau| - l|)] \tag{3.3.24}$$

mit $e(x) = \exp(-x/d)$, vgl. Abb. 3.7, c. Im realen Nivellement mit *diskreten* Meßwerten und überlagerten Meßfehlern wird dieses vergleichsweise einfache, kontinuierlich approximierte AKF-Modell natürlich modifiziert, insbesondere die Sprungstelle bei $\tau = \pm l$ weitgehend getilgt. Benachbarte Δh sind in der Regel nur schwach korreliert (Abb. 3.7d).

Sei ferner $h(t) \equiv 0$ (Nivellement in der Ebene), dann sind $C_{hh}(\tau)$, $C_{\Delta h \Delta h}(\tau)$ reine Fehler-AKF und aus

$$\sigma_{\Delta h}^2 \equiv C_{\Delta h \Delta h}(0) = 2\sigma_h^2[1 - \exp(-l/d)] \approx 2\sigma_h^2 l/d \quad (l \gg d) \tag{3.3.25}$$

liest man ab, daß die Fehlervarianz der Höhenunterschiede mit der Streckenlänge l wächst und außerdem mit zunehmender Korrelationslänge ($\tau_0 \sim d$) der ursprünglichen Meßfehler abnimmt. Letzteres ist eine Folge der Differenzenbildung an den Instrumentenstandpunkten (vgl. hierzu auch Beispiel 3.4, S. 68).

Die Bandpaßeigenschaften des geometrischen Nivellements sind vor allem zu beachten, wenn vertikale Erdkrustenbewegungen aus Wiederholungsnivellements abgeleitet werden (vgl. Beispiel 6.9, S. 186).

	gegenseitige Spektraldichte S_{uv}
X stationär	X stationär
$acC_{XY}(\tau)$	$acS_{XY}(\omega)$
$\frac{\mathrm{d}}{\mathrm{d}\tau} C_{XX}(\tau)$	$j\omega S_{XX}(\omega)$
$\frac{\mathrm{d}^2}{\mathrm{d}\tau^2} C_{XX}(\tau)$	$-\omega^2 S_{XX}(\omega)$
$-\frac{\mathrm{d}^2}{\mathrm{d}\tau^2} C_{XY}(\tau)$	$+\omega^2 S_{XY}(\omega)$
$(-1)^n \frac{\mathrm{d}^{n+m}}{\mathrm{d}\tau^{n+m}} C_{XY}(\tau)$	$(-1)^n (j\omega)^n (j\omega)^m S_{XY}(\omega)$
$\int_0^{t_2} q(t_2, t'') C_{XY}(t'' - t_1) \,\mathrm{d}t''$	
$\int_0^{t_1} \int_0^{t_2} p_1 q_2 C_{XY}(t'' - t') \,\mathrm{d}t' \,\mathrm{d}t''$	
$q_2 = q(t_2, t'')$	

3.3.5. Lineare Transformationen instationärer Prozesse

Bisher wurden lediglich lineare Transformationen von im weiteren Sinne stationären Prozessen betrachtet. In den Anwendungen treten aber auch Prozesse auf, deren Mittelwert $m(t)$ und/oder Varianz $\sigma^2(t)$ nicht konstant sind, sondern mit dem Parameter t variieren. Diese Prozesse sind „gutartige" Abweichungen vom im weiteren Sinne stationären Fall, denn durch Subtraktion von $m(t)$ und anschließender Division durch $\sigma(t)$ entsteht aus ihnen wieder ein im weiteren Sinne stationärer Prozeß. Mehr Anlaß zur Sorge bieten Prozesse $X(t)$, deren AKF C_{XX} wirklich von beiden Parametern t', t'' und nicht nur von der Differenz $\tau = t'' - t'$ abhängen. Der Übergang zum instationären Fall bringt den Vorteil mit sich, eine wesentlich breitere Skala von Anwendungsproblemen behandeln zu können. Dieser Vorteil muß allerdings durch einen Verzicht auf die spektrale Betrachtungsweise erkauft werden. Eine Spektralzerlegung verliert, abgesehen von mathematischen Gegenargumenten, im instationären Fall ihren physikalischen Sinn; impliziert doch der Begriff „Spektrum" eine zeitlich konstante Leistungsverteilung, woraus notwendig eine zeitliche Konstanz der stochastischen Eigenschaften folgen muß.

Obwohl es durchaus angängig ist, instationäre Prozesse linear zu filtern, hat man keine Möglichkeit, die Filterwirkung wie bei den stationären Prozessen im Frequenzbereich zu verfolgen. Üblich ist z. B. die Hochpaßfilterung instationärer Prozesse, um niederfrequente Variationen („Trend") mit dem Ziel zu eliminieren, diese Prozesse „stationär" zu machen. Allgemeiner gesagt läßt sich jede lineare Transformation, speziell die in den Abschnitten 3.3.2., 3.3.3. behandelten Integral- und Differentiationsoperationen, auch auf instationäre Prozesse anwenden; die Prozeßeigenschaften können jedoch nur im Zeit- bzw. Ortsbereich angegeben werden. Die Kovarianzfortpflanzung erfolgt im Unterschied zum stationären Fall, wo die betreffende Transformation *zweimal* auf das Argument τ der AKF $C(\tau)$ des zu transformierenden Prozesses ausgeübt wird, indem die AKF $C(t', t'')$ *bezüglich jedes der beiden Argumente* t', t'' *einmal* der Transformation unterworfen wird. Die wichtigsten Regeln der Auto- und Kreuzkovarianzfortpflanzung sind in den Tabellen 3.4 und 3.5 zusammengestellt.

Lineare Transformationen mit instationären Prozessen führen wieder auf den instationären Fall. Im Beispiel 3.7 werden ein in den Geowissenschaften typischer instationärer Prozeß und seine erste Ableitung vorgestellt, wobei wir Gelegenheit haben, die Differentiationsregeln in Tabelle 3.4 und 3.5 anzuwenden.

Beispiel 3.7: AKF des vertikalen Temperaturgradienten $\gamma := \partial T/\partial z$ *und KKF zwischen* T *und* γ.

Die AKF der Temperatur T, die der vereinfachten Wärmeleitungsgleichung (1.2) genügt (vgl. Beispiel 5.7, S. 142), ist für einen festen Zeitpunkt

$$C_{TT}(z', z'') = \sigma_0^2 \exp\{-K^2[(z' + z'') + \mathrm{j}(z'' - z')]\} \tag{3.3.26}$$

mit

$$\mathrm{Re}\,\{C_{TT}\} = \sigma_0^2 \exp[-K^2(z' + z'')] \cos[K^2(z'' - z')]$$

und der Varianz

$$\sigma_T^2(z) \equiv C_{TT}(z, z) = \sigma_0^2 \exp(-2K^2 z), \quad \sigma_T^2(0) = \sigma_0^2. \tag{3.3.27}$$

Mit den Differentiationsregeln in Tabelle 3.4 und 3.5 erhält man die AKF von γ

$$C_{\gamma\gamma}(z', z'') = \frac{\partial^2}{\partial z'\,\partial z''} C_{TT}(z', z'') = 2K^4 C_{TT}(z', z'') \tag{3.3.28}$$

mit

$$\mathrm{Re}\,\{C_{\gamma\gamma}\} = 2K^4\,\mathrm{Re}\,\{C_{TT}\}$$

und der Varianz

$$\sigma_\gamma^2(z) \equiv C_{\gamma\gamma}(z, z) = 2K^4 \sigma_T^2(z) \tag{3.3.29}$$

sowie die KKF zwischen T und γ

$$C_{T\gamma}(z', z'') = \frac{\partial}{\partial z''} C_{TT}(z', z'') = -K^2(1 + j)\, C_{TT}(z', z''), \tag{3.3.30}$$

$$C_{\gamma T}(z', z'') = \frac{\partial}{\partial z'} C_{TT}(z', z'') = -K^2(1 - j)\, C_{TT}(z', z'') \tag{3.3.31}$$

mit

$$\operatorname{Re}\{C_{T\gamma}\} \equiv \operatorname{Re}\{C_{\gamma T}\} = -K^2\sigma_0^2 \exp[-K^2(z' + z'')]\, w(z'' - z'),$$
$$w(z'' - z') = \cos[K^2(z'' - z')] + \sin[K^2(z'' - z')]$$
$$= \sqrt{2}\cos[K^2(z'' - z') - \pi/4]$$

und den Kreuzkovarianzen im Punkt $z' = z'' = z$

$$\left.\begin{aligned} \sigma_{T\gamma}(z) &\equiv C_{T\gamma}(z, z) = -K^2(1 + j)\,\sigma_T^2(z),\\ \sigma_{\gamma T}(z) &\equiv C_{\gamma T}(z, z) = -K^2(1 - j)\,\sigma_T^2(z),\\ \operatorname{Re}\{\sigma_{T\gamma}\} &= \operatorname{Re}\{\sigma_{\gamma T}\} = -K^2\sigma_T^2(z). \end{aligned}\right\} \tag{3.3.32}$$

Die AKF $C_{\gamma\gamma}$ und die KKF $C_{T\gamma}$, $C_{\gamma T}$ besitzen die gleiche Struktur einer gedämpften Welle wie die AKF C_{TT}; die KKF sind gegen die AKF um $-\pi/4$ phasenverschoben. In einunddemselben Punkt $z' = z'' = z$ sind T und γ mit

$$-K^2\sigma_T^2(z)/[\sigma_T^2(z) \times 2K^4\sigma_T^2(z)]^{1/2} = -\sqrt{2}/2$$

kreuzkorreliert.

Etwas anders gelagert ist das folgende Beispiel 3.8. Auch hier erhält man aus einem instationären Prozeß nach ausgeübter Integraltransformation wieder einen instationären Prozeß. Aber auch aus einem stationären Prozeß entsteht ein instationärer, weil der Grad der Glättung von der oberen Grenze des Integrals abhängt.

Beispiel 3.8: Varianzen und Kovarianzen von Refraktionswinkeln und wirksamen Refraktionskoeffizienten bei Vertikalwinkelmessungen.

Auf einem Punkt P werde der Vertikalwinkel ζ nach einem Punkt Q gemessen. Infolge unterschiedlicher Luftdichte ist der Zielstrahl $\widehat{PQ}$ gekrümmt und der gemessene Winkel ζ' um den Refraktionswinkel δ im Standpunkt P verfälscht (Abb. 3.8). Nach FEARNLEY (1884) ergibt sich δ als spezielle Lösung der Krümmungsgleichung des Zielstrahls in der x-z-Ebene zu

$$\delta = \varrho I(s)/Rs, \quad I(s) = \int_0^s (s - x)\,\varkappa(x)\,dx. \tag{3.3.33}$$

$s = \widehat{PQ} \approx \overline{PQ}$ ist die Zielweite, $\varkappa(x)$ der lokale Refraktionskoeffizient (= Produkt aus Strahlkrümmung entlang x und mittlerem Erdradius R), $\varrho = 180°/\pi$. Unter der Annahme kreisbogenförmiger Zielstrahlen ist der geodätisch wirksame (integrale) Refraktionskoeffizient $k = 2R\delta/\varrho s = 2I(s)/s^2$.

Sei $\varkappa(x)$ ein (nicht notwendig stationärer) Prozeß mit der AKF $C_{\varkappa\varkappa}(x', x'')$ und werde ζ_1 von P nach Q_1, ζ_2 von P nach Q_2 *gleichzeitig* und in *gleicher* Richtung x gemessen.

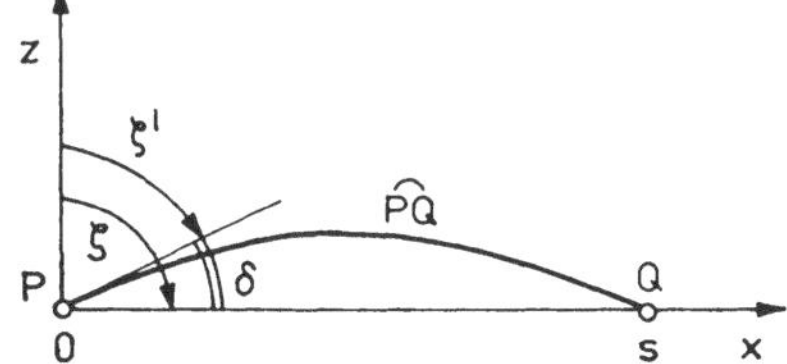

Abb. 3.8. Zielstrahl $\widehat{PQ}$ in einer Vertikalebene

Dann ergeben sich nach Integrationsregel in Tabelle 3.4 oder 3.5 die Kovarianzen zwischen δ_1 und δ_2, k_1 und k_2 zu

$$\left.\begin{aligned} C_{\delta_1\delta_2}(s_1, s_2) &= C_{\delta_2\delta_1}(s_1, s_2) = \varrho^2 I(s_1, s_2)/R^2 s_1 s_2, \\ C_{k_1k_2}(s_1, s_2) &= C_{k_2k_1}(s_1, s_2) = 4I(s_1, s_2)/s_1^2 s_2^2, \\ I(s_1, s_2) &= \int\limits_0^{s_1}\int\limits_0^{s_2} (s_1 - x')\,(s_2 - x'')\,C_{\varkappa\varkappa}(x', x'')\,\mathrm{d}x'\,\mathrm{d}x'', \end{aligned}\right\} \tag{3.3.34}$$

sind also Funktionen der Zielweiten (= oberen Integrationsgrenzen) s_1, s_2. Wird $s_1 = s_2 = s$, erhält man die Varianzen von δ und k,

$$\sigma_\delta^2(s) = \varrho^2 I(s, s)/R^2 s^2, \quad \sigma_k^2(s) = 4I(s, s)/s^4, \tag{3.3.35}$$

welche ebenfalls von der Zielweite s abhängen.

Im Allgemeinfall räumlich verteilter Ziehungen zu verschiedenen Zeiten, z. B. Beobachtung eines trigonometrischen Höhennetzes, sind die Zielstrahlen in den $\mathbb{R}^3$ einzubetten, und es ist über ein raum-zeit-abhängiges Zufallsfeld $\varkappa = \varkappa(x, y, z; t)$ zu integrieren.

Literaturhinweise: Aus der Reihe der anspruchsvollen mathematischen Werke zur Theorie der Zufallsprozesse nennen wir ROSANOW (1975) und ANDĚL (1984). Für den Anfänger leichter zugänglich sind — etwa in der Reihenfolge des Schwierigkeitsgrades — die geophysikalisch orientierte Darstellung in TAUBENHEIM (1969), ferner JAGLOM (1959) und SWESCHNIKOW (1965). Über Filterverfahren siehe die Monographien von HOLLOWAY (1958) und KERTZ (1966), über Beziehungen zur Informationstheorie etwa GELFAND und JAGLOM (1958), OLBERG und RÁKÓCZI (1984). Die vorwiegend in der Turbulenztheorie als Äquivalent zur AKF benutzte Strukturfunktion wird eingeführt bei OBUCHOW (1958); Anwendungen finden sich u. a. bei TATARSKIJ (1967).

4. Mehrdimensionale Zufallsprozesse

4.1. Prozesse im euklidischen Raum

4.1.1. Grundbegriffe und Definitionen

Definition 4.1: Ein Zufallsprozeß $X = X(x_1, x_2, \ldots, x_n)$, der von den reellen Variablen $x_1, x_2, \ldots, x_n$ abhängt, heißt *n-dimensionaler Zufallsprozeß* oder *n-dimensionales skalares Zufallsfeld*. Man schreibt auch kürzer $X = X(\boldsymbol{x})$, wobei $\boldsymbol{x} = [x_1, x_2, \ldots, x_n]^T$ den Ortsvektor eines Punktes im n-dimensionalen euklidischen Raum $\mathbb{R}^n$ bezeichnet.

Definition 4.2: Ein Zufallsprozeß $\boldsymbol{X} = [X_1, X_2, \ldots, X_n]^T$, dessen Komponenten die i. allg. mehrdimensionalen Prozesse $X_1(\boldsymbol{x}), X_2(\boldsymbol{x}), \ldots, X_n(\boldsymbol{x})$ bilden, heißt *n-dimensionaler vektorieller Zufallsprozeß* oder *n-dimensionales vektorielles Zufallsfeld.*

Der Begriff des n-dimensionalen Zufallsprozesses oder -feldes ist den geowissenschaftlichen Problemen geradezu ideal angepaßt, denn hier haben wir es vorzugsweise mit Feldern $X = X(\boldsymbol{x}; t)$, $\boldsymbol{X} = \boldsymbol{X}(\boldsymbol{x}; t)$, die vom Ortsvektor $\boldsymbol{x}$ eines Punktes im $\mathbb{R}^3$ und von der Zeit t abhängen, zu tun. Die eindimensionalen Prozesse sind häufig nur Sonderfälle n-dimensionaler Prozesse, in denen $n - 1$ Variable festgehalten wurden. Oft sind solche Vereinfachungen meßtechnisch motiviert. So stellen z. B. die Registrierungen an Observatorien oder anderen ortsfesten Meßstellen Realisierungen von Feldgrößen als Funktion der Zeit dar, und Profilmessungen entsprechen Realisierungen von Feldgrößen, die von einer Ortskoordinate abhängen. Die wenigsten Probleme lassen sich indessen im $\mathbb{R}^1$ lösen. Bereits einfache geometrische Messungen wie geodätische Winkel-, Strecken- und Höhenunterschiedsmessungen einschließlich ihrer Differenzen aus Wiederholungsmessungen sind im $\mathbb{R}^3$ verteilt und erfolgen zu verschiedenen Zeiten, sind daher von raum- oder raum-zeit-abhängigen Feldern wie dem anomalen Schwerefeld, dem Refraktionsfeld und daher auch meteorologischen Feldern, den Deformationsfeldern von Erdkruste und -boden beeinflußt. Umgekehrt lassen diese Messungen Schlüsse auf einige dieser Felder wie Refraktions- und Deformationsfeld zu. Die mehrdimensionale Betrachtungsweise ist daher unumgänglich.

Eine Reihe von Eigenschaften können vom ein- auf den mehrdimensionalen Fall sofort sinngemäß übertragen werden; andere, wie z. B. die Richtungsabhängigkeit oder -unabhängigkeit kommen neu hinzu. Den Begriff der *Stationarität* werden wir weiterhin verwenden, wenn die Prozeßeigenschaften

Tabelle 4.1: Mittelwert-, Autokovarianz- und Varianzfunktionen n-dimensionaler Zufallsprozesse. Definition: (4.1.1), Verschiebungsinvarianz: (4.1.2), Verschiebungs- und Drehungsinvarianz: (4.1.3)

Mittelwert-funktion $m_n(\boldsymbol{x})$	Autokovarianzfunktion ${}^nC(\boldsymbol{x}', \boldsymbol{x}'')$	Varianzfunktion ${}^nC(\boldsymbol{x}, \boldsymbol{x})$	
$\mathsf{E}\{X(\boldsymbol{x})\}$	$\mathsf{E}\{[X(\boldsymbol{x}') - m(\boldsymbol{x}')]\,[X(\boldsymbol{x}'') - m(\boldsymbol{x}'')]\}$	$\mathsf{E}\{[X(\boldsymbol{x}) - m(\boldsymbol{x})]^2\}$	(4.1.1)
$m_n = \text{const}$	${}^nC(\boldsymbol{x}'' - \boldsymbol{x}') = {}^nC(\boldsymbol{r})$	${}^nC(\boldsymbol{o}) = \text{const}$	(4.1.2)
$m_n = \text{const}$	${}^nC(\lvert\boldsymbol{r}\rvert) = {}^nC(r)$	${}^nC(o) = \text{const}$	(4.1.3)

zeitlich konstant sind. Bleiben die Prozeßeigenschaften bei Ortsverschiebungen erhalten, benutzen wir (wie z. B. in der Turbulenztheorie) den Begriff der *Homogenität*. Um auch in den Symbolen die Zeit- und Ortsunabhängigkeit wenn nötig zu unterscheiden, seien ferner wie bisher τ die Zeitverschiebung, ω die Kreisfrequenz, zusätzlich Δx_j, $j = 1, 2, \ldots, n$ oder Δx, Δy, Δz Ortsverschiebungen in den Koordinatenrichtungen und k_j, $j = 1, 2, \ldots, n$ oder $\boldsymbol{k}_x$, $\boldsymbol{k}_y$, $\boldsymbol{k}_z$ Kreiswellenzahlen zur Darstellung homogener Prozesse im Wellenzahlbereich (äquivalent ω im Frequenzbereich). Außer den rechtwinklig-kartesischen Koordinaten benutzt man — je nach Aufgabenstellung — zweckmäßig auch Polarkoordinaten für ebene Prozesse, Kugel- oder Zylinderkoordinaten für räumliche Prozesse. Von einfacheren zu komplizierteren Sachverhalten fortschreitend, werden wir zuerst die skalaren Prozesse, speziell homogene und homogen-isotrope Prozesse im Rahmen der Korrelations- und Spektraltheorie behandeln. Lineare Operationen mit diesen Prozessen, etwa die Gradientbildung, führen uns dann zu den Vektorprozessen bzw. Systemen statistisch verbundener Prozesse (Feldtheorie).

4.1.2. Homogene und homogen-isotrope Prozesse

In den Abschnitten 3.1.1. und 3.1.2. haben wir gewisse Kennfunktionen eindimensionaler Prozesse eingeführt. Das gleiche ließe sich für mehrdimensionale Prozesse wiederholen. Wir verzichten auf eine ausführliche Schreibweise und geben die Definitionen der Momente 1. und 2. Ordnung sowie ihre Spezialfälle in Tabelle 4.1 an. Anstelle der skalaren unabhängigen Variablen t, τ im $\mathbb{R}^1$ stehen jetzt Vektoren $\boldsymbol{x}$, $\boldsymbol{r}$; die Mittelwertfunktion ist in einem Gebiet ${}^nT \subset \mathbb{R}^n$, die Quadratmittelwertfunktionen sind in ${}^nT \times {}^nT$ definiert. Insbesondere hängt die AKF im allgemeinen Fall von den Ortsvektoren $\boldsymbol{x}'$, $\boldsymbol{x}''$ zweier Punkte im $\mathbb{R}^n$ ab; sie ist in jedem Fall eine beschränkte und symmetrische Funktion.

Das n-dimensionale Äquivalent des im Abschnitt 3.2.1. eingeführten (im weiteren Sinne) stationären Prozesses ist der (im weiteren Sinne) *homogene Prozeß* mit den Eigenschaften (4.1.2). Modell-AKF eindimensionaler Prozesse hatten wir durch ausgezeichnete Parameter wie Korrelationslänge, Integral- und Mikroskala usf. charakterisiert. Diese Begriffe kann man nun sinngemäß auf mehrdimensionale homogene Prozesse übertragen. Wie im einzelnen vorzugehen ist, sei für einige Parameter am Beispiel eines ebenen homogenen Prozesses $X(x, y)$ mit der AKF ${}^2C(\boldsymbol{r}) = {}^2C(\Delta x, \Delta y) = {}^2C(r, \varphi)$ erläutert:

(1) Die Korrelationslänge oder Halbwertsbreite ist richtungsabhängig. Der Schnitt der Fläche $z = {}^2C(\Delta x, \Delta y)$ mit der Ebene $z = {}^2C(0, 0)/2$ ergibt eine ebene Kurve („Halbwertskurve")

$$ {}^2C(\Delta x_0, \Delta y_0) = {}^2C(0, 0)/2 \tag{4.1.4}$$

als geometrischen Ort aller Punkte $(\Delta x_0, \Delta y_0)$, über denen die AKF auf die Hälfte ihres Nullwertes abgeklungen ist.

(2) Die Integralskala, im $\mathbb{R}^1$ als Fläche unter der normierten AKF (für positive Zeitverschiebungen τ oder Ortsverschiebungen Δx) eingeführt, definieren wir analog:

$$ {}^2I = \frac{1}{4\sigma^2} \int_{-\infty}^{+\infty}\!\!\int {}^2C(\Delta x, \Delta y)\, \mathrm{d}\Delta x\, \mathrm{d}\Delta y = \frac{1}{4\sigma^2} \int_0^{\infty}\!\!\int_0^{2\pi} {}^2C(r, \varphi)\, r\, \mathrm{d}r\, \mathrm{d}\varphi . \tag{4.1.5}$$

(3) Parameter, die im $\mathbb{R}^1$ die Krümmung im Nullpunkt $-C''(0)$ enthalten, ersetzen wir durch je zwei Parameter mit den Hauptkrümmungsradien R_1, R_2 im Ursprung oder $-C''(0)$ selbst durch die GAUSSsche Krümmung im Ursprung.

Beispiel 4.1: Ebener homogener Prozeß mit AKF vom Glockenkurventyp.
Für einen Prozeß $X(x, y)$ mit der AKF

$$ {}^2C(\Delta x, \Delta y) = \sigma^2 \exp\{-[(\Delta x/d_1)^2 + (\Delta y/d_2)^2]\}$$

ist die Halbwertskurve eine Ellipse in Normalform

$$\Delta x_0^2/d_1^2 \ln 2 + \Delta y_0^2/d_2^2 \ln 2 = 1$$

mit den Halbachsen $d_1 \sqrt{\ln 2}$, $d_2 \sqrt{\ln 2}$, die Integralskala

$$ {}^2I = \int_0^{\infty}\!\!\int_0^{\infty} \mathrm{e}^{-\Delta x^2/d_1^2}\, \mathrm{e}^{-\Delta y^2/d_2^2}\, \mathrm{d}\Delta x\, \mathrm{d}\Delta y = \frac{\pi}{4} d_1 d_2 .$$

Hauptkrümmungsradien R_1, R_2 und GAUSSsche Krümmung K im Ursprung, Mikroskala λ:

$$R_{1,2} = d_{1,2}^2/2\sigma^2, \quad K = 2\sigma^2/d_1 d_2, \quad \lambda = \sqrt{d_1 d_2}.$$

Im Falle $d_1 = d_2 = d$ wird

$$ {}^2C(\Delta x, \Delta y) = {}^2C(r) = \sigma^2 \exp[-(r/d)^2],$$

die Halbwertskurve ein Kreis mit dem Radius $r_0 = d \sqrt{\ln 2}$, und auch alle anderen Parameter werden *richtungsunabhängig*:

$$ {}^2I = \pi d^2/4, \quad R_1 = R_2 = R = d^2/2\sigma^2, \quad K = 2\sigma^2/d^2, \quad \lambda = d.$$

Ein Prozeß mit den Eigenschaften (4.1.3), insbesondere mit einer AKF, die — wie im letzten Beispiel — nur vom gegenseitigen Abstand r zweier Punkte abhängt, heißt *homogen-isotroper Prozeß*. Obwohl als Idealfall selten verwirklicht, wird er gern in methodischen Untersuchungen oder als (erste) Annäherung an reale Situationen benutzt. Es sei daran erinnert, daß mit Einführung der Begriffe Homogenität und Isotropie bedeutende Fortschritte in der statistischen Turbulenztheorie erzielt wurden.

Mehrdimensionale homogene Prozesse lassen sich, ebenso wie die eindimensionalen stationären Prozesse, spektral zerlegen. Zu diesem Zweck kann man die Überlegungen zum eindimensionalen Fall im Abschnitt 3.2.2. für den mehrdimensionalen wiederholen. In allen Beziehungen ab (3.2.8) stehen dann anstelle skalarer Funktionen vektorwertige, z. B. $X(t) \to X(\boldsymbol{x})$, $C(\tau) \to C(\boldsymbol{r})$, $\Phi(\omega) \to \Phi(\boldsymbol{k})$. Auf diese Weise gewinnt man eine zu Satz 3.2 völlig gleichwertige Aussage über die Spektralzerlegung mehrdimensionaler homogener Prozesse. Der AKF ${}^nC(\boldsymbol{r})$ wird eine Kennfunktion im Wellenzahlbereich, die Spektraldichte ${}^nS(\boldsymbol{k})$ zugeordnet; die äquivalente Beschreibung wesentlicher Prozeßeigenschaften im Orts- und Wellenzahlreich wird wieder im Theorem von WIENER/CHINTSCHIN begründet.

Satz 4.1 (Theorem von WIENER/CHINTSCHIN für n-dimensionale homogene Prozesse): *Die Funktion ${}^nC(\boldsymbol{r})$ ist genau dann* AKF *eines (im weiteren Sinne) homogenen Prozesses, wenn eine nichtnegative Funktion, die Spektraldichte ${}^nS(\boldsymbol{k})$ existiert, so daß*

$$ {}^nC(\boldsymbol{r}) = {}^n\mathcal{F}^{-1}\{{}^nS(\boldsymbol{k})\} = \frac{1}{(2\pi)^n} \int\!\!\int_{-\infty}^{+\infty}\!\!\cdots\!\int {}^nS(\boldsymbol{k})\, \mathrm{e}^{+\mathrm{j}\boldsymbol{r}^{\mathrm{T}}\boldsymbol{k}}\, \mathrm{d}\boldsymbol{k}, \tag{4.1.6} $$

$$ {}^nS(\boldsymbol{k}) = {}^n\mathcal{F}\{{}^nC(\boldsymbol{r})\} = \int\!\!\int_{-\infty}^{+\infty}\!\!\cdots\!\int {}^nC(\boldsymbol{r})\, \mathrm{e}^{-\mathrm{j}\boldsymbol{k}^{\mathrm{T}}\boldsymbol{r}}\, \mathrm{d}\boldsymbol{r}. \tag{4.1.7} $$

AKF ${}^nC(\boldsymbol{r}) = C(\boldsymbol{r})$ und Spektraldichte ${}^nS(\boldsymbol{k}) = S(\boldsymbol{k})$ besitzen die folgenden Eigenschaften:

$$ C(\boldsymbol{r}) = C(-\boldsymbol{r}), \quad |C(\boldsymbol{r})| \leqq C(\boldsymbol{o}), \quad S(\boldsymbol{k}) = S(-\boldsymbol{k}), \quad S(\boldsymbol{k}) \geqq 0. \tag{4.1.8} $$

$$ C(\boldsymbol{o}) = \frac{1}{(2\pi)^n} \int\!\!\int_{-\infty}^{+\infty}\!\!\cdots\!\int S(\boldsymbol{k})\, \mathrm{d}\boldsymbol{k}, \quad S(\boldsymbol{o}) = \int\!\!\int_{-\infty}^{+\infty}\!\!\cdots\!\int C(\boldsymbol{r})\, \mathrm{d}\boldsymbol{r}. \tag{4.1.9} $$

Die mehrdimensionale AKF ${}^nC$ beschreibt die Abhängigkeit von Prozeßordinaten an Punkten im $\mathbb{R}^n$. Die mehrdimensionale Spektraldichte ${}^nS$ hat wieder die Bedeutung einer Leistungsdichte: analog zum eindimensionalen Fall kann ein homogener Prozeß als Überlagerung räumlicher Wellen $a_i \exp[\mathrm{j}(\boldsymbol{k}^{\mathrm{T}}\boldsymbol{x} + \varphi_i)]$ mit zufälligen Amplituden a_i und Phasen φ_i dargestellt werden; vgl. auch (5.1.23). Das Integral über ${}^nS$ nach (4.1.9) ist wieder der Varianz (Summe der Amplitudenquadrate) und somit der Leistung des Prozesses proportional.

Tabelle 4.2: AKF ${}^nC(r)$ und Spektraldichten ${}^nS(k)$ homogener Prozesse im $\mathbb{R}^1$ und homogen-isotroper Prozesse im $\mathbb{R}^2$, $\mathbb{R}^3$ nach dem Theorem von WIENER/CHINTSCHIN einschließlich ihrer Nullwerte ${}^nC(0) = \sigma_n^2$ (Varianzen) und ${}^nS(0)$ mit ${}^nI = {}^nS(0)/2^n \times {}^nC(0)$ (Integralskalen). Variable: r, k mit $r^2 = \sum_{j=1}^{n} \Delta x_j^2$, $k^2 = \sum_{j=1}^{n} k_j^2$; $n = 1, 2, 3$.

$\mathbb{R}^n$	${}^nC(r)$	${}^nS(k)$
$n = 1$	$\frac{1}{\pi} \int_0^\infty {}^1S(k) \cos(rk)\, dk$	$2 \int_0^\infty {}^1C(r) \cos(kr)\, dr$
	$r = 0: \frac{1}{\pi} \int_0^\infty {}^1S(k)\, dk$	$k = 0: 2 \int_0^\infty {}^1C(r)\, dr$
$n = 2$	$\frac{1}{2\pi} \int_0^\infty {}^2S(k)\, J_0(rk)\, k\, dk$	$2\pi \int_0^\infty {}^2C(r)\, J_0(kr)\, r\, dr$
	$r = 0: \frac{1}{2\pi} \int_0^\infty {}^2S(k)\, k\, dk$	$k = 0: 2\pi \int_0^\infty {}^2C(r)\, r\, dr$
$n = 3$	$\frac{1}{2\pi^2} \int_0^\infty {}^3S(k) \frac{\sin(rk)}{rk} k^2\, dk$	$4\pi \int_0^\infty {}^3C(r) \frac{\sin(kr)}{kr} r^2\, dr$
	$r = 0: \frac{1}{2\pi^2} \int_0^\infty {}^3S(k)\, k^2\, dk$	$k = 0: 4\pi \int_0^\infty {}^3C(r)\, r^2\, dr$

Im speziellen Fall homogen-isotroper Prozesse mit $C(\boldsymbol{r}) = C(|\boldsymbol{r}|)$, $S(\boldsymbol{k}) = S(|\boldsymbol{k}|)$ kann man anstelle der rechtwinklig-kartesischen Koordinaten verallgemeinerte Polarkoordinaten einführen und in (4.1.6), (4.1.7) über $n - 1$ Variable (Winkel) integrieren, so daß jeweils nur noch *ein* Integral über den räumlichen Abstand $|\boldsymbol{r}| = r$ oder $|\boldsymbol{k}| = k$ übrigbleibt: die n-dimensionalen FOURIER-Transformationen ${}^n\mathcal{F}$, ${}^n\mathcal{F}^{-1}$ gehen in die HANKEL-Transformationen $\mathcal{H}_{(n-2)/2}$, $\mathcal{H}^{-1}_{(n-2)/2}$ der Ordnung $(n - 2)/2$ über (vgl. Abschnitt 2.4.3.). Speziell gilt im $\mathbb{R}^2$, $\mathbb{R}^3$:

$$ {}^2\mathcal{F} \to \mathcal{H}_0, \quad {}^2\mathcal{F}^{-1} \to \mathcal{H}_0^{-1}, \quad {}^3\mathcal{F} \to \mathcal{H}_{1/2}, \quad {}^3\mathcal{F}^{-1} \to \mathcal{H}^{-1}_{1/2}. $$

In den verbleibenden Integralen über r bzw. k stehen die BESSEL-Funktionen

$$ J_0(kr), \quad J_{1/2}(kr) = (2/\pi kr)^{1/2} \sin kr. $$

In Tabelle 4.2 sind die Transformationsbeziehungen zwischen ${}^nC(r)$ und ${}^nS(k)$ für $n = 1$ (Gerade), $n = 2$ (Ebene) und $n = 3$ (Raum) zusammengestellt. Wie man sieht, ist im ein- und dreidimensionalen Fall jeweils über trigonometrische Funktionen, im zweidimensionalen Fall, der eine gewisse Sonderstellung einnimmt, über die BESSEL-Funktion J_0 zu integrieren. Genügend umfangreiche Integraltafeln, z. B. GRADSTEIN und RYSHIK (1971), sind für derartige Transformationen von großem Nutzen. Um dem Anwender ein Hilfsmittel in die Hand zu geben, sind im Anhang A1 bis A3 die gebräuchlichsten ${}^nC(r)$- und ${}^nS(k)$-Modelle für $n = 1, 2, 3$ zusammengestellt: zu einer vorgegebenen AKF ${}^nC(r)$ kann die zugehörige Spektraldichte ${}^nS(k)$ entnommen werden und umgekehrt.

Beispiel 4.2: Homogen-isotropes ebenes Breitbandrauschen mit der Spektraldichte

$$ {}^2S(k) = S_0 \Pi\left(\frac{1}{2}\,\frac{k}{k_0}\right), \quad S_0 = 4\pi\sigma^2/k_0^2, $$

d. h. einer „Spektralscheibe“ mit dem Radius k_0 und der Höhe S_0. Die AKF ist

$$ {}^2C(r) = \mathcal{H}_0^{-1}\{{}^2S(k)\} = \frac{S_0}{2\pi}\int\limits_0^{k_0} J_0(rk)\,k\,\mathrm{d}k $$

$$ = \frac{S_0 k_0^2}{2\pi}\int\limits_0^1 J_0(k_0 r x)\,\mathrm{d}x = \frac{S_0 k_0^2}{2\pi}\,\frac{J_1(k_0 r)}{k_0 r} = 2\sigma^2\,\frac{J_1(k_0 r)}{k_0 r} $$

mit der Korrelationslänge (Halbwertsradius) $r_0 \approx 2{,}22/k_0$, der Krümmung und dem Krümmungsradius im Ursprung $-{}^2C''(0) = \sigma^2 k_0^2/4$, $R = 4/\sigma^2 k_0^2$, der Mikroskala $\lambda = \sqrt{8}/k_0$ und der Integralskala

$$ {}^2I = \frac{\pi}{k_0}\int\limits_0^\infty J_0(k_0 r)\,\mathrm{d}r = \frac{\pi}{k_0^2}. $$

Die erste Nullstelle liegt bei $r_1 \approx 3{,}83/k_0$, das erste Minimum bei $r_2 \approx 5{,}14/k_0$ mit ${}^2C(r_2) \approx -0{,}1323\sigma^2$ (Abb. 4.1).

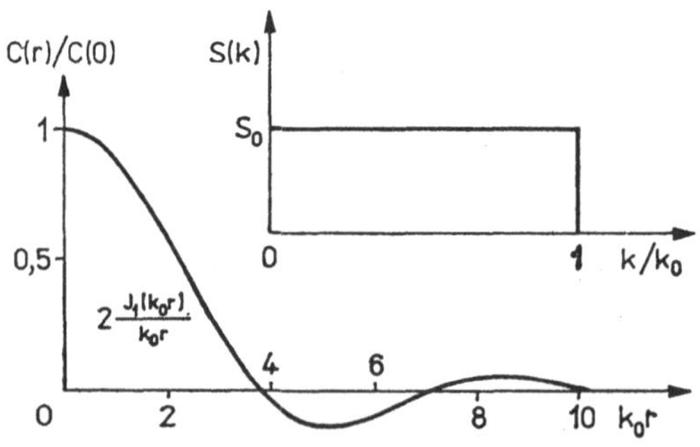

Abb. 4.1. AKF und Spektraldichte des ebenen homogen-isotropen Breitbandrauschens

4.1.3. Lineare Transformationen

Ein n-dimensionaler Prozeß $X(\boldsymbol{x}) = X(x_1, x_2, \ldots, x_n)$ kann bezüglich eines oder mehrerer Argumente x_j linear (allgemein auch nichtlinear) transformiert werden, z. B.

$$Y_1(\boldsymbol{x}) = X(ax_1 + b, x_2, \ldots, x_n), \quad Y_2(\boldsymbol{x}) = \frac{\partial}{\partial x_j} X(x_1, x_2, \ldots, x_n),$$

$$Y_3(\boldsymbol{x}) = \frac{\partial^2}{\partial x_i\, \partial x_j} X(x_1, x_2, \ldots, x_n) \quad \text{mit} \quad i = j \quad \text{oder} \quad i \neq j, \text{usf.} -$$

Der transformierte Prozeß Y ist gegenüber dem ursprünglichen Prozeß X in den Argumenten x_j, auf welche die Transformationsvorschrift angewandt wird, verändert, während die Abhängigkeit von den übrigen Argumenten x_k $(k \neq j)$ erhalten bleibt. Auto- und Kreuzkovarianzfunktionen transformieren sich im gleichen Sinne wie beim eindimensionalen Prozeß gemäß Tabelle 3.4 (AKF) und Tabelle 3.5 (KKF): Die Transformation ist jeweils auf diejenigen Argumente anzuwenden, in denen sich X laut Vorschrift verändert.

Beispiel 4.3: Erste Ableitung eines inhomogenen Prozesses.
Gegeben sei ein von der Höhe z und der Zeit t abhängiges Temperaturfeld $T(z; t)$ mit der AKF $C_{TT}(z', z''; t', t'')$, gesucht die AKF des vertikalen Gradienten $\gamma := \partial T/\partial z$ und die KKF zwischen T und γ. Analog Beispiel 3.7, S. 82 ist

$$C_{\gamma\gamma} = \frac{\partial^2}{\partial z'\, \partial z''} C_{TT}, \quad C_{T\gamma} = \frac{\partial}{\partial z''} C_{TT}, \quad C_{\gamma T} = \frac{\partial}{\partial z'} C_{TT}.$$

Die AKF $C_{TT} = C_{TT}(z', z''; t', t'')$ transformiert sich in z', z'', während die Abhängigkeit in t', t'' erhalten bleibt.

Wird ein homogener n-dimensionaler Prozeß linear transformiert, hat man — analog zum eindimensionalen stationären Prozeß — die Möglichkeit, die Veränderung der Prozeßeigenschaften auch im Wellenzahlbereich zu verfolgen: Der Varianz/Kovarianzfortpflanzung im Ortsbereich entspricht die Spektralfortpflanzung im Wellenzahlbereich. Die Beziehungen (3.3.15) bis (3.3.18) zwischen den Spektraldichten und zu den AKF/KKF linear transformierter (gefilterter) eindimensionaler Prozesse lauten dann für n Dimensionen:

$$S_{YY}(\boldsymbol{k}) = U(\boldsymbol{k})\, S_{XX}(\boldsymbol{k}) = G(\boldsymbol{k})\, \overline{G(\boldsymbol{k})}\, S_{XX}(\boldsymbol{k}), \tag{4.1.10}$$

$$S_{YY}(\boldsymbol{k}) = G(\boldsymbol{k})\, S_{YX}(\boldsymbol{k}) = \overline{G(\boldsymbol{k})}\, S_{XY}(\boldsymbol{k}), \tag{4.1.11}$$

$$S_{XY}(\boldsymbol{k}) = G(\boldsymbol{k})\, S_{XX}(\boldsymbol{k}), \quad S_{YX}(\boldsymbol{k}) = \overline{G(\boldsymbol{k})}\, S_{XX}(\boldsymbol{k}), \tag{4.1.12}$$

$$C_{YY}(\boldsymbol{r}) = {}^n\mathcal{F}^{-1}\{S_{YY}\}, \quad C_{XY}(\boldsymbol{r}) = {}^n\mathcal{F}^{-1}\{S_{XY}\}, \quad C_{YX}(\boldsymbol{r}) = {}^n\mathcal{F}^{-1}\{S_{YX}\}. \tag{4.1.13}$$

Beispiel 4.4: Erste Ableitung eines homogenen Prozesses.
Gegeben sei ein homogener Prozeß $X(\boldsymbol{x})$ mit $C_{XX}(\boldsymbol{r})$ und $S_{XX}(\boldsymbol{k})$. Gesucht sind die Spektraldichte $S_{YY}(\boldsymbol{k})$ des abgeleiteten Prozesses $Y(\boldsymbol{x}) = \partial X(\boldsymbol{x})/\partial x_1$, die gegenseitigen Spektraldichten $S_{XY}(\boldsymbol{k})$, $S_{YX}(\boldsymbol{k})$ sowie die zugehörigen AKF/KKF.

Nach Tabelle 3.3, S. 76 ist $G(\boldsymbol{k}) = G(\mathrm{j}k_1) = \mathrm{j}k_1$, daher $\overline{G(\mathrm{j}k_1)} = -\mathrm{j}k_1$, $U(\boldsymbol{k}) = U(k_1) = k_1^2$, und aus (4.1.10) bis (4.1.12) folgt

$$S_{YY} = k_1^2 S_{XX}, \quad S_{XY} = -S_{YX} = \mathrm{j}k_1 S_{XX}. \tag{4.1.14}$$

Zur Transformation in den Ortsbereich (4.1.13) benutzen wir die Differentiationsregel für $\mathcal{F}$-Transformierte, vgl. Tabelle 2.1, S. 43:

$$C_{YY} = -{}^n\mathcal{F}^{-1}\{(\mathrm{j}k_1)^2 S_{XX}\} = -\frac{\partial^2}{\partial \Delta x_1^2}\,{}^n\mathcal{F}^{-1}\{S_{XX}\} = -\frac{\partial^2}{\partial \Delta x_1^2} C_{XX}, \tag{4.1.15}$$

$$C_{XY} = -C_{YX} = {}^n\mathcal{F}^{-1}\{\mathrm{j}k_1 S_{XX}\} = \frac{\partial}{\partial \Delta x_1}\,{}^n\mathcal{F}^{-1}\{S_{XX}\} = \frac{\partial}{\partial \Delta x_1} C_{XX}. \tag{4.1.16}$$

Die Funktionen (4.1.14) bis (4.1.16) kann man auch aus den Tabellen 3.4, S. 79 und 3.5, S. 80 entnehmen.

Betrachten wir noch einen homogenen Prozeß, der nach allen Variablen differenziert wird.

Beispiel 4.5: Gradient eines ebenen homogenen Skalarfeldes.
Sei $\boldsymbol{Y}(x_1, x_2) = \nabla X(x_1, x_2)$, also ein Vektorfeld mit den Komponenten $Y_i = \partial X/\partial x_i$, $i = 1, 2$. Gegeben seien wieder $C_{XX}(\Delta x_1, \Delta x_2)$, $S_{XX}(k_1, k_2)$, gesucht $S_{Y_iY_k}$ ($i = 1, 2$; $k = 1, 2$), S_{XY_i}, S_{Y_iX} und die zugehörigen AKF/KKF. Mit der gleichen Rechnung wie im Beispiel 4.4 oder mit den Tabellen 3.4, S. 79 und 3.5, S. 80 erhält man

$$\boldsymbol{S}_{Y_iY_k} = \begin{bmatrix} k_1^2 & k_1k_2 \\ k_2k_1 & k_2^2 \end{bmatrix} S_{XX}, \quad \boldsymbol{C}_{Y_iY_k} = -\begin{bmatrix} \dfrac{\partial^2}{\partial \Delta x_1^2} & \dfrac{\partial^2}{\partial \Delta x_1\,\partial \Delta x_2} \\ \dfrac{\partial^2}{\partial \Delta x_2\,\partial \Delta x_1} & \dfrac{\partial^2}{\partial \Delta x_2^2} \end{bmatrix} C_{XX}, \tag{4.1.17}$$

$$\boldsymbol{S}_{XY_i} = -\boldsymbol{S}_{Y_iX} = j\begin{bmatrix} k_1 \\ k_2 \end{bmatrix} S_{XX}, \quad \boldsymbol{C}_{XY_i} = -\boldsymbol{C}_{Y_iX} = \begin{bmatrix} \dfrac{\partial}{\partial \Delta x_1} \\ \dfrac{\partial}{\partial \Delta x_2} \end{bmatrix} C_{XX}. \tag{4.1.18}$$

Nachdem wir mehrdimensionale Prozesse differenziert haben, werden wir sie nun noch linearen Integraltransformationen unterwerfen. In den geowissenschaftlichen Anwendungen kommen häufig ebene Integraltransformationen vor, worauf wir uns im folgenden beschränken.

Es sei $X(\boldsymbol{x})$ ein ebener homogener Prozeß mit der AKF C_{XX} und der Spektraldichte S_{XX}. Durch

$$Y(\boldsymbol{x}) := (K * X)(\boldsymbol{x}) := \iint\limits_{-\infty}^{+\infty} K(\boldsymbol{x} - \boldsymbol{y})\, X(\boldsymbol{y})\, \mathrm{d}\boldsymbol{y}, \tag{4.1.19}$$

wobei das Integral im quadratischen Mittel zu verstehen ist, wird wieder ein ebener Prozeß definiert.

Lemma 4.1: Der Prozeß $Y(\boldsymbol{x})$ ist ebenfalls homogen und besitzt die AKF

$$C_{YY} = K^- * K * C_{XX}, \quad K^-(\boldsymbol{x}) = K(-\boldsymbol{x}) \tag{4.1.20}$$

sowie die Spektraldichte

$$S_{YY} = \mathcal{F}\{K^-\}\, \mathcal{F}\{K\}\, S_{XX}. \tag{4.1.21}$$

Ist speziell $X(\boldsymbol{x})$ homogen-isotrop und ist weiter K ein isotroper Kern, d. h., gilt $K(\boldsymbol{x}) = K(|\boldsymbol{x}|) = K(r)$, so ist Y ebenfalls ein homogen-isotroper Prozeß.

Einer der für geophysikalische Untersuchungen wichtigen Kerne ist der verebnete STOKES-Kern

$$K_S(\boldsymbol{x}) := \begin{cases} (4\pi|\boldsymbol{x}|)^{-1} & |\boldsymbol{x}| < d \\ & \text{für} \qquad d > 0. \\ 0 & |\boldsymbol{x}| \geqq d, \end{cases} \tag{4.1.22}$$

Dieser modelliert in lokalem Rahmen den Zusammenhang zwischen Schwereanomalien Δg und Störpotential T:

$$T(\boldsymbol{x}) \approx \iint_{-\infty}^{+\infty} K_S(\boldsymbol{x} - \boldsymbol{y})\, \Delta g(\boldsymbol{y})\, \mathrm{d}\boldsymbol{y}. \tag{4.1.23}$$

Der Parameter d in (4.1.22) trägt der Tatsache Rechnung, daß zur Berechnung des Störpotentials T im Punkt $\boldsymbol{x}$ nur die Schwereanomalien Δg in einem Umkreis vom Radius d um $\boldsymbol{x}$ berücksichtigt werden.

Eine gewisse Sonderstellung nimmt der ebenfalls wichtige verebnete POISSON-Kern

$$K_P(\boldsymbol{x}; z) := \frac{1}{2\pi} \frac{z}{(|\boldsymbol{x}|^2 + z^2)^{3/2}} \tag{4.1.24}$$

ein. Er hängt außer von dem in der Ebene gelegenen Vektor $\boldsymbol{x}$ noch von einem zusätzlichen Parameter z ab. Mit Hilfe von K_P läßt sich eine in der Ebene gegebene Funktion U harmonisch in den oberen Halbraum $z > 0$ fortsetzen:

$$U(\boldsymbol{x}; z) = \iint_{-\infty}^{+\infty} K_P(\boldsymbol{x} - \boldsymbol{y}; z)\, U(\boldsymbol{y})\, \mathrm{d}\boldsymbol{y}. \tag{4.1.25}$$

Die Aussagen von Lemma 4.1 gelten sinngemäß nur für $z = \text{const}$, d. h., der Prozeß $U(\boldsymbol{x}; z)$ ist zwar in jeder zur Grundebene parallelen Ebene $z = \text{const}$ homogen bzw. homogen-isotrop, im oberen Halbraum aber ist er *inhomogen.* Ein Beispiel enthält Abschnitt 4.1.6.

In Tabelle 4.3 werden die Regeln der Kovarianz- und Spektralfortpflanzung bei Integraltransformationen von Prozessen mit Hilfe des STOKES- und des POISSON-Kernes angegeben. Hierbei ist aber die Regel über die Spektralfortpflanzung mit dem POISSON-Kern so zu interpretieren, daß S_{YY} das Kreuz-

Tabelle 4.3: Kovarianz- und Spektralfortpflanzung bei linearer Integraltransformation eines Prozesses X mit Hilfe des verebneten Stokes- und Poisson-Kernes. $J_{2\nu+1}$ sind Bessel-Funktionen der Ordnung $2\nu + 1$.

K	C_{YY}	S_{YY}
Stokes-Kern	$K_S * K_S * C_{XX}$	$\left[\sum_{\nu=0}^{\infty} J_{2\nu+1}(kd)\right]^2 k^{-2} S_{XX}$
		$(\to 1/4k^2$ für $d \to \infty)$
Poisson-Kern	$K_P(., z' + z'') * C_{XX}$	$\exp\left[-k(z' + z'')\right] S_{XX}$

spektrum zweier Prozesse ist. Der eine ist in der Ebene $z' = \text{const}$, der andere in der Ebene $z'' = \text{const}$ definiert, und beide sind aus einem Prozeß X durch Integraltransformation hervorgegangen.

4.1.4. *Skalar- und Vektorfelder. Statistisch verbundene Felder*

Mit den Beispielen im vorangehenden Abschnitt befinden wir uns bereits in der „statistischen Beschreibung stetiger Felder" (Obuchow, 1958), genauer: in der Beschreibung ihrer Momente 2. Ordnung. In den Beispielen 4.3/4.4 sind je zwei inhomogene/homogene Skalarfelder jeweils ebenso miteinander verbunden. Das Feldsystem des Beispiels 4.5 besteht aus einem Skalar- und einem Vektorfeld; insgesamt sind drei skalare Felder paarweise homogen miteinander verknüpft. Man beachte die Symmetrie der quadratischen Schemata (4.1.17) und den Vorzeichenwechsel im sog. *gemischten* Moment (4.1.18), wenn man die Feldgrößen vertauscht.

Sind mehrere Skalar- und/oder Vektorfelder der Dimension $n = 2$ (ebene Felder), $n = 3$ (räumliche Felder) oder $n = 4$ (raum-zeit-abhängige Felder) zu einem System verbunden, erhöht sich die Anzahl der AKF/KKF (bzw. Spektraldichten im homogenen Fall) erheblich, auch wenn manche Funktionen vollständig oder dem Betrage nach identisch werden.

Beispiel 4.6: Erste und zweite Ableitungen des Schwerepotentials.
Subtrahiert man vom Schwerepotential W das Normalpotential U, verbleibt ein stochastisches Restfeld, das Störpotential T, in lokaler Approximation $T = T(x_1, x_2, x_3)$ mit den Ableitungen $\partial T/\partial x_i =: T_i$, $\partial^2 T/\partial x_i\, \partial x_k =: T_{ik}$ $(i, k = 1, 2, 3)$. Alle Ableitungen können physikalisch interpretiert werden, z. B. ist $[T_1, T_2]^\mathsf{T}$ dem Lotabweichungsvektor proportional, $[T_1, T_2, T_3]^\mathsf{T}$ entspricht dem anomalen Schwerevektor, $[T_{13}, T_{23}, T_{33}]^\mathsf{T}$ dem Schweregradienten, usf. — Zu T_1, T_2, T_3 und T_{11}, T_{22}, T_{33}, $T_{12} = T_{21}$, $T_{13} = T_{31}$, $T_{23} = T_{32}$ gehören 9 AKF und 72 KKF, insgesamt $9 \times 9 = 81$ Funktionen und — sofern T homogen — ebenso viele Spektraldichten. Wenn T homogen und isotrop in einer festen Ebene, verringert sich die Anzahl der zu berechnenden Funktionen aus Symmetriegründen auf 44 (Keller und Meier, 1980).

Es mag nun den Anschein haben, daß derart umfangreiche Strukturuntersuchungen der Momente 2. Ordnung (ggf. auch höherer Ordnung) an Feldsystemen in mathematische Spielerei ausarten und gewisse Symmetrien der Funktionensysteme lediglich das Mathematikerherz erfreuen. Das ist keineswegs so, sondern den Rechnungen (im $\mathbb{R}^n$ für lokale, auf der Kugel für globale Probleme) liegen ganz konkrete Anforderungen aus Theorie und Meßtechnik zugrunde. Den Anforderungen der Turbulenztheorie bzw. der zahlreichen Aufgabenstellungen, die mit Vorgängen in turbulenten Medien zusammenhängen, wurde bereits in den einführenden Abschnitten gedacht. Um an Beispiel 4.6 anzuknüpfen, sei noch bemerkt, daß in der Geodäsie verschiedenartige (hybride) Meßdaten gemeinsam verarbeitet werden, z. B. Prädiktion von Schwereanomalien, Lotabweichungen, Geoidhöhen, Erdkrustenbewegungen u. a., wobei die *vollständigen* Momente 2. Ordnung der Felder T_i, T_{ik}, aus denen die Messungen stammen, als *A-priori*-Informationen einfließen. Die Beispiele ließen sich beliebig erweitern; in dieser Einführung können nur einige wichtige Eigenschaften spezieller Felder aufgeführt werden.

Bleiben wir vorerst noch beim Gradienten $\boldsymbol{Y} = \nabla X$ eines ebenen Skalarfeldes X und nehmen an, X sei homogen und isotrop mit $C_{XX}(\Delta x_1, \Delta x_2) = C(r)$, $S_{XX}(k_1, k_2) = S(k)$. Wir führen Polarkoordinaten (r, φ), (k, ϑ) ein,

$$\Delta x_1 = r\cos\varphi, \quad \Delta x_2 = r\sin\varphi, \quad r = (\Delta x_1{}^2 + \Delta x_2{}^2)^{1/2},$$

$$k_1 = k\cos\vartheta, \quad k_2 = k\sin\vartheta, \quad k = (k_1{}^2 + k_2{}^2)^{1/2},$$

und erhalten aus (4.1.17), (4.1.18) unmittelbar

$$\boldsymbol{S}_{ik} = k^2 S(k)\begin{bmatrix}\cos^2\vartheta & \sin\vartheta\cos\vartheta \\ \sin\vartheta\cos\vartheta & \sin^2\vartheta\end{bmatrix}, \quad \boldsymbol{S}_i = \mathrm{j}kS(k)\begin{bmatrix}\cos\vartheta \\ \sin\vartheta\end{bmatrix} \tag{4.1.26}$$

mit den Abkürzungen $\boldsymbol{S}_{Y_iY_k} =: \boldsymbol{S}_{ik}$, $S_{XY_i} = \boldsymbol{S}_{Y_iX} =: \boldsymbol{S}_i$. Man beachte, daß bei Vertauschung der Feldgrößen $XY_i \to Y_iX$ wegen $S_{XY_i}(\boldsymbol{k}) = S_{Y_iX}(-\boldsymbol{k})$ der Richtungswinkel $\vartheta \to \vartheta + \pi$, so daß $\cos(\vartheta + \pi) = -\cos\vartheta$, $\sin(\vartheta + \pi) = -\sin\vartheta$.

Um die zugehörigen AKF/KKF $\boldsymbol{C}_{Y_iY_k} =: \boldsymbol{C}_{ik}$, $\boldsymbol{C}_{XY_i} = \boldsymbol{C}_{Y_iX} =: \boldsymbol{C}_i$ zu erhalten, kann man entweder auf (4.1.26) die ${}^2\mathcal{F}^{-1}$-Transformation oder auf die AKF $C[r(\Delta x_1, \Delta x_2)]$ die vollständigen Differentiale 2. bzw. 1. Ordnung anwenden, z. B.

$$-C_{11} = C''(r)\left(\frac{\partial r}{\partial \Delta x_1}\right)^2 + C'(r)\,\frac{\partial^2 r}{\partial \Delta x_1{}^2}, \quad C_1 = C'(r)\,\frac{\partial r}{\partial \Delta x_1},$$

$$\frac{\partial r}{\partial \Delta x_1} = \cos\varphi, \quad \left(\frac{\partial r}{\partial \Delta x_1}\right)^2 = \cos^2\varphi, \quad \frac{\partial^2 r}{\partial \Delta x_1{}^2} = \frac{\sin^2\varphi}{r}.$$

Führt man die Rechnung vollständig aus, ergibt sich das 2. Moment von $\boldsymbol{Y}$

$$\boldsymbol{C}_{ik} = \begin{bmatrix} F(r) + [G(r) - F(r)]\cos^2\varphi & [G(r) - F(r)]\sin\varphi\cos\varphi \\ [G(r) - F(r)]\sin\varphi\cos\varphi & F(r) + [G(r) - F(r)]\sin^2\varphi \end{bmatrix} \tag{4.1.27}$$

oder

$$C_{ik} = F(r)\,\delta_{ik} + [G(r) - F(r)]\,\frac{\Delta x_i \Delta x_k}{r^2}, \quad i, k = 1, 2, \tag{4.1.28}$$

mit $F(r) = -C'(r)/r$, $G(r) = -C''(r)$, $G(r) = F(r) + rF'(r)$, sowie das 2. gemischte Moment zwischen X und $\boldsymbol{Y}$

$$\boldsymbol{C}_i = C'(r)\begin{bmatrix} \cos\varphi \\ \sin\varphi \end{bmatrix} = -F(r)\,\Delta x_i. \tag{4.1.29}$$

Die Gleichung (4.1.28) bezeichnet man nach ihren Entdeckern als Taylor-Karman-Beziehung. Die Komponenten Y_1, Y_2 sind wegen $C_{ii} = C_{ii}(r, \varphi)$ jede für sich ein homogenes, *anisotropes* Skalarfeld, jedoch vereinbart man durch

Definition 4.3: Ein Vektorfeld, dessen 2. Moment der Taylor-Karman-Beziehung (4.1.28) genügt, heißt *homogen-isotropes Vektorfeld.*

Man darf sich nun nicht davon täuschen lassen, daß von Isotropie gesprochen wird, obwohl im 2. Moment (4.1.27) der Winkel φ auftritt. Um den Isotropiebegriff für ein vektorielles Zufallsfeld geometrisch-anschaulich zu deuten, bemerken wir:

(1) Die AKF/KKF (4.1.27), (4.1.28) bilden einen symmetrischen Tensor 2. Stufe („*Korrelationstensor*") mit den Invarianten

$$I_1(r) = \operatorname{sp} \boldsymbol{C}_{ik} = G(r) + F(r), \quad I_2 = \det \boldsymbol{C}_{ik} = G(r)\,F(r). \tag{4.1.30}$$

$I_1/2 = (G + F)/2$, $\sqrt{I_2} = \sqrt{GF}$ definieren *mittlere* Korrelationsfunktionen.

(2) Die AKF/KKF des Korrelationstensors definieren eine Kurve 2. Ordnung

$$\begin{aligned} &C_{11}\Delta x_1^2 + 2C_{12}\Delta x_1 \Delta x_2 + C_{22}\Delta x_2^2 \\ &= (F\sin^2\varphi + G\cos^2\varphi)\,\Delta x_1^2 + 2(G - F)\sin\varphi\cos\varphi\Delta x_1\Delta x_2 \\ &\quad + (F\cos^2\varphi + G\sin^2\varphi)\,\Delta x_2^2 = 1, \end{aligned} \tag{4.1.31}$$

d. h. die Gleichung einer *Korrelationsellipse* mit den Halbachsen $1/\sqrt{G}$, $1/\sqrt{F}$ für $I_2 > 0$ oder einer *Korrelationshyperbel* mit Asymptotenrichtungen $\varphi \pm \sqrt{G/F}$ für $I_2 < 0$ (Abb. 4.2).

(3) Dreht man einen Verschiebungsvektor $\boldsymbol{r}$, der zwei Punkte der (x_1, x_2)-Ebene, o. B. d. A. $P(0, 0)$ und $P(r, \varphi)$ miteinander verbindet, um $P(0, 0)$, so bleibt die Korrelationsellipse oder -hyperbel in ihrer Form erhalten und dreht sich unverändert mit (Abb. 4.2).

(4) Zerlegt man zwei Vektoren $\boldsymbol{X}'$, $\boldsymbol{X}''$, o. B. d. A. in den Punkten $P(0, 0)$, $P(r, \varphi)$, in Komponenten X_1', X_1'' parallel und X_2', X_2'' senkrecht zur Rich-

Tabelle 4.4: Abstandsfunktionen der TAYLOR-KARMAN-strukturierten AKF/KKF des Gradienten eines ebenen, homogen-isotropen skalaren Feldes mit der AKF $C(r) = \sigma^2\Phi(r)$. J_0, J_1 sind BESSEL-Funktionen der Ordnung Null, Eins.

$f(r)$	BESSEL-Modell	$f(0)$
Φ	$J_0(k_0r)$	1
Φ'	$-k_0J_1(k_0r)$	0
$-\Phi'/r$	$k_0{}^2\dfrac{J_1(k_0r)}{k_0r}$	$\dfrac{k_0^2}{2}$
$-\Phi''$	$-k_0{}^2\dfrac{J_1(k_0r)}{k_0r} + k_0{}^2J_0(k_0r)$	$\dfrac{k_0^2}{2}$

tung φ (Abb. 4.2), so beschreiben $G(r)$ bzw. $F(r)$ die Korrelation der Vektorkomponenten längs φ bzw. quer dazu. Insbesondere ist

$$C_{ik}|_{\varphi=0} = \begin{bmatrix} G & 0 \\ 0 & F \end{bmatrix}, \quad C_{ik}|_{\varphi=\pi/2} = \begin{bmatrix} F & 0 \\ 0 & G \end{bmatrix}. \tag{4.1.32}$$

Daher bezeichnet man $G(r)$ und $F(r)$ bzw. $G(r)/G(0)$ und $F(r)/F(0)$ auch als *Längs-* und *Querkorrelationsfunktionen*.
(5) Der Sonderfall $C_{11} = C_{22} = F \equiv G$, $G_{12} = C_{21} \equiv 0$ heißt *vollständig isotrop* oder *chaotisch*: Y_1, Y_2 sind isotrop und nicht kreuzkorreliert; die Kurve (4.1.31) wird zum *Korrelationskreis* mit dem Radius $F \equiv G$.

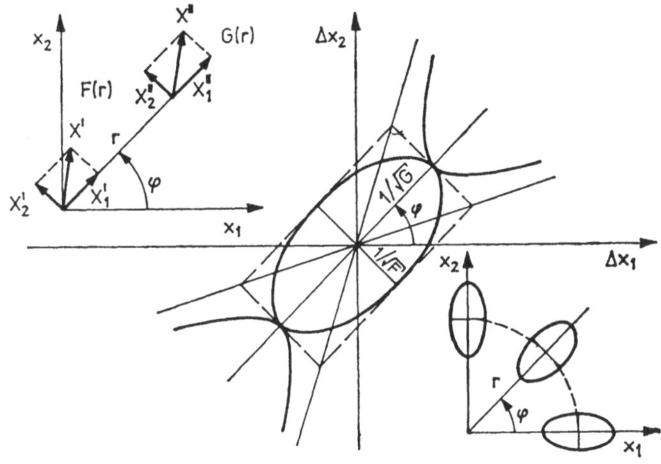

Abb. 4.2. Längs- und Querkorrelationsfunktionen, Korrelationsellipse und -hyperbel eines ebenen homogen-isotropen Vektorfeldes

Beispiel 4.7: Abstandsfunktionen der AKF/KKF von $(X, \nabla X)$. BESSEL-*Modell.*
Die AKF von X sei $C(r) = \sigma^2\Phi(r)$, $\Phi(r) = J_0(k_0r)$. Die Abstandsfunktionen der 2. Momente C_{ik}, C_i berechnet man mit Hilfe der Funktionalgleichungen für BESSEL-Funktionen (2.3.31); vgl. Tabelle 4.4 und Abb. 4.3. Das Vorzeichen der Invarianten $I_2 = GF = C'C''/r = \sigma^4\Phi'\Phi''/r$ alterniert entlang k_0r, so daß Korrelationsellipse und -hyperbel miteinander abwechseln.

Die TAYLOR-KARMAN-Beziehung (4.1.28) gilt auch im Raum ($n = 3$; $i, k = 2, 3$). Um sich davon zu überzeugen, braucht man zu x_1, x_2 bzw. r, φ nur eine weitere Koordinate $x_3 = z$ hinzuzunehmen (Zylinderkoordinaten) und die noch fehlenden AKF/KKF C_{33}, $C_{13} = C_{31}$, $C_{23} = C_{32}$ wie o. a. zu berechnen. Ferner gilt (4.1.28) nicht nur für ∇X, sondern für beliebige wirbelfreie Quellenfelder (Potentialfelder). Dazu bringen wir

Satz 4.2 (A. M. OBUCHOW): *Die Bedingung*

$$G(r) = F(r) + rF'(r) \tag{4.1.33}$$

ist notwendig und hinreichend dafür, daß ein homogenes und isotropes Vektorfeld mit den Längs- und Querkorrelationsfunktionen $G(r)$, $F(r)$ ein Potential besitzt.

Für ein quellenfreies Wirbelfeld (Solenoidalfeld) gilt

Satz 4.3 (G. I. TAYLOR, T. KÁRMÁN): *In einem homogenen und isotropen Vektorfeld $\boldsymbol{Y}$ mit $\operatorname{div} \boldsymbol{Y} = 0$ erfüllen die Längs- und Querkorrelationsfunktionen $G(r)$, $F(r)$ die (von der Dimension des Raumes abhängige) Gleichung*

$$G'(r) + (n-1)\,r^{-1}[G(r) - F(r)] = 0. \tag{4.1.34}$$

Insbesondere ist in der Ebene ($n = 2$), im Raum ($n = 3$)

$$F(r) = G(r) + rG'(Cr), \quad F(r) = G(r) + rG'(r)/2. \tag{4.1.35}$$

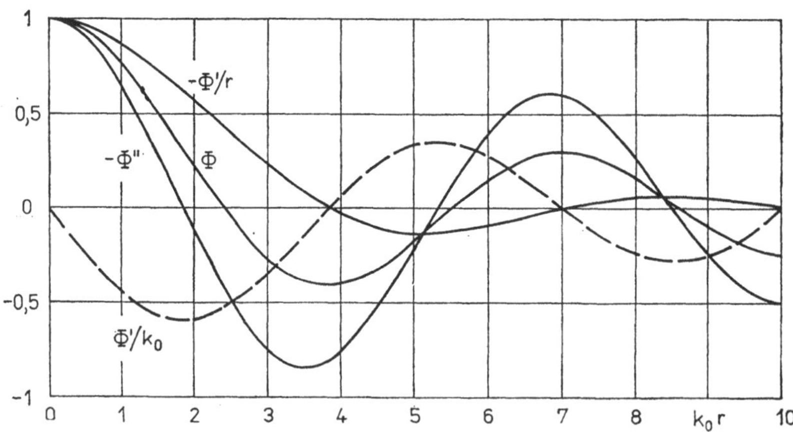

Abb. 4.3. Abstandsfunktionen der AKF/KKF des Gradienten eines ebenen homogen-isotropen Skalarfeldes nach Tabelle 4.4

Abschließend bringen wir noch drei Sätze über Systeme homogen-isotroper Felder.

Satz 4.4 (Kreuzkorrelationsfreies Skalar- und Vektorfeld): *Ein beliebiges Skalarfeld X und ein Vektorfeld $\boldsymbol{Y}$, die in einem homogenen und isotropen System von Feldern enthalten sind, korrelieren nicht miteinander, wenn* div $\boldsymbol{Y} = 0$ (*Solenoidalfeld*).

Satz 4.5 (Kreuzkorrelationsfreie Vektorfelder): *In einem homogen-isotropen System von Vektorfeldern $\boldsymbol{Y}^P$, $\boldsymbol{Y}^S$, von denen $\boldsymbol{Y}^P$ ein Potentialfeld und $\boldsymbol{Y}^S$ ein Solenoidalfeld ist, korrelieren $\boldsymbol{Y}^P$ und $\boldsymbol{Y}^S$ nicht miteinander.*

Satz 4.6 (Zerlegung des 2. Momentes eines Vektorfeldes): *Wenn das homogen-isotrope Vektorfeld $\boldsymbol{Y} = \boldsymbol{Y}^P + \boldsymbol{Y}^S$ als Summe einer Potentialkomponente $\boldsymbol{Y}^P$ und einer Solenoidalkomponente $\boldsymbol{Y}^S$ dargestellt werden kann, korrelieren $\boldsymbol{Y}^P$, $\boldsymbol{Y}^S$ nicht miteinander und das 2. Moment von $\boldsymbol{Y}$ läßt sich eindeutig in*

$$\boldsymbol{C}_{ik} = \boldsymbol{C}^P_{ik} + \boldsymbol{C}^S_{ik}, \quad G = G^P + G^S, \quad F = F^P + F^S \tag{4.1.36}$$

zerlegen.

Die Beweise der Sätze 4.2 bis 4.6 findet man bei Obuchow (1958).

4.1.5. Übergang von höher- zu nieder-dimensionalen Prozessen

Es ist schon bemerkt worden, daß man einen n-dimensionalen Prozeß $X(x_1, x_2, \ldots, x_n)$ durch Festhalten eines oder mehrerer Argumente x_j in einen $(n - 1)$- oder $(n - m)$-dimensionalen Prozeß $(m < n)$ überführen kann. Dieses Vorgehen ist immer dann angebracht, wenn ein theoretisches Problem vereinfacht werden soll oder nur Realisierungen in einer niederen Dimension, als sie der Prozeß selbst besitzt, vorliegen; z. B. Registrierungen von Feldgrößen an ortsfesten Stationen als Funktionen der Zeit, Messungen an verschiedenen Orten zu gleicher Zeit, Profilmessungen in einem ebenen oder räumlichen Feld usf. — Von ebensolchem Interesse ist das umgekehrte Problem, nämlich ob und unter welchen Umständen man aus Messungen in Profilen die Eigenschaften eines ebenen oder gar räumlichen Prozesses erschließen kann. Beide Problemstellungen, speziell die Übergänge $\mathbb{R}^3 \to \mathbb{R}^2 \to \mathbb{R}^1$, $\mathbb{R}^3 \to \mathbb{R}^1$ und ihre Umkehrungen kommen in fast allen geowissenschaftlichen Disziplinen, ferner in der Festkörperphysik und Werkstofforschung vor, wobei in der Regel die Meßverfahren Realisierungen niederer Dimension, als sie der zu messende Prozeß besitzt, liefern.

Sei o. B. d. A. ${}^{(n-1)}X(x_1, x_2, \ldots, x_{n-1}) = {}^nX(x_1, x_2, \ldots, x_{n-1}, 0)$ ein homogener, aber nicht notwendig isotroper Prozeß der Dimension $n - 1$, der durch Nullsetzen eines Argumentes, z. B. x_n, aus einem n-dimensionalen Prozeß hervorgegangen ist. Dann folgt aus der Definition der 1. und 2. Momente (4.1.1) unmittelbar

$$\left.\begin{aligned} {}^{(n-1)}C(\Delta x_1, \Delta x_2, \ldots, \Delta x_{n-1}) &= {}^nC(\Delta x_1, \Delta x_2, \ldots, \Delta x_{n-1}, 0) \\ m_{n-1} = m_n, \quad \sigma^2_{n-1} &= \sigma_n{}^2. \end{aligned}\right\} \tag{4.1.37}$$

Die entsprechende Beziehung zwischen den Spektraldichten ${}^{(n-1)}S(k_1, k_2, \ldots, k_{n-1})$ und ${}^nS(k_1, k_2, \ldots, k_n)$ ist keineswegs so einfach. Um einen Einblick in den Zusammenhang zu gewinnen, werfen wir vorgreifend einen Blick auf die spezielleren homogen-isotropen Prozesse mit monoton abnehmender AKF und Spektraldichte und die Transformationsbeziehungen in Tabelle 4.2, S. 89. Wegen ${}^nC(0) < \infty$ müssen die Integrale über die Spektraldichten existieren, d. h.

$$\lim_{k\to\infty} {}^1S(k) = 0, \quad \lim_{k\to\infty} {}^2S(k)\, k = 0, \quad \lim_{k\to\infty} {}^3S(k)\, k^2 = 0. \tag{4.1.38}$$

Für ein und denselben AKF-Typ ${}^1C(r) = {}^2C(r) = {}^3C(r)$ müssen daher die Spektraldichten mit zunehmender Dimension des Prozesses rascher gegen Null abfallen. Umgekehrt gilt das ebenso für die AKF, denn bei endlichen Integralskalen ${}^nI < \infty$ und Spektraldichten ${}^1S(k) = {}^2S(k) = {}^3S(k)$ muß

$$\lim_{r\to\infty} {}^1C(r) = 0, \quad \lim_{r\to\infty} {}^2C(r)\, r = 0, \quad \lim_{r\to\infty} {}^3C(r)\, r^2 = 0 \tag{4.1.39}$$

sein. Man kann diesen Sachverhalt aus einigen Modellen im Anhang A1 unmittelbar ablesen.

Beispiel 4.8: Spektraldichten eines ein-, zwei- und dreidimensionalen homogen-isotropen Prozesses.
Modell 2d im Anhang A1 (vgl. Abb. 4.4):

$${}^nC(r)/{}^nC(0) = \frac{1}{2}\left(\frac{r}{d}\right)^2 K_0\left(\frac{r}{d}\right) + \left(\frac{r}{d}\right) K_1\left(\frac{r}{d}\right),$$

$${}^nS(k)/{}^nS(0) = (1 + d^2k^2)^{-2-n/2}; \quad n = 1, 2, 3.$$

$${}^1S(0) = 3\pi d\sigma^2/2, \quad {}^2S(0) = 8\pi d^2\sigma^2, \quad {}^3S(0) = 15\pi^2 d^3\sigma^2.$$

K_0, K_1 sind modifizierte Bessel-Funktionen nullter und erster Ordnung.

Nach diesen, der Anschauung dienenden Zwischenbemerkungen kehren wir zu homogenen, nicht notwendig isotropen Prozessen zurück. Um einen Zusammenhang zwischen den Spektraldichten zu finden, schreibt man die gesuchte Dichte

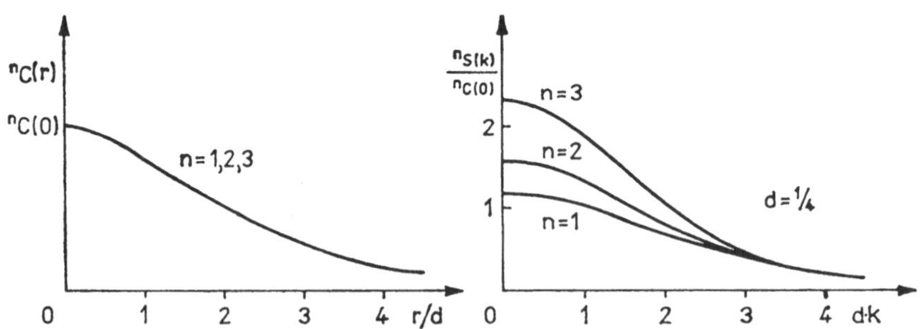

Abb. 4.4. AKF und Spektraldichten nach Beispiel 4.8

${}^{(n-1)}S(\boldsymbol{k}')$ als FOURIER-Integral (4.1.7) und formt dieses mit Hilfe der Regeln (2.5.5), (2.5.8) für die Deltafunktion so um, daß im Integranden die AKF ${}^{n}C(\boldsymbol{r})$ steht:

$$
\begin{aligned}
{}^{(n-1)}S(\boldsymbol{k}') &= \iint\limits_{-\infty}^{+\infty}\cdots\int {}^{(n-1)}C(\boldsymbol{r}')\,\mathrm{e}^{-\mathrm{j}\boldsymbol{k}'^{\mathsf{T}}\boldsymbol{r}'}\,\mathrm{d}\boldsymbol{r}' \\
&= \iint\limits_{-\infty}^{+\infty}\cdots\int {}^{n}C(\boldsymbol{r})\,\delta(r_n)\,\mathrm{e}^{-\mathrm{j}\boldsymbol{k}'^{\mathsf{T}}\boldsymbol{r}'}\,\mathrm{d}\boldsymbol{r} \\
&= \frac{1}{2\pi}\iint\limits_{-\infty}^{+\infty}\cdots\int {}^{n}C(\boldsymbol{r})\,\mathrm{e}^{-\mathrm{j}\boldsymbol{k}'^{\mathsf{T}}\boldsymbol{r}'}\left\{\int\limits_{-\infty}^{+\infty}\mathrm{e}^{-\mathrm{j}k_n r_n}\,\mathrm{d}k_n'\right\}\mathrm{d}\boldsymbol{r} \\
&= \frac{1}{2\pi}\iint\limits_{-\infty}^{+\infty}\cdots\int {}^{n}C(\boldsymbol{r})\,\mathrm{e}^{-\mathrm{j}\boldsymbol{k}^{\mathsf{T}}\boldsymbol{r}}\,\mathrm{d}\boldsymbol{r}\,\mathrm{d}k_n\,.
\end{aligned}
$$

$\boldsymbol{k}'$ und $\boldsymbol{r}'$ sind $(n-1)$-dimensionale, $\boldsymbol{k}$ und $\boldsymbol{r}$ n-dimensionale Vektoren. Das innere Integral über ${}^{n}C(\boldsymbol{r})$ entspricht nach (4.1.7) gerade ${}^{n}S(\boldsymbol{k})$, so daß

$$
{}^{(n-1)}S(\boldsymbol{k}') = \frac{1}{2\pi}\int\limits_{-\infty}^{+\infty} {}^{n}S(\boldsymbol{k})\,\mathrm{d}k_n\,. \tag{4.1.40}
$$

Man hat also über die Wellenzahl k_n, die der im Prozeß ${}^{n}X(\boldsymbol{x})$ festgehaltenen Variablen x_n entspricht, zu integrieren.

Im Falle homogen-isotroper Prozesse ${}^{n}X$, ${}^{(n-1)}X$ mit ${}^{n}S(k)$, ${}^{(n-1)}S(k')$ kann man (4.1.40) mit Hilfe der Substitution $k_n = (k^2 - k'^2)^{1/2}$, $\mathrm{d}k_n = k_n{}^{-1/2}k\,\mathrm{d}k$ umformen in

$$
{}^{(n-1)}S(k') = \frac{1}{\pi}\int\limits_{0}^{\infty} {}^{n}S(k)\,\mathrm{d}k_n = \frac{1}{\pi}\int\limits_{k'}^{\infty}\frac{{}^{n}S(k)\,k\,\mathrm{d}k}{(k^2-k'^2)^{1/2}}. \tag{4.1.41}
$$

Betrachten wir noch den *direkten* Übergang ${}^{3}S(k) \to {}^{1}S(k')$. Nach Tabelle 4.2, S. 89 gilt

$$
{}^{1}S(k') = 2\int\limits_{0}^{\infty} {}^{1}C(r')\cos(k'r')\,\mathrm{d}r'\,, \tag{4.1.42}
$$

$$
{}^{3}C(r) = \frac{1}{2\pi^2}\int\limits_{0}^{\infty} {}^{3}S(k)\,\frac{\sin rk}{rk}\,k^2\,\mathrm{d}k\,. \tag{4.1.43}
$$

Wegen ${}^3C(r) = {}^1C(r')$ kann man (4.1.43) in (4.1.42) einsetzen und über r' integrieren:

$$ {}^1S(k') = \frac{1}{\pi^2} \int_0^\infty \int_0^\infty {}^3S(k) \sin(kr') \cos(k'r') \, r'^{-1} \, dr' k \, dk , $$

$$ \int_0^\infty \sin(kr') \cos(k'r') \, r'^{-1} \, dr' = \frac{\pi}{2} H(k - k') , $$

$$ {}^1S(k') = \frac{1}{2\pi} \int_0^\infty {}^3S(k) \, H(k - k') \, k \, dk = \frac{1}{2\pi} \int_{k'}^\infty {}^3S(k) \, k \, dk . \tag{4.1.44} $$

4.1.6. Übergang von nieder- zu höher-dimensionalen Prozessen

Will man nun umgekehrt von den spektralen Eigenschaften eines $(n - 1)$-dimensionalen Prozesses auf diejenigen eines n-dimensionalen Prozesses schließen, ist die Integralgleichung (4.1.40) mit unbekanntem Kern ${}^nS(\boldsymbol{k})$ zu lösen. Wir werden das allgemeine Problem nicht diskutieren, sondern lediglich zeigen, daß der Übergang $\mathbb{R}^{(n-1)} \to \mathbb{R}^n$, speziell $\mathbb{R}^1 \to \mathbb{R}^2 \to \mathbb{R}^3$ und $\mathbb{R}^1 \to \mathbb{R}^3$ mit gewissen zusätzlichen Annahmen möglich ist.

Zuerst untersuchen wir das Umkehrproblem an homogenen *und* isotropen Prozessen ${}^nX$, ${}^{(n-1)}X$. Die Beziehung (4.1.41) ist bis auf den Faktor $1/2\pi$ identisch mit der ABEL-Transformation (2.4.23), wofür man — zunächst rein or mal — auch die inverse Transformation (2.4.24) oder (2.4.25), (2.4.26) angeben kann:

$$ {}^{(n-1)}S(k') = \mathcal{A}\{{}^nS(k)\}/2\pi , \quad {}^nS(k) = 2\pi \mathcal{A}^{-1}\{{}^{(n-1)}S(k')\} . \tag{4.1.45} $$

Es ist in jedem Falle zu untersuchen, ob ${}^nS(k)$ tatsächlich die Eigenschaften einer Spektraldichte besitzt. Wir erinnern an die Schlußfolgerungen (2.4.27), (2.4.28) aus der $\mathcal{A}$-Transformation und schreiben sie für Spektraldichten real existierender Prozesse in der Form

$$ 0 < {}^{(n-1)}S(0) = \frac{1}{\pi} \int_0^\infty {}^nS(k) \, dk < \infty , \tag{4.1.46} $$

$$ 0 < \frac{1}{\pi} \int_0^\infty {}^{(n-1)}S(k') \, dk' = \frac{1}{2\pi} \int_0^\infty {}^nS(k) \, k \, dk < \infty , \tag{4.1.47} $$

speziell für $n = 2 : 0 < \sigma_1^2 = \sigma_2^2 < \infty$; vgl. Tabelle 4.2, S. 89 und (4.1.37). Aus (4.1.46) und (4.1.47) folgen als *notwendige Bedingungen* dafür, daß ein n-dimensionaler Prozeß mit ${}^nS(k)$ nach (4.1.45) existiert, aus welchem durch

Festhalten eines Argumentes wieder ein $(n-1)$-dimensionaler mit ${}^{(n-1)}S(k')$ entsteht,

$$ {}^{(n-1)}S(0) > 0, \quad \lim_{k'\to\infty} {}^{(n-1)}S(k') = 0, \quad \lim_{k\to\infty} {}^{n}S(k)\, k = 0. \tag{4.1.48}$$

Beispiel 4.9: Fortsetzung eines eindimensionalen Prozesses in die Ebene unter Annahme der Isotropie.

Gegeben sei ein eindimensionaler Prozeß mit monoton abnehmender AKF und Spektraldichte

$$ {}^{1}C(r') = \sigma^2 \left(1 + \frac{|r'|}{d}\right) e^{-|r'|/d}, \quad {}^{1}S(k') = \frac{4d\sigma^2}{(1 + d^2k'^2)^2}$$

(Modell 2c im Anhang A1; vgl. Abb. 4.5).

$$ {}^{2}S(k) = 2\pi \mathcal{A}^{-1}\{{}^{1}S(k')\} = -2 \int_k^\infty \frac{\mathrm{d}\,{}^{1}S(k')}{\mathrm{d}k'} \times \frac{\mathrm{d}k'}{(k'^2 - k^2)^{1/2}}$$

$$ = 32 d^3\sigma^2 \int_k^\infty \frac{k'\,\mathrm{d}k'}{(1 + d^2k'^2)^3\,(k'^2 - k^2)^{1/2}} = \frac{6\pi d^2\sigma^2}{(1 + d^2k^2)^{5/2}}.$$

$$ {}^{2}C(r) = 3d^2\sigma^2 \int_0^\infty \frac{J_0(rk)\,k\,\mathrm{d}k}{(1 + d^2k^2)^{5/2}} = \sigma^2\left(1 + \frac{|r|}{d}\right) e^{-|r|/d}.$$

$$ {}^{2}C[r(\Delta x, \Delta y)]\,\big|_{\Delta y = 0} = {}^{2}C\left(\sqrt{\Delta x^2 + \Delta y^2}\right)\big|_{\Delta y=0} = {}^{1}C(\Delta x) \equiv {}^{1}C(r').$$

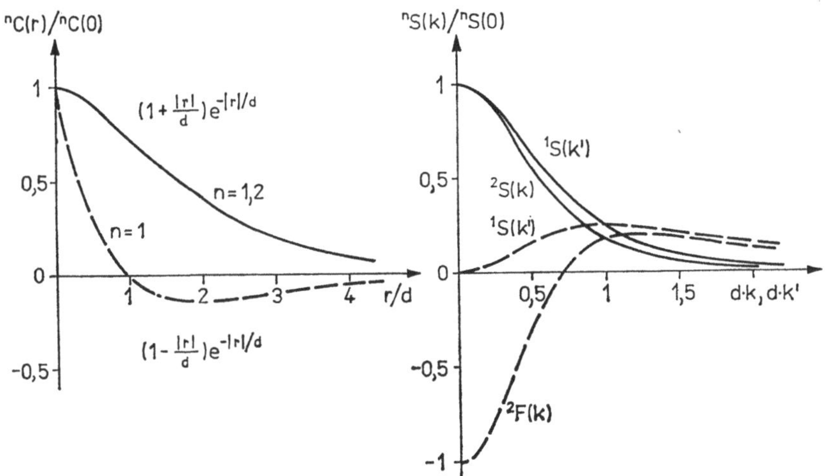

Abb. 4.5. AKF und Spektraldichten nach Beispiel 4.9

Gegeben sei ferner ein eindimensionaler Prozeß mit unterschwingender AKF und einer Spektraldichte mit dominierendem Bandbereich:

$$^1C(r') = \sigma^2 \left(1 - \frac{|r'|}{d}\right) e^{-|r'|/d}, \quad {}^1S(k') = \frac{4d\sigma^2}{(1 + d^2k'^2)^2} d^2k'^2$$

(Modell 7 im Anhang A2; vgl. Abb. 4.5).
Es existiert zwar

$$^2F(k) := 2\pi \mathcal{A}^{-1}\{{}^1S(k')\} = \frac{2\pi d^2\sigma^2(2d^2k^2 - 1)}{(1 + d^2k^2)^{5/2}},$$

jedoch ist $^2F(k) < 0$ für $k \in \left(-\sqrt{2}/2d, +\sqrt{2}/2d\right)$ kann daher keine Spektraldichte sein; mit $^1S(0) = 0$ ist eine der notwendigen Bedingungen (4.1.48) für die Existenz eines äquivalenten homogen-isotropen Prozesses der Dimension $n = 2$ verletzt.

Wie Beispiel 4.9 und die weiteren Modelle im Anhang A1 zeigen, ist der Übergang $^{(n-1)}S(k') \to {}^nS(k)$ ohne weiteres möglich, wenn die Spektraldichten gemäß $0 < S(k) \leqq S(0) < \infty$ monoton abnehmen. Restriktionen sind dagegen bei Spektraldichten mit dominierendem Bandbereich, also Prozessen mit ausgeprägter Wellenstruktur zu verzeichnen (vgl. Modelle in A2; bei Modell 2 lassen sich für $n = 2, 3$ notwendige und/oder hinreichende Existenzbedingungen nicht explizit angeben). Offenbar ist bei einer solchen Struktur die Forderung nach richtungsunabhängigen Korrelations- und Spektraleigenschaften *nicht* durchweg realisierbar. Wollte man mit irgendeinem Mechanismus Isotropie erzwingen, so würde — bildlich gesprochen — das Relief des Prozesses „aufreißen".

Der spezielle Übergang $^1S(k') \to {}^3S(k)$ ohne Zwischenrechnung über die Ebene wird möglich, wenn man die Beziehung (4.1.44) mit der Substitution $k'^2 =: \xi$, $k^2 =: \varrho$ in ein Faltungsintegral überführt und den Faltungssatz anwendet. Man erhält die zu (4.1.44) inverse Beziehung

$$^3S(k) = -\frac{2\pi}{k} \times \frac{\mathrm{d}}{\mathrm{d}k} {}^1S(k). \tag{4.1.49}$$

Aus (4.1.44) folgen analog (4.1.46), (4.1.47)

$$0 < {}^1S(0) = \frac{1}{2\pi} \int\limits_0^\infty {}^3S(k)\, k \,\mathrm{d}k < \infty, \tag{4.1.50}$$

$$0 < \int\limits_0^\infty {}^3S(k)\, k^2 \,\mathrm{d}k = \frac{1}{\pi} \int\limits_0^\infty {}^1S(k')\,\mathrm{d}k' < \infty, \tag{4.1.51}$$

also wieder $\sigma_1^2 = \sigma_3^2$, und die *notwendigen Bedingungen*

$$^1S(0) > 0, \quad \lim_{k' \to \infty} {}^1S(k') = 0, \quad \lim_{k \to \infty} {}^3S(k)\, k^2 = 0 \tag{4.1.52}$$

für die Existenz von $^3S(k)$ als dreidimensionales Äquivalent zu $^1S(k')$.

Die Beziehungen zwischen den Spektraldichten homogen-isotroper Prozesse nach den Gleichungen (4.1.41, 44, 45, 49) sind in Abb. 4.6 noch einmal für $n = 1, 2, 3$ als Übersicht dargestellt. Zusammen mit (4.1.40) hat man also jeweils *mehrere* Möglichkeiten, um z. B. $S(k)$-Modelle verschiedener Dimension (Anhang A1 bis A3) zu berechnen und zu verproben. Der Übergang vom nieder- zum höher-dimensionalen Prozeß, die sog. *Fortsetzung* des Prozesses, ist hier jeweils an die Voraussetzung der Isotropie gebunden, die natürlich nur selten streng erfüllt ist. Man hat deshalb Methoden ausgearbeitet, um z. B. aus den Kreuzkorrelations- bzw. Kreuzspektraleigenschaften gemessener Parallelprofile auf Anisotropien im ebenen Prozeß zu schließen (NAYAK, 1973).

Eine weitere Möglichkeit, einen homogenen Prozeß eindeutig fortzusetzen, ist, von der Fortsetzung Harmonizität zu fordern. Eine solche Forderung ist häufig physikalisch motiviert; der ursprüngliche Prozeß X kann ein magnetisches, elektrisches oder gravitatives Feld modellieren, welches seine Quellen im unteren Halbraum besitzt und demzufolge im oberen Halbraum harmonisch ist. In solcher Situation ist die harmonische Fortsetzung von X in den oberen Halbraum eine sachgemäße Strategie. Diese Fortsetzung läßt sich mit Hilfe des verebneten POISSON-Kernes (4.1.24) bewerkstelligen.

Lemma 4.2: Es sei X ein homogen-isotroper Prozeß in der Ebene $z = 0$ mit der AKF C_{XX} und der Spektraldichte S_{XX}. Ferner bezeichne C_{YY} die AKF und S_{YY} die Spektraldichte des im oberen Halbraum $z > 0$ definierten Prozesses

$$Y(x, y; z) := \frac{1}{2\pi} \iint\limits_{-\infty}^{+\infty} \frac{zX(u, v)\, du\, dv}{[(x-u)^2 + (y-v)^2 + z^2]^{3/2}}. \tag{4.1.53}$$

Es gilt dann

$$\Delta Y(x, y; z) = 0, \quad z > 0, \tag{4.1.54}$$

$$\lim_{z \to 0} Y(x, y; z) = X(x, y), \tag{4.1.55}$$

$$C_{YY}(\Delta x, \Delta y; z' + z'') = \frac{1}{2\pi} \iint\limits_{-\infty}^{+\infty} \frac{(z' + z'')\, C_{XX}(u, v)\, du\, dv}{[(\Delta x - u)^2 + (\Delta y - v)^2 + (z' + z'')^2]^{3/2}}, \tag{4.1.56}$$

$$S_{YY}(k; z' + z'') = \exp[-k(z' + z'')]\, S_{XX}(k). \tag{4.1.57}$$

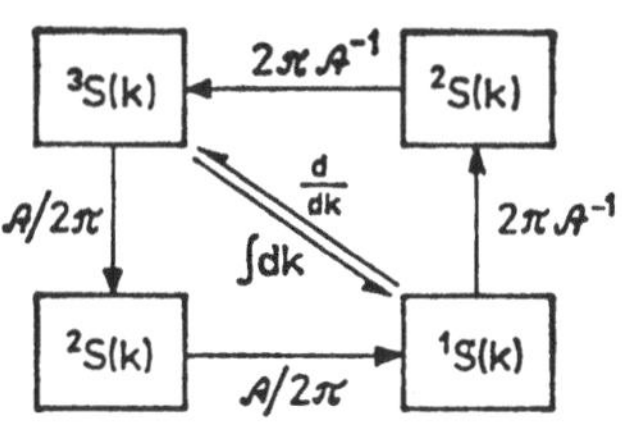

Abb. 4.6. Transformationsbeziehungen zwischen Spektraldichten ${}^nS(k)$, $k^2 = \sum_{j=1}^{n} k_j^2$, $n = 1, 2, 3$. „ABEL-Zyklus“

Man erkennt, daß Y die Faltung von X mit dem verebneten POISSON-Kern (4.1.24) ist. Der Prozeß Y ist damit die harmonische Fortsetzung von X in den oberen Halbraum. Die Beziehung (4.1.54) drückt die Harmonizität und die Beziehung (4.1.55) die Fortsetzungseigenschaft aus. Kovarianz- und Spektralfortpflanzung erfolgen nach den Angaben in Tabelle 4.3, S. 94 und liefern die Beziehungen (4.1.56), (4.1.57). Für ihre Interpretation gelten die Bemerkungen im Abschnitt 4.1.3. Insbesondere ist S_{YY} das Kreuzspektrum eines magnetischen, elektrischen oder gravitativen Feldes in den Höhen $z' = \text{const}$ und $z'' = \text{const}$. Daß bei der harmonischen Fortsetzung im Gegensatz zur homogen-isotropen die Homogenität verlorengeht, hat einen physikalischen Sinn: die Intensität eines Feldes nimmt mit zunehmendem Abstand von seinen Quellen ab; insbesondere wird die Varianz

$$\sigma_Y^2(z) = C_{YY}(0, 0; 2z) \tag{4.1.58}$$

höhenabhängig; vgl. Beispiel 4.13, S. 123.

4.2. Prozesse auf der Kugel

4.2.1. Homogen-isotrope Prozesse

Nachdem in den vorangegangenen Abschnitten mit der Behandlung stochastischer Prozesse in der Ebene und im Raum das Werkzeug für die statistische Beschreibung lokaler Phänomene bereitgestellt wurde, ist es nun an der Zeit, auf globale Untersuchungen einzugehen. Die annähernde Kugelgestalt der Erde macht es schon intuitiv plausibel, daß dazu die Theorie stochastischer Prozesse auf die Kugel bzw. im Außenraum einer Kugel ein geeignetes Hilfsmittel ist. Es sei K eine Kugel vom Radius R, die in üblicher Weise mit Flächenkoordinaten (ϑ, λ) versehen wird (Abb. 4.7).

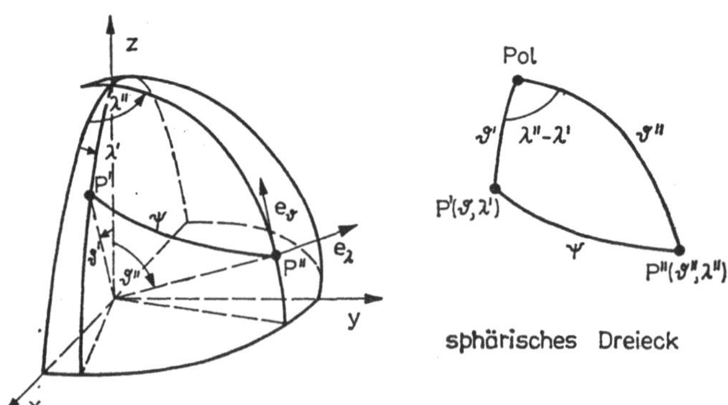

Abb. 4.7. Oberflächenkoordinaten ϑ, λ und shärischer Abstand ψ zweier Punkte P', P'' auf der Kugel. Tangentialeinheitsvektoren e_ϑ, e_λ

Definition 4.4: Eine Familie $X(\vartheta, \lambda)$, $(\vartheta, \lambda) \in [0, \pi] \times [0, 2\pi)$ von Zufallsgrößen heißt *stochastischer Prozeß auf der Kugel.*

In völliger Analogie zum Vorgehen im $\mathbb{R}^n$ können auch hier die Begriffe Erwartungswert- und Kovarianzfunktion definiert werden.

Definition 4.5: Eine Funktion m, die auf $[0, \pi] \times [0, 2\pi)$ definiert ist, heißt *Erwartungswertfunktion (Mittelwertfunktion)* des Prozesses X, wenn für alle $(\vartheta, \lambda) \in [0, \pi] \times [0, 2\pi)$ die Beziehung

$$\mathsf{E}X(\vartheta, \lambda) = m(\vartheta, \lambda) \tag{4.2.1}$$

besteht. Ferner heißt eine auf $[0, \pi] \times [0, 2\pi) \times [0, \pi] \times [0, 2\pi)$ definierte Funktion C *Autokovarianzfunktion* des Prozesses X, wenn für alle $(\vartheta', \lambda', \vartheta'', \lambda'') \in [0, \pi] \times [0, 2\pi) \times [0, \pi] \times [0, 2\pi)$ die Beziehung

$$\mathsf{E}\{[X(\vartheta', \lambda') - m(\vartheta', \lambda')]\,[X(\vartheta'', \lambda'') - m(\vartheta'', \lambda'')]\} = C(\vartheta', \lambda', \vartheta'', \lambda'') \tag{4.2.2}$$

gilt.

Eine Bereicherung erfährt die Theorie allerdings erst, wenn wir die Klasse der zu betrachtenden Prozesse einschränken.

Definition 4.6: Ein stochastischer Prozeß X auf der Kugel heißt *homogen-isotrop,* wenn seine AKF nur vom sphärischen Abstand ψ des Punktepaares (ϑ', λ'), (ϑ'', λ'') abhängt:

$$C = C(\psi), \quad \cos\psi = \cos\vartheta' \cos\vartheta'' + \sin\vartheta' \sin\vartheta'' \cos(\lambda'' - \lambda'). \tag{4.2.3}$$

Anschaulich bedeutet homogen-isotrop auf der Kugel, daß die gegenseitige Abhängigkeit der Zufallsgrößen $X(\vartheta', \lambda')$ und $X(\vartheta'', \lambda'')$ nur vom sphärischen Abstand ψ der Punkte (ϑ', λ'), (ϑ'', λ'') und nicht von deren Lage auf der Kugel bestimmt wird. Die Struktur der AKF eines homogen-isotropen Prozesses auf der Kugel läßt sich noch genauer charakterisieren.

Satz 4.7: *Die* AKF *eines homogen-isotropen Prozesses auf der Kugel hat die Gestalt*

$$C(\psi) = \sum_{n=0}^{\infty} \sigma_n^2 P_n(\cos\psi); \quad \sum_{n=0}^{\infty} \sigma_n^2 < +\infty. \tag{4.2.4}$$

Die Parameter σ_n^2 werden gewöhnlich *Gradvarianzen* genannt und stehen in enger Beziehung zur Darstellung des Prozesses im Wellenzahlbereich. In gewissen Sonderfällen gelingt es, für die Reihenentwicklung (4.2.4) der AKF einen geschlossenen Ausdruck anzugeben. Die zu diesen Sonderfällen gehörenden Prozeßtypen werden dann auch häufig zur stochastischen Modellierung der zu untersuchenden Phänomene benutzt. Wir werden deshalb die betreffenden AKF *Basismodelle* nennen. In der Tabelle 4.5 sind die für unsere Betrachtungen wesentlichen Basismodelle zusammengestellt.

Es sei noch bemerkt, daß Prozessen auf der Kugel die Eigenschaften homogen und isotrop nur gemeinsam zukommen können. Eine Betrachtung homogener, aber anisotroper Prozesse wie in der Ebene oder im Raum ist auf der

Tabelle 4.5: Basismodelle homogen-isotroper Prozesse auf der Kugel

Modell	σ_n^2	$C(\psi)$
„reciprocal distance"-Modell	σ^n $(0 < \sigma < 1)$	$1/L$ $L = (1 + \sigma^2 - 2\sigma \cos \psi)^{1/2}$
Poisson-Modell	$(2n + 1)\,\sigma^n$ $(0 < \sigma < 1)$	$(1 - \sigma^2)/L^3$ $L = (1 + \sigma^2 - 2\sigma \cos \psi)^{1/2}$
Logarithmisches Modell	$n^{-1}\sigma^n$ $(0 < \sigma < 1)$	$\ln (2/N)$ $N = 1 + L - \sigma \cos \psi$

Kugel nicht sinnvoll. Dies entspricht der Tatsache, daß sich die Bewegungen der Ebene oder des Raumes in natürlicher Weise in zwei Untergruppen zerlegen lassen: Verschiebungen und Drehungen. Invarianz bezüglich Verschiebung bedeutet Homogenität, und Invarianz bezüglich Drehung bedeutet Isotropie. Die Bewegungen der Kugel werden dagegen völlig durch die Drehungen erschöpft. Es kann deshalb nur *eine* Art der Invarianz geben: diejenige bezüglich Drehungen. Bezüglich von Drehungen der Kugel invariante Prozesse werden homogen-isotrop genannt.

Bei homogenen Prozessen im $\mathbb{R}^n$ ist man in der Lage, diese als Überlagerung harmonischer Wellen mit zufälliger Amplitude und Phasenlage darzustellen. In dieser Überlagerung treten Wellen aller Wellenzahlen k auf; jeweils mit einer gewissen mittleren Intensität $S(k)$. Die Funktion S wird Spektraldichte oder Leistungsspektrum genannt. Es handelt sich dabei um ein kontinuierliches Spektrum, und dieses korrespondiert über das Fourier-Integral mit der AKF. Die Situation auf der Kugel unterscheidet sich in zwei wesentlichen Punkten von der bisher gewohnten:

(1) Der Definitionsbereich des Prozesses ist nicht mehr unbeschränkt. Damit können in der Überlagerung keine beliebig langen Wellen auftreten. Es gibt also eine längste Welle und deren Oberwellen. Damit ist automatisch das Spektrum kein kontinuierliches mehr, sondern ein *Linienspektrum*.

(2) Durch die Krümmung der Kugel treten in der Überlagerung nicht mehr länger harmonische Funktionen, sondern Kugelflächenfunktionen auf.

Dies mag als Plausibilitätsbetrachtung für folgendes Ergebnis dienen:

Satz 4.8: *Jeder homogen-isotrope Prozeß X auf der Kugel läßt sich darstellen als*

$$X(\vartheta, \lambda) = \sum_{n=0}^{\infty} \sum_{m=-n}^{n} A_{nm} Y_{nm}(\vartheta, \lambda) \tag{4.2.5}$$

mit

$$\mathsf{E}\{[A_{nm} - \mathsf{E}A_{nm}]\,[A_{jk} - \mathsf{E}A_{jk}]\} = \delta_{nj}\delta_{mk} \frac{\sigma_n^2}{2n + 1}. \tag{4.2.6}$$

Der Prozeß ist also eine Überlagerung abzählbar vieler Wellen, wobei die Intensitäten verschiedener Wellen unkorreliert sind. Der Parameter σ_n^2 ist die mittlere Intensität der „Teilwelle"

$$Y_n(\vartheta, \lambda) := \sum_{m=-n}^{n} A_{nm} Y_{nm}(\vartheta, \lambda). \tag{4.2.7}$$

Man verifiziert nun mit (4.2.3) die Gültigkeit von

$$\mathsf{E}\{[X(\vartheta', \lambda') - m(\vartheta', \lambda')] [X(\vartheta'', \lambda'') - m(\vartheta'', \lambda'')]\}$$

$$= \sum_{n=0}^{\infty} \sigma_n^2 P_n(\cos \psi) = C(\psi) \tag{4.2.8}$$

und hat damit nachträglich bewiesen, daß durch (4.2.5), (4.2.6) in der Tat ein homogen-isotroper Prozeß auf der Kugel definiert wird. Gleichzeitig erhellt (4.2.8) die Bedeutung der Gradvarianzen σ_n^2 in der Reihenentwicklung der AKF: Sie kennzeichnen die mittlere Intensität der Teilwelle (4.2.7) vom Grad n.

Satz 4.8 ist ein Analogon zu Satz 3.2, dem Satz über die Spektralzerlegung stationärer Prozesse. Wir versuchen nun, diese Analogie weiter auszubauen und ein Korrolar zum Satz von WIENER/CHINTSCHIN zu finden. Um diese Analogie ein wenig sinnfälliger zu machen, führen wir formal eine Spektraldichte ein:

$$S(k) := \sum_{n=0}^{\infty} \sigma_n^2 \delta(k - n). \tag{4.2.9}$$

In Abb. 4.10, S. 117 ist die Spektraldichte eines homogen-isotropen Prozesses mit logarithmischer AKF nach Tabelle 4.5 veranschaulicht. Mit Hilfe der Kernfunktion

$$K(k, \psi) := P_k(\cos \psi) \tag{4.2.10}$$

läßt sich eine Beziehung zwischen Spektraldichte und AKF herstellen:

$$\int_{-\infty}^{+\infty} K(k, \psi)\, S(k)\, \mathrm{d}k = \sum_{n=0}^{\infty} \sigma_n^2 \int_{-\infty}^{+\infty} \delta(k - n)\, P_k(\cos \psi)\, \mathrm{d}k$$

$$= \sum_{n=0}^{\infty} \sigma_n^2 P_n(\cos \psi) = C(\psi). \tag{4.2.11}$$

Die Umkehrung dieser Beziehung lautet

$$S(k) = \int_0^{\pi} K^{-1}(k, \psi)\, C(\psi)\, \mathrm{d}\psi \tag{4.2.12}$$

mit

$$K^{-1}(k, \psi) = \sum_{n=0}^{\infty} \frac{2n + 1}{2}\, \delta(k - n)\, P_n(\cos \psi) \sin \psi. \tag{4.2.13}$$

Damit ist auch von der äußeren Gestalt her erkennbar, daß die Beziehungen (4.2.11), (4.2.12) das gesuchte Korrolar zum Satz von WIENER/CHINTSCHIN sind. Sie erlauben die Berechnung der AKF aus der Spektraldichte und umgekehrt.

4.2.2. Lineare Transformationen

Ähnlich wie bei den Prozessen im $\mathbb{R}^n$ gibt es auch auf der Kugel Möglichkeiten, lineare Transformationen mit Prozessen auszuführen. Man fragt sich dann, wie diese Transformationen die Kovarianzverhältnisse verändern. Sei nun X ein Prozeß mit C_{XX} als AKF und L ein linearer Operator. Analog den Verhältnissen im $\mathbb{R}^n$ gilt dann

$$\begin{aligned} C_{LX,LX}(P', P'') &= \mathsf{E}\{L_{P'}X \times L_{P''}X\} = L^P_{P'}L^Q_{P''}\mathsf{E}\{X(P) \times X(Q)\} \\ &= L^P_{P'}L^Q_{P''}C_{XX}(P, Q)\,, \end{aligned} \tag{4.2.14}$$

$$\begin{aligned} C_{LX,X}(P', P'') &= \mathsf{E}\{L_{P'}\, X \times X\} = L^P_{P'}\mathsf{E}\{X(P)\; X(P'')\} \\ &= L^P_{P'}C_{XX}(P, P'')\,. \end{aligned} \tag{4.2.15}$$

Hierbei bedeuten hochgestelltes P, Q, daß die Operation L bezüglich der Variablen P bzw. Q auszuführen ist, während tiefgestelltes P' bzw. P'' bedeuten, daß das Ergebnis an der Stelle P' bzw. P'' zu nehmen ist. Die Vorschriften (4.2.14), (4.2.15) sind sehr allgemein. Wirklich detaillierte Aussagen ergeben sich erst, wenn man homogen-isotrope Prozesse betrachtet.

Ähnlich wie bei Prozessen im $\mathbb{R}^n$ gibt es auch für Prozesse auf der Kugel zwei wesentliche Klassen linearer Transformationen: Differentiation und lineare Integraltransformation. Wir betrachten zunächst die Differentiation. Im Unterschied zu den bisher betrachteten Fällen, wo sich die Kovarianz- und Spektralfortpflanzung für Ableitungen beliebig hoher Ordnung sofort angeben läßt, werden hier die Verhältnisse schnell unübersichtlich. Wir werden uns deshalb auf die Ableitungen erster Ordnung beschränken.

Es sei X ein homogen-isotroper Prozeß auf der Kugel. Wir definieren die Differentiationsoperatoren ∂_i, $i = 0, 1, 2$, wie folgt:

$$\partial_i F := \begin{cases} F, & i = 0, \\ \dfrac{1}{R \sin \vartheta} \dfrac{\partial F}{\partial \lambda}, & i = 1, \\ \dfrac{1}{R} \dfrac{\partial F}{\partial \vartheta}, & i = 2. \end{cases} \tag{4.2.16}$$

Damit können wir den Gradienten ∇X von X auch in der Form

$$\nabla X = \frac{1}{R \sin \vartheta} \frac{\partial X}{\partial \lambda} \boldsymbol{e}_\lambda + \frac{1}{R} \frac{\partial X}{\partial \vartheta} \boldsymbol{e}_\vartheta = \partial_1 X \boldsymbol{e}_\lambda + \partial_2 X \boldsymbol{e}_\vartheta \tag{4.2.17}$$

schreiben. Hierbei sind e_ϑ, e_λ die Tangenteneinheitsvektoren an die Koordinatenlinien $\lambda = \text{const}$, $\vartheta = \text{const}$ (vgl. Abb. 4.7). Die AKF/KKF der Komponenten von ∇X berechnen sich dann aus der Autokovarianzfunktion C des Prozesses X gemäß

Satz 4.9: *Für*

$$C_{ij} := \mathsf{E}\{[\partial_i X - \mathsf{E}\partial_i X]\,[\partial_j X - \mathsf{E}\partial_j X]\}, \quad i, j = 1, 2, \tag{4.2.18}$$

und

$$C_i := \mathsf{E}\{[X - \mathsf{E}X]\,[\partial_i X - \mathsf{E}\partial_i X]\}, \quad i = 1, 2, \tag{4.2.19}$$

gilt

$$C_{ij} = \frac{\mathrm{d}^2 C(\psi)}{\mathrm{d}(\cos\psi)^2}\,\partial_i \cos\psi\,\partial_j \cos\psi + \frac{\mathrm{d}C(\psi)}{\mathrm{d}\cos\psi}\,\partial_i\partial_j \cos\psi, \quad i, j = 1, 2, \tag{4.2.20}$$

$$C_i = \frac{\mathrm{d}C(\psi)}{\mathrm{d}\cos\psi}\,\partial_i \cos\psi, \quad i = 1, 2. \tag{4.2.21}$$

Men erkennt, daß die Komponenten $\partial_i X$ des Gradienten ∇X *keine* homogen-isotropen Prozesse mehr sind, denn die C_{ii}, $i = 1, 2$ hängen nicht mehr lediglich von ψ ab. Aus diesem Grund ist auch keine Spektralfortpflanzung möglich. Jedoch ist der Gradient ∇X eines homogen-isotropen Prozesses X wieder ein homogen-isotropes Vektorfeld. In der Tabelle 4.6 ist das vollständige AKF/KKF-Schema der partiellen Ableitungen von X bis zur Ordnung 1 zusammengestellt.

Beispiel 4.10: AKF und KKF der Lotabweichungen, berechnet aus der AKF des Störpotentials.
Unter Lotabweichung in einem Punkt P der Erdoberfläche versteht man die Abweichung der Richtung der Schwerkraft von der Richtung der Normalen des Niveauellipsoides in P. Da das Niveauellipsoid die Niveaufläche eines geeigneten Normalpotentials U ist, wird die Normalenrichtung durch ∇U bestimmt. Die Richtung der Schwerkraft ist durch den Gradienten ∇W des Schwerepotentials W festgelegt. Daher wird die Abweichung beider Richtungen vom Störpotential $T = W - U$ hervorgerufen. Für die Nord- und Ostkomponenten ξ und η der Lotabweichung gilt

$$\xi = \frac{1}{\gamma R}\frac{\partial T}{\partial \vartheta}, \quad \eta = -\frac{1}{\gamma R \sin\vartheta}\frac{\partial T}{\partial \lambda} \tag{4.2.22}$$

mit γ als Normalschwere.

In der Geodäsie werden Lotabweichungen zur Reduktion gemessener Winkel auf das Ellipsoid benötigt. Für Prädikationszwecke ist die statistische Beschreibung des vektoriellen Lotabweichungsfeldes erforderlich, wofür folgende Wege eingeschlagen werden können:

(1) AKF/KKF-Schätzungen aus gemessenen ξ, η-Werten. Wegen beschränkten Meßwertumfanges sind solche Schätzungen nicht sehr sicher.

(2) AKF/KKF-Fortpflanzung über die Integralformel von Vening-Meinesz. Eingangsgröße ist die AKF der Schwereanomalien, wofür ausreichendes Datenmaterial zur Verfügung steht.

Tabelle 4.6: Vollständiges Schema der 2. Momente eines homogen-isotropen Prozesses $X(\vartheta, \lambda)$ und seines Gradienten $\nabla X(\vartheta, \lambda)$ auf der Kugel: AKF in der Hauptdiagonalen, KKF außerhalb.

	$X(\vartheta'', \lambda'')$	$\partial_1 X(\vartheta'', \lambda'')$	$\partial_2 X(\vartheta'', \lambda'')$
$X(\vartheta', \lambda)$	$C(\psi)$	$+R^{-1} \sin\vartheta' \sin(\lambda' - \lambda'')\, DC$	$-R^{-1}(cs - scc)\, DC$
$\partial_1 X(\vartheta', \lambda')$	$-R^{-1} \sin\vartheta'' \sin(\lambda' - \lambda'')\, DC$	$+R^{-2} \cos(\lambda' - \lambda'')\, DC$ $-R^{-2} \sin^2(\lambda' - \lambda'')\, D^2C \sin\vartheta' \sin\vartheta''$	$+R^{-2} \cos\vartheta'' \sin(\lambda' - \lambda'')\, DC$ $+R^{-2} \sin\vartheta'' \sin(\lambda' - \lambda'')(cs - scc)\, D^2C$
$\partial_2 X(\vartheta', \lambda')$	$-R^{-1}(sc - csc)\, DC$	$+R^{-2} \cos\vartheta' \sin(\lambda' - \lambda'')\, DC$ $-R^{-2} \sin\vartheta' \sin(\lambda' - \lambda'')(sc - csc)\, D^2C$	$+R^{-2}(ss + ccc)\, DC$ $+R^{-2}(sc - csc)(cs - scc)\, D^2C$

$cs - scc := \cos\vartheta' \sin\vartheta'' - \sin\vartheta' \cos\vartheta'' \cos(\lambda' - \lambda'')$ $\quad sc - csc := \sin\vartheta' \cos\vartheta'' - \cos\vartheta' \sin\vartheta'' \cos(\lambda' - \lambda'')$

$ss + ccc := \sin\vartheta' \sin\vartheta'' + \cos\vartheta' \cos\vartheta'' \cos(\lambda' - \lambda'')$ $\quad DC := dC(\psi)/d(\cos\psi) \quad D^2C := d^2C(\psi)/d(\cos\psi)^2$

(3) AKF/KKF-Fortpflanzung über die Differentiationsformeln (4.2.22) mit bekannter AKF des Störpotentials, die ihrerseits aus der AKF der Schwereanomalien über die STOKESsche Integralformel gewonnen werden kann (vgl. Beispiel 4.11, S. 115).

Wir berechnen speziell die AKF $C_{\xi\xi}$ und die KKF $C_{T\xi}$ unter der Annahme, daß T ein homogen-isotroper Prozeß mit der AKF

$$C_{TT}(\psi) = \alpha R^2 \sum_{n=2}^{\infty} \frac{\sigma^{n+2}}{n(n-1)^2} P_n(\cos\psi) \tag{4.2.23}$$

mit $\alpha = 425{,}28\ \mathrm{mGal}^2$, $\sigma = 0{,}999617$ ist. Diese AKF stimmt mit der von TSCHERNING und RAPP (1974) ermittelten und im Beispiel 4.11, S. 115 benutzten AKF der Schwereanomalien lokal gut überein. Im Sinne der mit (4.2.16) geprägten Terminologie gilt dann

$$\xi = \frac{1}{\gamma}\,\partial T^2, \quad \eta = -\frac{1}{\gamma}\,\partial_1 T. \tag{4.2.24}$$

Unter Zuhilfenahme von Tabelle 4.6 und den dort angegebenen Abkürzungen findet man

$$\begin{aligned} C_{\xi\xi} &= \frac{1}{\gamma^2 R^2}\left\{DC\,\frac{\partial^2\cos\psi}{\partial\vartheta'\,\partial\vartheta''} + D^2C\,\frac{\partial\cos\psi}{\partial\vartheta'}\,\frac{\partial\cos\psi}{\partial\vartheta''}\right\} \\ &= \frac{\alpha}{\gamma^2}\left\{(ss + ccc)\sum_{n=2}^{\infty}\frac{\sigma^n}{n(n-1)^2}P_n'(\cos\psi)\right. \\ &\quad \left. + (sc - csc)(cs - scc)\sum_{n=2}^{\infty}\frac{\sigma^n}{n(n-1)^2}P_n''(\cos\psi)\right\}, \end{aligned} \tag{4.2.25}$$

$$C_{T\xi} = \frac{1}{\gamma R}\left\{DC\,\frac{\partial\cos\psi}{\partial\vartheta'}\right\} = -\frac{\alpha R}{\gamma}(sc - csc)\sum_{n=2}^{\infty}\frac{\sigma^n}{n(n-1)^2}P_n'(\cos\psi). \tag{4.2.26}$$

Ausgehend von den Startwerten

$$P_0(\cos\psi) = 1, \quad P_0'(\cos\psi) = 0, \quad P_0''(\cos\psi) = 0,$$
$$P_1(\cos\psi) = \cos\psi, \quad P_1'(\cos\psi) = 1, \quad P_1''(\cos\psi) = 0$$

können mit Hilfe der Rekursionsformeln

$$nP_n(\cos\psi) = (2n-1)\cos\psi P_{n-1}(\cos\psi) - (n-1)\,P_{n-2}(\cos\psi),$$
$$P'_{n+1}(\cos\psi) = P'_{n-1}(\cos\psi) + (2n+1)\,P_n(\cos\psi),$$
$$P''_{n+1}(\cos\psi) = P''_{n-1}(\cos\psi) + P_n'(\cos\psi)$$

die Funktionen $P_n(\cos\psi)$, $P_n'(\cos\psi)$, $P_n''(\cos\psi)$ berechnet werden. Um die Kovarianzverhältnisse zu veranschaulichen, sind in Abb. 4.8 die Funktionen

$$C_{\xi\xi}\left(\frac{\pi}{2}, 0; \vartheta, \lambda\right), \quad C_{T\xi}\left(\frac{\pi}{2}, 0; \vartheta, \lambda\right)$$

jeweils für die halbe Nordhalbkugel ($0 \leqq \vartheta^0 \leqq 90 \leqq$, $0 \leqq \lambda^0 \leqq 180$) in Isolinien dargestellt. Bezüglich dieser halben Großkreise herrscht Symmetrie, und speziell ist

$$C_{T\xi}\left(\frac{\pi}{2}, 0; \frac{\pi}{2}, \lambda\right) \equiv 0, \quad C_{T\xi}\left(\frac{\pi}{2}, 0; \vartheta, \frac{\pi}{2}\right) \equiv 0,$$

folgend aus (4.2.25), (4.2.26) sowie (4.2.3) und $P_n'(0) \equiv 0$ für $n \geqq 2$.

Eine weitere wichtige Klasse linearer Transformationen sind die Integraltransformationen vom Typ

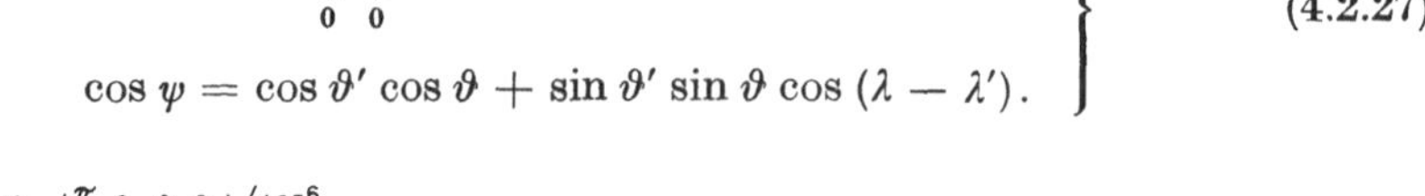

$$
\left.\begin{aligned}
Y(\vartheta, \lambda) &= R^2 \int_0^{\pi} \int_0^{2\pi} K(\psi)\, X(\vartheta', \lambda') \sin\vartheta' \,\mathrm{d}\lambda' \,\mathrm{d}\vartheta', \\
\cos\psi &= \cos\vartheta' \cos\vartheta + \sin\vartheta' \sin\vartheta \cos(\lambda - \lambda').
\end{aligned}\right\} \qquad (4.2.27)
$$

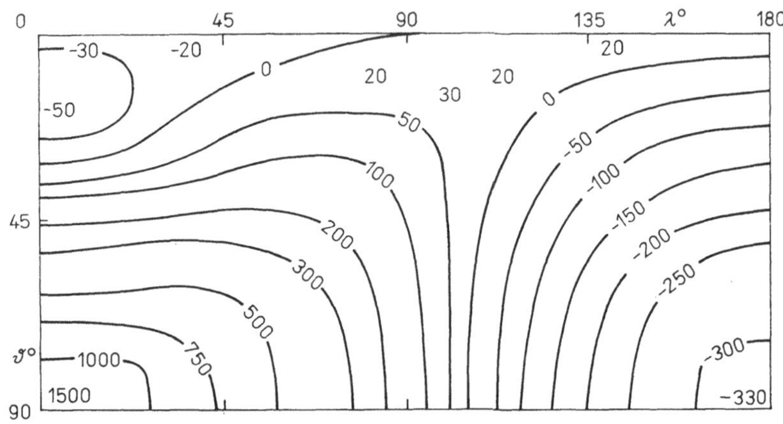

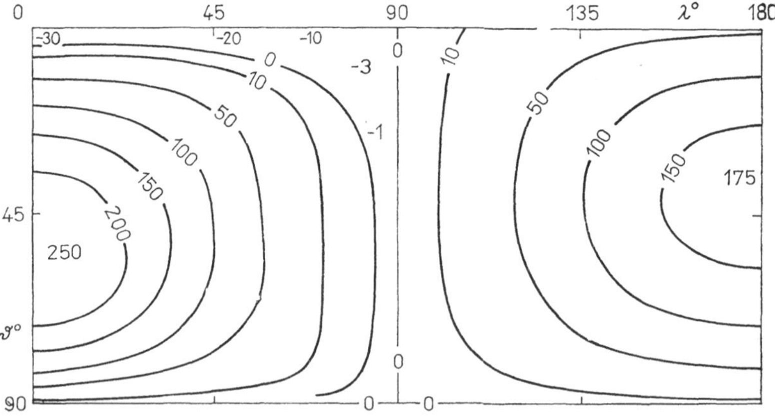

Abb. 4.8. AKF $C_{\xi\xi}(\pi/2,\ 0;\ \vartheta,\ \lambda)$ der Nordkomponente ξ des Lotabweichungsvektors und KKF $C_{T\xi}(\pi/2,\ 0;\ \vartheta,\ \lambda)$ zwischen Störpotential T und ξ nach Beispiel 4.10

Wichtigstes Kennzeichen dieser linearen Integraltransformationen ist die Eigenschaft des Kernes K, nur vom sphärischen Abstand ψ des Aufpunktes (ϑ', λ') und des laufenden Punktes (ϑ'', λ'') abzuhängen. Derartige Kerne wollen wir gleichfalls *homogen-isotrop* nennen. Jeder homogen-isotrope Kern K läßt sich in eine Reihe nach LEGENDREschen Polynomen entwickeln:

$$\left.\begin{aligned} K(\psi) &= \sum_{n=0}^{\infty} k_n P_n(\cos\psi), \\ k_n &= \frac{2n+1}{2} \int_0^{\pi} K(\psi)\, P_n(\cos\psi) \sin\psi \,\mathrm{d}\psi, \quad n = 0, 1, 2, \ldots \end{aligned}\right\} \tag{4.2.28}$$

Wichtige homogen-isotrope Kerne sind für uns der STOKES-Kern

$$\begin{aligned} K_{\mathrm{S}}(\psi) &= \frac{1}{4\pi R} \sum_{n=2}^{\infty} \frac{(2n+1)}{(n-1)} P_n(\cos\psi) \\ &= \frac{1}{4\pi R} \left\{\operatorname{cosec}\frac{\psi}{2} - 6\sin\frac{\psi}{2} + 1 - 5\cos\psi - 3\cos\psi \right. \\ &\quad \left. \times \ln\left(\sin\frac{\psi}{2} + \sin^2\frac{\psi}{2}\right)\right\}, \quad \psi \neq 0, \end{aligned} \tag{4.2.29}$$

der es erlaubt, das Störpotential T aus den Schwereanomalien Δg zu berechnen, sowie der POISSON-Kern

$$\left.\begin{aligned} K_{\mathrm{P}}(\psi) &= \frac{1}{4\pi R^2} \sum_{n=0}^{\infty} (2n+1) \left(\frac{R}{r}\right)^{n+1} P_n(\cos\psi) = \frac{1}{4\pi R} \frac{r^2 - R^2}{l^3}, \\ l^2 &= R^2 + r^2 - 2rR\cos\psi, \end{aligned}\right\} \tag{4.2.30}$$

mit dessen Hilfe eine auf der Kugel gegebene Funktion harmonisch in den Außenraum fortgesetzt werden kann. Die Kovarianzfortpflanzung bei Integraltransformationen mit homogenen-isotropem Kern regelt

Satz 4.10: *Es sei X ein homogen-isotroper Prozeß auf der Kugel mit der Autokovarianzfunktion C gemäß* (4.2.4). *Dieser Prozeß werde einer linearen Integraltransformation* (4.2.27) *mit homogen-isotropem Kern K gemäß* (4.2.28) *unterworfen. Dann ist der Prozeß Y ebenfalls homogen-isotrop mit der AKF*

$$C_{YY}(\psi) = (2\pi R^2)^2 \sum_{n=0}^{\infty} \frac{4k_n^2 \sigma_n^2}{(2n+1)^2} P_n(\cos\psi). \tag{4.2.31}$$

Beispiel 4.11: Berechnung der AKF des Störpotentials aus der AKF der Schwereanomalien. Sowohl für die gravimetrische Erkundung als auch für die Landesvermessung ist die Kenntnis des Störpotentials von Bedeutung (vgl. die Beispiele 4.6, S. 94 und 4.10, S. 111). Dieses ist jedoch der Messung nicht direkt zugänglich, so daß Informationen über T aus den gemessenen Schwereanomalien Δg gewonnen werden müssen. Da aber die

Schwereanomalien nicht lückenlos vorliegen, modelliert man diese häufig als einen homogen-isotropen Prozeß mit der AKF

$$\left.\begin{aligned} C_{\Delta g \Delta g}(\psi) &= \alpha \sum_{n=3}^{\infty} \frac{n-1}{(n-2)(n+24)} \sigma_0{}^{n+2} P_n(\cos\psi), \\ \alpha &= 425{,}28 \text{ mGal}^2, \quad \sigma_0 = 0{,}999617, \end{aligned}\right\} \tag{4.2.32}$$

vgl. Abb. 4.9. Diese AKF wurde von TSCHERNING und RAPP (1974) aus der globalen Analyse von Schwerefelddaten abgeleitet. Eine leichter handhabbare Approximation der AKF von TSCHERNING/RAPP ist wegen

$$\frac{n-1}{(n-2)(n+24)} = \frac{1}{n} + O(n^{-2})$$

die logarithmische AKF (vgl. Tabelle 4.5, S. 108)

$$C_{\Delta g \Delta g}(\psi) = \alpha \sum_{n=0}^{\infty} \frac{1}{n} \sigma_0{}^{n+2} P_n(\cos\psi) = \alpha\sigma_0{}^2 \ln(2/N). \tag{4.2.33}$$

Das Störpotential T steht mit den Schwereanomalien Δg in folgendem Zusammenhang:

$$T(\vartheta, \lambda) = R^2 \int_0^{\pi} \int_0^{2\pi} K_S(\psi)\, \Delta g(\vartheta', \lambda') \sin\vartheta' \, d\lambda' \, d\vartheta', \tag{4.2.34}$$

wobei K_S der homogen-isotrope STOKES-Kern (4.2.29) ist. Nach Satz 4.10 berechnet sich die AKF des Störpotentials T zu

$$C_{TT}(\psi) = \alpha\sigma_0{}^2 R^2 \sum_{n=2}^{\infty} \frac{\sigma_0{}^n}{n(n-1)^2} P_n(\cos\psi). \tag{4.2.35}$$

Dies ist gerade das in Beispiel 4.10, S. 111 gewählte stochastische Modell für das Störpotential. Somit ist die im Beispiel 4.10 ad hoc getroffene Wahl nachträglich motiviert.

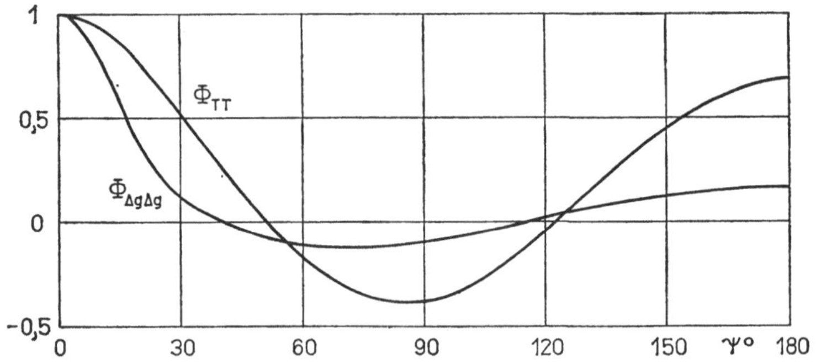

Abb. 4.9. Normierte AKF $\Phi_{TT}(\psi) := C_{TT}(\psi)/\sigma_T{}^2$, $\Phi_{\Delta g \Delta g}(\psi) := C_{\Delta g \Delta g}(\psi)/\sigma_{\Delta g}^2$ des Störpotentials und der Schwereanomalien. Varianzen: $\sigma_T{}^2 = 2{,}76 \times 10^{11}\ \text{m}^4\text{s}^{-4}$, $\sigma_{\Delta g}^2 = 3{,}33 \times 10^{12}\ \text{m}^2\text{s}^{-4}$

Nach Satz 4.10 überführt eine lineare Integraltransformation mit homogen-isotropem Kern einen homogen-isotropen Prozeß in einen ebensolchen. Daher ist auch eine spektrale Betrachtungsweise möglich: die Spektraldichten S_{XX} und S_{YY} des Eingangsprozesses X und des Ausgangsprozesses Y können miteinander verglichen und die Verformung der spektralen Komponenten mit den Eigenschaften des Kernes in Zusammenhang gebracht werden. Dazu führen wir die Funktion U durch die Beziehung

$$U(k) = (2\pi R^2)^2 \sum_{m=0}^{\infty} \left(\frac{2k_m}{2m+1}\right)^2 \delta(k-m) \tag{4.2.36}$$

ein und vereinbaren die nur im nachfolgenden Zusammenhang gültige Multiplikationsregel $\delta(k-n)\,\delta(k-m) = \delta_{nm}\delta(k-n)$. Dann gilt

Lemma 4.3: Unter den Voraussetzungen von Satz 4.10 gilt

$$S_{YY}(k) = U(k)\, S_{XX}(k) = \sum_{n=0}^{\infty} \frac{16\pi^2 R^4 k_n{}^2 \sigma_n{}^2}{(2n+1)^2}\, \delta(k-n)\,. \tag{4.2.37}$$

Danach kann die Integraltransformation mit homogen-isotropem Kern als phasentreue Filterung mit der Übertragungsfunktion $U(k)$ des Kernes $K(k_n; \psi)$ aufgefaßt und die Terminologie der linearen Filterung benutzt werden. Sowohl

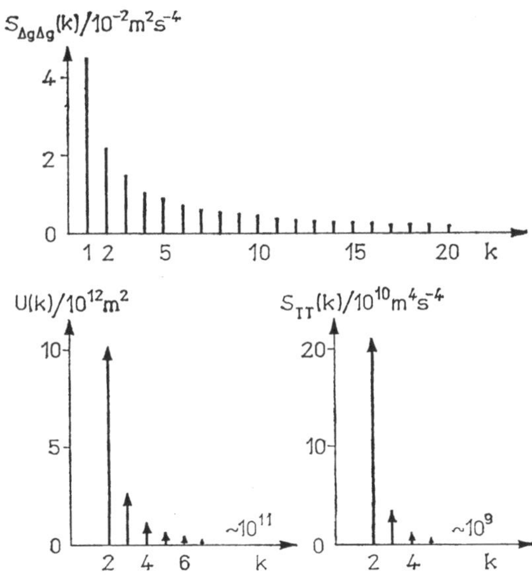

Abb. 4.10. Spektraldichte $S_{\Delta g \Delta g}(k)$ der Schwereanomalien (logarithmisches Modell), Übertragungsfunktion $U(k)$ des STOKES-Kernes und Spektraldichte $S_{TT}(k)$ des Störpotentials

für den STOKES- als auch für den POISSON-Kern ist $U(k)$ monoton fallend: beide Kerne realisieren Tiefpaßfilterungen. Zur Illustration diene

Beispiel 4.12: Berechnung der Spektraldichte des Störpotentials aus der Spektraldichte der Schwereanomalien.
Als Ergänzung zu Beispiel 4.11 sei die Spektraldichte $S_{XX} = S_{\Delta g \Delta g}$ nach (4.2.12), welche zum logarithmischen AKF-Modell (4.2.33) gehört, gegeben (Abb. 10). Mit Hilfe der Koeffizienten der Entwicklung (4.2.28) des STOKES-Kernes (4.2.29) berechnet man die Übertragungsfunktion (4.2.36) und (oder unmittelbar) die gesuchte Spektraldichte S_{TT} mit der Übertragungsgleichung (4.2.37). Wie Abb. 4.10 zeigt, klingt S_{TT} gegenüber $S_{\Delta g \Delta g}$ wesentlich rascher ab (Tiefpaß) entsprechend dem langsameren Abklingen der AKF C_{TT} gegenüber $C_{\Delta g \Delta g}$ (Abb. 4.9); die Leistung des Prozesses T ist auf niederen Wellenzahlen konzentriert.

4.2.3. Harmonische Fortsetzung und lokale Approximation

Häufig interessiert man sich für Prozesse, die im Außenraum der Erde ablaufen, aber nur an der Erdoberfläche der Messung zugänglich sind. Mit anderen Worten: man sucht eine Fortsetzung des an der Erdoberfläche gemessenen Prozesses. Auch die umgekehrte Fragestellung ist anzutreffen: man beobachtet den Prozeß in einem gewissen Gebiet des Außenraumes und sucht daraus Rückschlüsse über dessen Verlauf an der Erdoberfläche zu ziehen. Auch hier wird eine Fortsetzung des beobachteten Prozesses gesucht. Natürlich ist die Fortsetzung im allgemeinen mehrdeutig. Die Eindeutigkeit kann z. B. durch die in vielen Fällen natürliche Forderung, alle Realisierungen der Fortsetzung mögen harmonische Funktionen sein, erzwingen. In diesem Fall spricht man von *harmonischer Fortsetzung*.

Satz 4.12: *Es sei X ein homogen-isotroper Prozeß auf der Kugel mit der* AKF

$$C_{XX}(\psi) = \sum_{n=0}^{\infty} \sigma_n{}^2 P_n(\cos\psi) \tag{4.2.38}$$

und der Spektraldichte

$$S_{XX}(k) = \sum_{n=0}^{\infty} \sigma_n{}^2 \delta(k-n). \tag{4.2.39}$$

Ferner bezeichne C_{YY} die AKF *des im Außenraum $r > R$ definierten Prozesses*

$$Y(\vartheta, \lambda; r) = \frac{r^2 - R^2}{4\pi} \int_0^{\pi} \int_0^{2\pi} \frac{X(\vartheta', \lambda') \sin\vartheta'}{(R^2 + r^2 - 2rR\cos\psi)^{3/2}} \, d\lambda' \, d\vartheta'. \tag{4.2.40}$$

Dieser Prozeß Y genügt dann der LAPLACE-*Gleichung*

$$\Delta Y = \frac{1}{r^2} \frac{\partial}{\partial r}\left(r^2 \frac{\partial Y}{\partial r}\right) + \frac{1}{r^2 \sin\vartheta} \frac{\partial}{\partial\vartheta}\left(\sin\vartheta \frac{\partial Y}{\partial\vartheta}\right) + \frac{1}{r^2 \sin^2\vartheta} \frac{\partial^2 Y}{\partial\lambda^2} = 0. \tag{4.2.41}$$

Außerdem gilt

$$\left.\begin{aligned} &\lim_{r \to R} Y(\vartheta, \lambda; r) = X(\vartheta, \lambda), \\ &C_{YY}(\psi; r', r'') = \sum_{n=0}^{\infty} \left(\frac{R^2}{r'r''}\right)^{n+1} \sigma_n{}^2 P_n(\cos\psi). \end{aligned}\right\} \tag{4.2.42}$$

Der Prozeß Y ist die harmonische Fortsetzung des Prozesses X. Während X homogen-isotrop ist, geht diese Eigenschaft in Y verloren. Insbesondere nimmt die Varianz

$$\sigma_Y{}^2 = C_{YY}(0; r, r) = \sum_{n=0}^{\infty} \left(\frac{R}{r}\right)^{2(n+1)} \sigma_n{}^2 \tag{4.2.43}$$

mit zunehmendem Abstand von der Kugel ab. Dies entspricht dem Umstand, daß reale Felder im Unendlichen verschwinden.

Eine Verbindung zwischen den eben besprochenen, im Außenraum definierten globalen Modellen und den in 4.1. angestellten statistischen Betrachtungen in der Ebene und im Raum stellt sich her, wenn die globalen Modelle lokal approximiert werden. Darunter verstehen wir, daß an einen geeigneten Punkt der Kugel die Tangentialebene gelegt und die Kugeloberfläche lokal durch diese Ebene ersetzt wird (vgl. Abb. 4.11).

In der Tangentialebene kann nun ein rechtwinkliges kartesisches Koordinatensystem dadurch festgelegt werden, daß man als x-Achse die Tangente an die betreffende Koordinatenlinie ϑ = const sowie als y-Achse die Tangente

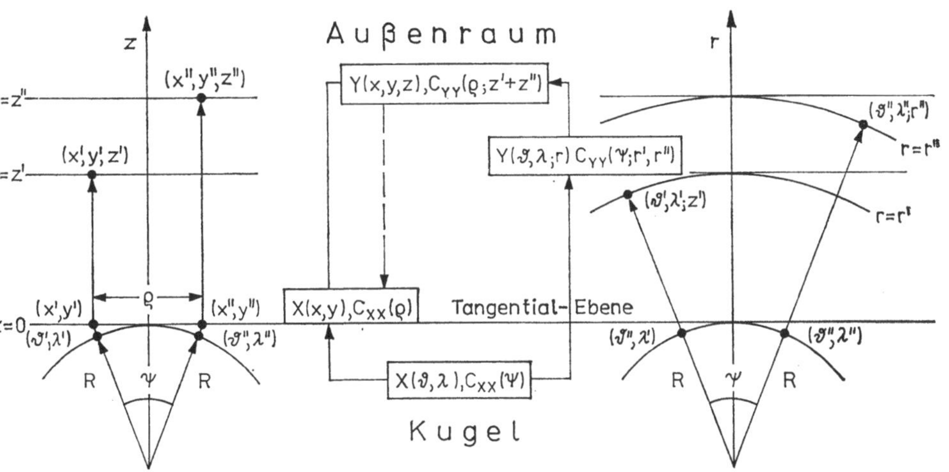

Abb. 4.11. Lokale Approximation eines Prozesses auf der Kugel und harmonische Fortsetzung in den oberen Halbraum (links) sowie harmonische Fortsetzung eines Prozesses auf der Kugel in den Außenraum und lokale Approximation (rechts) mit Übergang auf die Tangentialebene (gerissen)

Tabelle 4.7: Harmonische Fortsetzung $F(\psi) \to F(\psi; r', r'')$, lokale Approximation $F(\psi; r', r'') \to F(\varrho; z' + z'')$ und ihre Einschränkung $F(\varrho; z' + z'') \to F(\varrho)$ auf die Tangentialebene

Name	$F(\psi)$
"reciprocal-distance"-Modell	L^{-1} $L = (1 + \sigma^2 - 2\sigma \cos \psi)^{1/2}$ $0 < \sigma < 1$
POISSON-Modell	$\dfrac{1 - \sigma^2}{L^3}$
logarithmisches Modell	$\ln \dfrac{2}{N}$ $N = 1 + L - \sigma \cos \psi$
STOKES-Kern	$\dfrac{1}{4\pi R} \left\{\operatorname{cosec} \dfrac{\psi}{2} - 6 \sin \dfrac{\psi}{2} + 1 - 5 \cos \psi - 3 \cos \psi \left[\ln \left(\sin \dfrac{\psi}{2} + \sin^2 \dfrac{\psi}{2}\right)\right]\right\}$
POISSON-Kern	—

an die Koordinatenlinie $\lambda = \text{const}$ wählt. Dieses ebene Koordinatensystem wird dann durch eine z-Achse zu einem Rechtssystem ergänzt. Gelegentlich werden wir die x, y, z-Achsen in dieser Reihenfolge auch als x_1, x_2, x_3-Achsen bezeichnen. In der „Nähe" des Berührungspunktes der Tangentialebene mit der Kugel seien nun zwei Punkte P', P'' gegeben. Die Durchstoßpunkte ihrer Ortsvektoren durch die Tangentialebene sollen im Tangentialkoordinatensystem die Koordinaten (x', y'), (x'', y'') haben (vgl. Abb. 4.11). Der in der Tangentialebene gemessene ebene Abstand ϱ dieser Punkte steht mit ihrem sphärischen Abstand ψ in der Beziehung

$$\varrho = [(x'' - x')^2 + (y'' - y')^2]^{1/2} \approx R\psi. \tag{4.2.44}$$

Der vertikale Abstand z', z'' der beiden Punkte P', P'' von der Tangentialebene läßt sich näherungsweise durch die Länge r', r'' der Ortsvektoren angeben:

$$r' \approx z' + R, \quad r'' \approx z'' + R. \tag{4.2.45}$$

$F(\psi; r', r'')$	$F(\varrho; z' + z'')$	$F(\varrho)$
$\dfrac{R^2}{(r'^2r''^2 + \sigma^2R^4 - 2\sigma R^2r'r'' \cos\psi)^{1/2}}$	$\dfrac{R}{[(z' + z'' + b)^2 + \varrho^2]^{1/2}}$ $b = 2R\left(1 - \sqrt{\sigma}\right)$	$\dfrac{R}{(b^2 + \varrho^2)^{1/2}}$
$\dfrac{(r'^2r''^2 - \sigma^2R^4)\,R^2}{(r'^2r''^2 + \sigma^2R^4 - 2\sigma R^2r'r'' \cos\psi)^{3/2}}$	$\dfrac{2R^2(z' + z'' + b)}{[(z' + z'' + b)^2 + \varrho^2]^{3/2}}$	$\dfrac{2R^2b}{(b^2 + \varrho^2)^{3/2}}$
$\dfrac{R^2}{r'r''} \ln \dfrac{2}{\tilde{N}}$ $\tilde{N} = 1 + \tilde{L} + \sigma \dfrac{R^2}{r'r''} \cos\psi$ $\tilde{L} = \left[1 + \left(\dfrac{\sigma R}{r'r''}\right)^2 - \dfrac{2\sigma R}{r'r''} \cos\psi\right]^{1/2}$	$\ln \dfrac{2R}{z' + z'' + [(z' + z'')^2 + \varrho^2]^{1/2}}$	$\ln \dfrac{2R}{\varrho}$
—	—	$\dfrac{1}{2\pi\varrho}$
$\dfrac{r^2 - R^2}{4\pi R(r^2 + R^2 - 2Rr\cos\psi)^{3/2}}$	$\dfrac{z}{2\pi(z^2 + \varrho^2)^{3/2}}$	—

Beachte: Im $\mathbb{R}^3$ war r der räumliche, speziell im $\mathbb{R}^2$ der ebene Abstand zweier Punkte, z die vertikale Koordinate. Jetzt ist ϱ der ebene Abstand in der Tangentialebene, $r \approx z + R$ der Abstand vom Kugelmittelpunkt und z weiterhin die vertikale Koordinate über der Tangentialebene.

Unter lokaler Approximation einer auf der Kugel und im Außenraum gegebenen Funktion $F = F(\psi; r', r'')$ verstehen wir das Ersetzen von ψ und r', r'' durch die Beziehungen (4.2.44), (4.2.45) und das Vernachlässigen von Gliedern, in denen ϱ/R bzw. $(z' + z'')/R$ von höherer als erster Ordnung auftreten. Als Funktionen F kommen für uns die AKF der Basismodelle (Tabelle 4.5, S. 108) sowie die beiden Kernfunktionen K_S, K_P nach (4.2.29), (4.2.30) in Betracht.

Die AKF auf der Kugel $C(\psi)$ können mit Hilfe der Poissonschen Integralformel (4.2.40) in den Außenraum fortgesetzt werden, und man erhält eine auf der Kugel und im Außenraum definierte AKF $C = C(\psi; r', r'')$. Ihre lokale (räumliche) Approximation liefert $C = C(\varrho; z' + z'')$. Schränkt man diese Funktion auf die Tangentialebene ein ($z' = z'' = 0$), so entsteht eine Funktion

$C(\varrho)$, welche die lokale (ebene) Approximation der Ausgangsfunktion $C(\psi)$ ist (vgl. Abb. 4.11). Für die drei Basismodelle in Tabelle 4.5, S. 108 sind die Ergebnisse der beschriebenen Prozedur in Tabelle 4.7 zusammengefaßt.

Auch für die Kernfunktionen K_S, K_P lassen sich bestimmte Schritte der obigen Prozedur ausführen. Man beachte jedoch folgende Unterschiede: Beim Poisson-Kern K_P verbleibt ein Punkt, der laufende Punkt, stets auf der Kugel, so daß $z' = 0$, $r' = R$ gilt. Der zweite Punkt, der Aufpunkt, liegt stets im Außenraum, so daß immer $z'' > 0$, $r'' > R$ gilt. Aus diesen Gründen ist die Einschränkung von K_P auf die Kugel bzw. die Einschränkung der lokalen Approximation von K_P auf die Tangentialebene nicht sinnvoll. Beim Stokes-Kern verbleiben beide Punkte auf der Kugel. Eine Fortsetzung in den Außenraum ist hier nicht sinnvoll. Die verbleibenden Operationen mit diesen Kernen sind ebenfalls in Tabelle 4.7 aufgeführt.

Mit dem Übergang von der Kugel auf die Tangentialebene verändern sich auch die auf der Kugel definierten linearen Operationen. Betrachten wir zunächst wieder die Differentation. Offenbar gilt für einen beliebigen Prozeß X mit C als AKF:

$$\left.\begin{aligned} \frac{1}{R\sin\vartheta}\frac{\partial X}{\partial\lambda} &= \frac{1}{R\sin\vartheta}\frac{\partial X}{\partial x_1}\frac{\partial x_1}{\partial\lambda} = \frac{1}{R\sin\vartheta}\frac{\partial X}{\partial x_1}R\sin\vartheta = \frac{\partial X}{\partial x_1}, \\ \frac{1}{R}\frac{\partial X}{\partial\vartheta} &= \frac{1}{R}\frac{\partial X}{\partial x_2}\frac{\partial x_2}{\partial\vartheta} = \frac{1}{R}\frac{\partial X}{\partial x_2}R = \frac{\partial X}{\partial x_2}. \end{aligned}\right\} \qquad (4.2.46)$$

Damit gilt:

$$C_{ij} := \mathsf{E}\left\{\left[\frac{\partial X}{\partial x_i} - \mathsf{E}\frac{\partial X}{\partial x_i}\right]\left[\frac{\partial X}{\partial x_j} - \mathsf{E}\frac{\partial X}{\partial x_j}\right]\right\} = \frac{\partial^2 C}{\partial x_i\,\partial x_j}, \quad i,j = 1,2. \qquad (4.2.47)$$

Ist nun speziell X ein homogen-isotroper Prozeß, so gilt für die AKF/KKF seiner ebenen lokalen Approximation $C = C(\varrho)$ und folglich

$$\begin{aligned} C_{ij} = C_{ij}(\varrho) &= C''(\varrho)\frac{x_i x_j}{\varrho^2} + C'(\varrho)\left(\frac{\delta_{ij}}{\varrho} - \frac{x_i x_j}{\varrho^3}\right) \\ &= \frac{C'(\varrho)}{\varrho}\delta_{ij} + \left[C''(\varrho) - \frac{C'(\varrho)}{\varrho}\right]\frac{x_i x_j}{\varrho^2}, \quad i,j = 1,2. \end{aligned} \qquad (4.2.48)$$

In der Tangentialebene sind also die AKF/KKF des Gradienten eines homogen-isotropen Prozesses wieder von der Taylor-Karman-Struktur (4.1.28).

Ähnlich geht man bei linearen Integraltransformationen vor: 1. lokale Approximation der AKF des Ausgangsprozesses, 2. lokale Approximation des Kernes der Integraltransformation, 3. Integration über die Tangentialebene. Die Kovarianz- und Spektralfortpflanzung erfolgt dann nach den Beziehungen (4.1.20), (4.1.21). Speziell für die lokale Approximation der Integraltransformationen mit dem Stokes- bzw. Poisson-Kern sind die Ergebnisse in Tabelle 4.3, S. 94 angegeben.

Beispiel 4.13: Harmonische Fortsetzung eines homogen-isotropen Prozesses in den oberen Halbraum.
Es sei X ein homogen-isotroper Prozeß in der Ebene mit der AKF

$$C_{XX}(r) = \sigma_x^2\,[1 + (r/d)^2]^{-(n+1/2)}, \quad n \in \{0, 1\}, \quad d > 0 \tag{4.2.49}$$

(HIRVONEN-Modell). Seine Spektraldichte ist (vgl. Anhang A1)

$$\begin{aligned} S_{XX}(k) &= \sigma_x^2\,\frac{\pi d^2(dk)^{n-1/2}K_{n-1/2}(dk)}{2^{n-3/2}\Gamma(n+1/2)} \\ &= 2\pi\sigma_x^2\,d^{n+1}k^{n-1}\,\mathrm{e}^{-dk}, \quad n \in \{0, 1\}, \quad d > 0. \end{aligned} \tag{4.2.50}$$

Wir suchen die AKF der harmonischen Fortsetzung Y des Prozesses X in den oberen Halbraum. Der Zusammenhang zwischen C_{XX} und C_{YY} wird durch (4.1.56) vermittelt. Diese Beziehung kann auch geschrieben werden als

$$C_{YY} = K_{\mathrm{P}}(.,z' + z'') * C_{XX}, \tag{4.2.51}$$

wobei die Faltung nur über die ersten beiden Variablen u, v des POISSON-Kernes K_{P} vollzogen wird, während z', z'' lediglich als Parameter betrachtet werden. Wir werten dieses Faltungsprodukt mit Hilfe des Faltungssatzes aus:

$$\begin{aligned} {}^2\mathcal{F}\{C_{YY}\} &= {}^2\mathcal{F}\{K_{\mathrm{P}}(.,z + z')\}\,{}^2\mathcal{F}\{C_{XX}\} \\ &= \mathcal{H}_0\{K_{\mathrm{P}}(r, z + z')\}\,S_{XX} \\ &= \mathrm{e}^{-k(z'+z'')} \times 2\pi\sigma_x^2 d^{n+1}k^{n-1}\,\mathrm{e}^{-dk} \\ &= 2\pi\sigma_x^2\,d^{n+1}k^{n-1}\,\mathrm{e}^{-k(d+z'+z'')}, \quad n \in \{0, 1\}, \quad d > 0. \end{aligned} \tag{4.2.52}$$

Folglich gilt

$$\begin{aligned} C_{YY} &= {}^2\mathcal{F}^{-1}\{{}^2\mathcal{F}\{C_{YY}\}\} = \mathcal{H}_0^{-1}\{{}^2\mathcal{F}\{C_{YY}\}\} \\ &= \frac{1}{2\pi}\int_0^\infty 2\pi\sigma_x^2\,d^{n+1}k^{n-1}\,\mathrm{e}^{-k(d+z'+z'')}kJ_0(kr)\,\mathrm{d}k \\ &= \sigma_x^2\,d^{n+1}\int_0^\infty k^n\mathrm{e}^{-k(d+z'+z'')}J_0(kr)\,\mathrm{d}k \\ &= \frac{\sigma_x^2\,d^{n+1}(d + z' + z'')^n}{2^n[(d + z' + z'')^2 + r^2]^{n+1/2}}, \quad n \in \{0, 1\}, \quad d > 0 \end{aligned} \tag{4.2.53}$$

mit der Varianz

$$\sigma_Y^2 = C_{YY}(0;\,,z,z) = \frac{\sigma_x^2\,d^{n+1}}{2^n(2z + d)^{n+1}}\,. \tag{4.2.54}$$

Ein Vergleich der AKF (4.2.53) mit jenen aus der lokalen Approximation globaler Modelle gewonnenen in Tabelle 4.7 zeigt:

(1) Die HIRVONEN-Modelle (4.2.49) sind lokale Approximationen des „reciprocal-distance"-Modells ($n = 0$) bzw. des POISSON-Modells ($n = 1$). Oder umgekehrt formuliert: letztere sind globale Äquivalente der ersteren.

(2) Die harmonische Fortsetzung von der Kugel in den Außenraum und die anschließende lokale Approximation führt (bis auf einen konstanten Faktor) zum gleichen Ergebnis wie die lokale Approximation mit anschließender harmonischer Fortsetzung in den oberen Halbraum (Abb. 4.11). In diesem Sinne sind die Operationen der lokalen Approximation und der harmonischen Fortsetzung miteinander vertauschbar.

Nachdem wir speziell für die in der Geodäsie und Geophysik wichtige Klasse der harmonischen Prozesse (der wirbelfreien Quellenfelder) die Zusammenhänge Kugeloberfläche/Außenraum-Tangentialebene/oberer Halbraum dargelegt haben (Schema in Abb. 4.11), werden die Unterschiede zwischen Prozessen im $\mathbb{R}^n$ und auf der Kugel noch einmal zusammengefaßt. Im $\mathbb{R}^n$ sind Verschiebungen *und* Drehungen, auf der Kugel nur Drehungen des Koordinatensystems möglich. Daher können im $\mathbb{R}^n$ sowohl homogene als auch homogen-isotrope, auf der Kugel allenfalls homogene *und* isotrope Prozesse vorkommen. Die Ableitungen homogener Prozesse nach den Koordinatenrichtungen sind im $\mathbb{R}^n$ wieder homogen, diejenigen homogen-isotroper Prozesse zwar anisotrop, aber ebenfalls homogen. Auf der Kugel sind bereits die ersten Ableitungen eines homogen-isotropen Prozesses inhomogen. Somit ist hier die spektrale Betrachtungsweise stark eingeengt. Die Spektralfortpflanzung ist bei Integraltransformationen mit homogen-isotropem Kern möglich. Im Gegensatz zu kontinuierlichen Spektraldichten homogener oder homogen-isotroper Prozesse im $\mathbb{R}^n$ sind die Spektraldichten homogen-isotroper Prozesse auf der Kugel mit beschränktem Definitionsbereich nur auf diskreten Wellenzahlen besetzt und am Ausgang der Übertragungsgleichung (4.2.37) sogar (distributiv) entartet.

Der Umgang mit Prozessen auf der Kugel ist bedeutend aufwendiger als mit solchen im $\mathbb{R}^n$; man vergleiche etwa die Differentiationsregeln in Tabelle 4.6, S. 112 mit denen der Tabellen 3.4, S. 79, 3.5, S. 80. Zwar treten in der ebenen Approximation globaler Potentialfelder bei nicht mehr abgeschlossenem Quellenfeld gewisse Schwierigkeiten auf, doch sind solche theoretischen Defekte zu beheben (Keller und Meier, 1981). Man wird also globale Prozesse für lokale und ggf. auch für regionale Probleme, soweit dies mit dem Wesen der Aufgabe und den Genauigkeitsansprüchen verträglich ist, planar approximieren. Vorzugsweise bedient man sich planarer Modelle, die ein globales Äquivalent besitzen, um je nach Bedarf von der einen zur anderen Betrachtungsweise widerspruchsfrei übergehen zu können. Die o. a. Zusammenhänge sind daher nicht nur von theoretischem, sondern auch von praktischem Wert.

Literaturhinweise: Arbeiten über mehrdimensionale Prozesse sind mit wenigen Ausnahmen, z. B. der Exkurs bei Sweschnikow (1965) oder Wong und Hajek (1985) stark mit speziellen Problemen verknüpft. Klassische Abhandlungen in der Turbulenztheorie sind u. a. die Darstellung im Zeit- und Ortbereich von Obuchow (1958), im Frequenz- und Wellenzahlbereich von Jaglom (1958), siehe auch Lumley und Panofsky (1964), Tatarskij (1967), in der Magnetohydrodynamik von Krause und Rädler (1980). Speziell ebene Prozesse in verschiedenen Fachgebieten behandeln z. B. Whittle (1954, 1963), Longuet-Higgins (1957), Nayak (1971), Agterberg

(1974), Grafarend (1976), Keller und Meier (1980), Jaroslawskij (1985). Ansätze zur „Mehr-Punkt-Statistik", speziell die hier nicht behandelten Mehr-Punkt-Korrelationsfunktionen finden sich bei Obuchow (1958) und Grafarend (1972). Homogen-isotrope Prozesse auf der Kugel, ihre Fortsetzung in den Außenraum und planare Approximation sind — orientiert an den Aufgaben der Physikalischen Geodäsie — ausführlich bei Moritz (1980) dargestellt. Zweidimensionale Filterverfahren in der Ebene behandeln u. a. Jaroslawskij (1985), Meier (1988b). Spezielle Filterverfahren auf der Kugel findet man bei Eckhardt (1983). Da die Beispiele im Text vorwiegend das Erdschwerefeld betreffen, zitieren wir ergänzend Arbeiten zum Erdmagnetfeld, zu sog. komplexen Potentialfeldanalysen einschließlich der statistischen Lösung inverser Aufgaben: Kautzleben (1963), Mundt (1964, 1969), Schwahn (1975a, b, c), Forsberg (1984a, b).

5. Spezielle Prozesse und Probleme

5.1. Prozesse mit spezieller Erhaltungsneigung

5.1.1. Markowsche Prozesse

Wir haben bisher unsere Aufmerksamkeit vorwiegend auf die für die Anwendung wichtigen stationären bzw. homogenen Prozesse gerichtet. Allerdings mußten wir zu ihrer Untersuchung auch Prozesse heranziehen, die nicht notwendig stationär sind, aber eine ganz charakteristische Erhaltungsneigung besitzen; für die Spektralzerlegung stationärer Prozesse benutzten wir z. B, Prozesse mit unabhängigen Zuwächsen. Eine gut untersuchte Klasse von derartigen Prozessen sind die MARKOWschen Prozesse. Sie modellieren Vorgänge. bei denen der zukünftige Zustand lediglich vom gegenwärtigen Zustand, aber nicht von der Vergangenheit abhängt. Man spricht auch von *Prozessen ohne Gedächtnis*.

Definition 5.1: Der Prozeß $X(t)$ heißt MARKOWscher Prozeß, wenn für jedes endliche geordnete System von Zeitpunkten $t_1 < t_2 < \cdots < t_n$ die bedingten Wahrscheinlichkeiten die Gleichung

$$\mathsf{P}\big(X(t) < x \mid X(t_1) = s_1, \ldots, X(t_n) = s_n\big) = \mathsf{P}\big(X(t) < x \mid X(t_n) = s_n\big) \tag{5.1.1}$$

erfüllen.

Die Funktion

$$F(t', x'; t'', x'') := \mathsf{P}\big(X(t'') < x'' \mid X(t') = x'\big), \quad t', t'' > 0 \tag{5.1.2}$$

heißt *Übergangsfunktion* des Prozesses. Sie gibt die Wahrscheinlichkeit dafür an, daß im Moment t'' die Zufallsgröße $X(t'')$ einen Wert kleiner als x'' annimmt, wenn sie zum Zeitpunkt t' den Wert x' angenommen hat. Ist F nach x'' differenzierbar, so heißt

$$p(t', x'; t'', x'') := \frac{\partial F(t', x'; t'', x'')}{\partial x''} \tag{5.1.3}$$

Übergangsdichte. Unter sehr allgemeinen Bedingungen erfüllt die Übergangsdichte p die nach CHAPMAN und KOLMOGOROW benannte Gleichung

$$p(t', x'; t'', x'') = \int_{-\infty}^{\infty} p(\tau, \eta; t'', x'')\, p(t', x'; \tau, \eta)\, \mathrm{d}\eta, \quad t' < \tau < t''. \tag{5.1.4}$$

Durch die Anfangsverteilungsdichte $p_0(x)$ und die Übergangsdichte $p(t', x'; t'', x'')$ wird ein MARKOWscher Prozeß eindeutig festgelegt. Die Dichte der sogenannten absoluten Verteilung zum Zeitpunkt t ergibt sich zu

$$p_t(x) = \int_{-\infty}^{\infty} p(t_0, y; t, x)\, p_0(y)\, dy. \tag{5.1.5}$$

Definition 5.2: Ein MARKOWscher Prozeß heißt homogen, wenn die Übergangsfunktion F nur von der Zeitdifferenz $\tau = t'' - t'$ abhängt, also wenn gilt:

$$F(t', x'; t'', x'') = F(x', \tau, x''). \tag{5.1.6}$$

Beispiel 5.1: Molekulare Wärmeleitung.

Wir greifen das Beispiel 1.1, S. 13 der vereinfachten eindimensionalen Wärmeleitung auf. Der vertikale Wärmetransport in der Atmosphäre erfolgt durch elastische Stöße der Luftteilchen. Dabei nimmt ein Teilchen kinetische Energie, also Wärme, auf bzw. gibt sie ab. Stochastisch läßt sich dieser Transportvorgang dadurch modellieren, daß ein Energiequant mit gleicher Wahrscheinlichkeit nach oben wie nach unten abgegeben wird. Dieses Modell realisiert das FOURIERsche Gesetz der Wärmeleitung: Aus Gebieten mit höherer Temperatur, also mit höherer Energiedichte, werden häufiger Quanten in Gebiete mit niedrigerer Temperatur abgegeben als von dort empfangen. Der Wärmetransport erfolgt von Gebieten höherer Temperatur in Gebiete niedrigerer Temperatur, und der Wärmefluß ist dem Temperaturgefälle proportional.

Der molekulare Ablauf eines Vorgangs kann durch die Irrfahrt eines Wärmequants beschrieben werden. Diese Irrfahrt ist ein MARKOWscher Prozeß: Die zukünftige Position des Quants wird allein von seiner gegenwärtigen Position bestimmt und ist unabhängig von seinem bisher zurückgelegten Weg. Es sei nun

$$p(t', x'; t'', x'') = \frac{H(t'' - t')}{\sqrt{2\pi(t'' - t')}} \exp\left[-\frac{(x'' - x')^2}{2(t'' - t')}\right], \quad t'' > t' \tag{5.1.7}$$

die Wahrscheinlichkeitsdichte für den Übergang eines Quants von x' nach x'' im Zeitintervall (t', t''). Ferner sei p_0 die Dichte der Aufenthaltswahrscheinlichkeit des Quants zum Zeitpunkt $t_0 = 0$. Dann liefert (5.1.5) die Aufenthaltswahrscheinlichkeit des Quants zur Zeit t:

$$p_t(x) = \int_{-\infty}^{+\infty} \frac{1}{\sqrt{2\pi t}}\, e^{-(y-x)^2/2t} p_0(y)\, dy. \tag{5.1.8}$$

Nun gilt

$$\frac{\partial}{\partial t}\left(\frac{1}{\sqrt{2\pi t}}\, e^{-z^2/2t}\right) - \chi \frac{\partial^2}{\partial z^2}\left(\frac{1}{\sqrt{2\pi t}}\, e^{-z^2/2t}\right) = \delta(x, t), \tag{5.1.9}$$

und ferner läßt sich (5.1.8) mit Hilfe von (2.5.5) und (2.4.3) umschreiben in

$$\begin{aligned} p_t(x) &= \iint_{-\infty}^{+\infty} \frac{1}{\sqrt{2\pi(t - s)}}\, e^{-(y-x)^2/2(t-s)} p_0(y)\, \delta(s)\, ds\, dy \\ &= \frac{1}{\sqrt{2\pi t}}\, e^{-x^2/2t} * p_0(x)\, \delta(t). \end{aligned} \tag{5.1.10}$$

Hieraus folgt, wieder mit (2.5.5) und (2.5.13),

$$\frac{\partial}{\partial t} p_t - \frac{\partial^2}{\partial z^2} p_t = \left[\frac{\partial}{\partial t}\left(\frac{1}{\sqrt{2\pi t}} e^{-z^2/2t}\right) - \frac{\partial^2}{\partial z^2}\left(\frac{1}{\sqrt{2\pi t}} e^{-z^2/2t}\right)\right] * p_0(z)\,\delta(t)$$
$$= \delta(z, t) * p_0(z)\,\delta(t) = p_0(z)\,\delta(t).$$

Ausführlich schreibt man die letzte Beziehung als

$$\left.\begin{aligned} \frac{\partial p_t}{\partial t} &= \frac{\partial^2 p_t}{\partial z^2} \quad \text{für} \quad t > 0, \\ p_t &= p \qquad\quad \text{für} \quad t = 0. \end{aligned}\right\} \tag{5.1.11}$$

Damit genügt die Aufenthaltswahrscheinlichkeit eines Quants der Wärmeleitungsgleichung. Die Aufenthaltswahrscheinlichkeit ist aber proportional der Temperatur. Folglich wird in der Tat durch den beschriebenen MARKOWschen Prozeß die Wärmeleitung modelliert.

Der im Beispiel 5.1 angegebene Prozeß ist ein Vertreter der Klasse der Prozesse mit unabhängigen Zuwächsen. Bereits in Definition 3.5 haben wir komplexwertige Prozesse mit unabhängigen Zuwächsen eingeführt. Hier spezialisieren wir diese Definition auf den reellen Fall.

Definition 5.3: Ein Prozeß $X(t)$ heißt *Prozeß mit unabhängigen Zuwächsen*, wenn für jedes endliche geordnete System von Zeitpunkten $t_1 < t_2 < \cdots < t_n$ die Zuwächse

$$X(t_2) - X(t_1),\ X(t_3) - X(t_2), \ldots, X(t_n) - X(t_{n-1}) \tag{5.1.12}$$

unabhängig sind.

Mit der häufig vereinbarten Festlegung $P\big(X(t_0) = 0\big) = 1$ erweist sich jeder Prozeß mit unabhängigen Zuwächsen als ein MARKOWscher Prozeß.

Definition 5.4: Ein Prozeß mit unabhängigen Zuwächsen, für den $P(X_0 = 0) = 1$ gilt und für den die Zufallsgrößen $X(t)$ normalverteilt mit dem Mittelwert Null und der Streuung $\sigma^2 t$ sind, heißt WIENERscher Prozeß.

Lemma 5.1: Für einen WIENERschen Prozeß gilt:

$$C_{XX}(t', t'') = \sigma^2 \min\{t', t''\}. \tag{5.1.13}$$

Fast alle Realisierungen eines WIENERschen Prozesses sind stetige, aber nirgends differenzierbare Funktionen. Der WIENERsche Prozeß ist daher im klassischen Sinne nicht differenzierbar. Wir werden aber in 5.1.2. sehen, daß seine Ableitung im Sinne der verallgemeinerten Funktionen das weiße Rauschen ergibt.

5.1.2. Verallgemeinerte Prozesse

Verallgemeinerte Prozesse treten in Situationen auf, in denen das mathematische Modell eines realen Vorgangs oder die mit diesem Modell auszuführenden Operationen den Rahmen des klassischen Funktionsbegriffes sprengen. Ferner ist es typisch für solche Situationen, daß die Werte des Modellprozesses zur Zeit t der Messung nicht zugänglich sind. Infolge Trägheit des Meßsystems oder durch „bremsende" Vorgänge in der Realität, die im mathematischen Modell vernachlässigt wurden, können nur gewogene zeitliche Mittel der Prozeßwerte gemessen werden. Ein Standardbeispiel für den erstgenannten Aspekt sind Prozesse mit nicht absolut integrierbarer Spektraldichte, z. B. $S(\omega) \equiv S_0$. Solche Prozesse haben eine unendliche Gesamtleistung, sind daher keine realen Vorgänge, sondern nur mathematische Modelle. Die Rechnung mit diesen Modellen führt aber aus dem Bereich der klassischen Funktionen heraus, denn z. B. die AKF eines Prozesses mit konstanter Spektraldichte ist $C(\tau) = S_0\delta(\tau)$, also die Deltafunktion. Ein Beispiel für den zweiten Aspekt ist der Prozeß der Brownschen Bewegung. Die Realisierung dieses Prozesses sind überall stetige, nirgends differenzierbare Funktionen. Die Geschwindigkeit der Brownschen Bewegung ist daher kein Prozeß im klassischen Sinne mehr. Die reale Brownsche Bewegung weicht aber von dieser Modellvorstellung dahingehend ab, daß reale Moleküle nicht trägheitslos sind. Die reale Bewegung kann daher als gewogenes zeitliches Mittel der Modellbewegung oder anders ausgedrückt: als geglättete Modellbewegung aufgefaßt werden.

Da unser Rüstzeug der Theorie der Distributionen nur in Rechenregeln für die Deltadistribution besteht, müssen wir uns auf verallgemeinerte Prozesse beschränken, zu deren Behandlung die Deltadistribution genügt. Ferner wollen wir ohne Begründung hinnehmen, daß alle gewohnten Rechenregeln für klassische Prozesse auch für Prozesse gelten, bei deren Beschreibung die Deltadistribution auftritt. Unsere Vorgehensweise ist damit vorgezeichnet: Treten bei Operationen mit Prozessen Funktionen auf, für die diese Operationen im klassischen Sinne nicht mehr erlaubt sind, so werden diese Funktionen umgeformt in Terme, die klassisch behandelbar sind, und in Terme, die Deltadistributionen enthalten. Die „klassischen" Terme werden klassisch und die „Deltaterme" entsprechend den Rechenregeln für die Deltafunktion behandelt.

Beispiel 5.2: Ableitung des Wienerschen Prozesses.
Der Wienersche Prozeß oder Prozeß der eindimensionalen Brownschen Bewegung (vgl. Abschnitt 5.1.1.) ist ein instationärer Prozeß X mit der AKF

$$C_{XX}(t', t'') = \sigma^2 \min\{t', t''\}. \tag{5.1.14}$$

Da die AKF im klassischen Sinne nicht zweimal differenzierbar ist, ist der Wienersche Prozeß im klassischen Sinne nicht differenzierbar. Wollen wir aber die Ableitung im Sinne der verallgemeinerten Funktionen verstehen, so können wir formal rechnen

$$\frac{\partial}{\partial t'} C_{XX}(t', t'') = \left\{\begin{matrix} \sigma^2 & & t' < t'' \\ & \text{für} & \\ 0 & & t' \geqq t'' \end{matrix}\right\} = \sigma^2[1 - H(t' - t'')],$$

$$\frac{\partial^2}{\partial t'\,\partial t''} C_{XX}(t', t'') = \sigma^2\delta(t' - t'') = \sigma^2\delta(t'' - t') = \sigma^2\delta(\tau).$$

Wegen

$$C_{X'X'}(t', t'') = \frac{\partial^2}{\partial t' \, \partial t''} C_{XX}(t', t'') = \sigma^2 \delta(\tau) \tag{5.1.15}$$

ist die Ableitung des WIENERschen Prozesses ein verallgemeinerter Prozeß mit der Deltafunktion als AKF. Dieser Prozeß ist das bereits bekannte weiße Rauschen.

Das weiße Rauschen ist wohl der geläufigste verallgemeinerte Prozeß. Wir formulieren seine Spektraldichte und AKF im $\mathbb{R}^n$:

$${}^nS(\boldsymbol{k}) = S_0 \quad (S_0 > 0, \text{const}), \tag{5.1.16}$$

$${}^nC(\boldsymbol{r}) = \frac{S_0}{(2\pi)^n} \int\int \overset{+\infty}{\cdots} \underset{-\infty}{\int} e^{j\boldsymbol{k}^T\boldsymbol{r}} \, d\boldsymbol{k} = S_0 {}^n\delta(\boldsymbol{r}). \tag{5.1.17}$$

Für jeden Punkt des Wellenzahlraumes ist die Spektraldichte konstant und die Prozeßwerte an beliebig benachbarten Orten sind paarweise korrelationsfrei. Mehrdimensionales weißes Rauschen ist stets ein homogen-isotroper Prozeß, was man der Beziehung (5.1.17) zunächst nicht ansieht, aber für $n = 2$, $3, \dots$ leicht verifizieren kann. Im $\mathbb{R}^2$ gilt

$${}^2S(\boldsymbol{k}) = S_0, \quad {}^2C(\boldsymbol{r}) = S_0 {}^2\delta(\boldsymbol{r}) \equiv S_0 \delta(r)/\pi|r|, \tag{5.1.18}$$

denn es ist sowohl

$${}^2S(\boldsymbol{k}) = S_0 \int\int_{-\infty}^{+\infty} e^{-j\boldsymbol{k}^T\boldsymbol{r}} \, {}^2\delta(\boldsymbol{r}) \, d\boldsymbol{r} = S_0$$

als auch

$${}^2S(\boldsymbol{k}) = 2\pi \int_0^{\infty} J_0(kr) \, S_0 \frac{\delta(r)}{\pi r} \, r \, dr = S_0 \int_{-\infty}^{+\infty} J_0(kr) \, \delta(r) \, dr = S_0,$$

und im $\mathbb{R}^3$

$${}^3S(\boldsymbol{k}) = S_0, \quad {}^3C(\boldsymbol{r}) = S_0 {}^3\delta(\boldsymbol{r}) \equiv S_0 \delta(r)/2\pi r^2, \tag{5.1.19}$$

denn es ist sowohl

$${}^3S(\boldsymbol{k}) = S_0 \int\int\int_{-\infty}^{+\infty} e^{-j\boldsymbol{k}^T\boldsymbol{r}} \, {}^3\delta(\boldsymbol{r}) \, d\boldsymbol{r} = S_0$$

als auch

$${}^3S(\boldsymbol{k}) = 4\pi \int_0^{\infty} \frac{\sin kr}{kr} \times \frac{S_0 \delta(r)}{2\pi r^2} \, r^2 \, dr = S_0 \int_{-\infty}^{+\infty} \frac{\sin kr}{kr} \, \delta(r) \, dr = S_0.$$

Das Operieren mit unbegrenzten Spektraldichten und entarteten AKF erfordert mitunter gewisse Rechenkniffe, demonstriert im

Beispiel 5.3: Fehler-AKF in Nivellementslinien und -Netzen als Ergänzung zu Beispiel 3.6, S. 77. Sei $X(t)$ der Prozeß der als unkorreliert angenommenen elementaren Meßfehler mit $S_{XX}(\omega) = S_0 = \text{const}$ und $Y(t)$ der Fehlerprozeß der über die Streckenlänge l bestimmten Höhenunterschiede Δh mit

$$S_{YY}(\omega) = 4\sin^2(\omega l/2)\,S_0 = 2(1 - \cos\omega l)\,S_0, \tag{5.1.20}$$

vgl. (3.3.23). S_{YY} ist im klassischen Sinne nicht $\mathcal{F}^{-1}$-transformierbar, somit Y ein verallgemeinerter Prozeß. Um die $\mathcal{F}^{-1}$-Transformierte

$$C_{YY}(\tau) = \frac{S_0}{\pi}\int\limits_0^{\infty} 2(1 - \cos\omega l)\cos\omega\tau\,\mathrm{d}\omega \tag{5.1.21}$$

zu bestimmen, zerlegen wir den Integranden in

$$2(1 - \cos\omega l)\cos\omega\tau = 2\cos\omega\tau - \cos[\omega(\tau - l)] - \cos[\omega(\tau + l)],$$

integrieren gliedweise zunächst bis zu einer oberen Grenze ω_g und gehen dann zum Grenzwert $\omega_g \to \infty$ über:

$$\begin{aligned} C_{YY}(\tau) &= S_0 \lim_{\omega_g\to\infty}\left\{\frac{2}{\pi}\frac{\sin\omega_g\tau}{\tau} - \frac{1}{\pi}\frac{\sin[\omega_g(\tau - l)]}{\tau - l} - \frac{1}{\pi}\frac{\sin[\omega_g(\tau + l)]}{\tau + l}\right\} \\ &= S_0[2\delta(\tau) - \delta(\tau - l) - \delta(\tau + l)] = S_0[2\delta(\tau) - \delta(|\tau| - l)], \end{aligned} \tag{5.1.22}$$

wobei wir die Grenzwertdarstellung (2.5.1) und die Variablentransformation (2.5.3) der Deltafunktion benutzt haben. Rechenprobe durch Rücktransformation:

$$S_{YY}(\omega) = 2S_0\int\limits_{-\infty}^{+\infty}\delta(\tau)\,\mathrm{e}^{-\mathrm{j}\omega\tau}\,\mathrm{d}\tau - S_0\int\limits_{-\infty}^{+\infty}\delta(\tau - l)\,\mathrm{e}^{-\mathrm{j}\omega\tau}\,\mathrm{d}\tau - S_0\int\limits_{-\infty}^{+\infty}\delta(\tau - l)\,\mathrm{e}^{\mathrm{j}\omega\tau}\,\mathrm{d}\tau,$$

wobei im letzten Integral τ durch $-\tau$ ersetzt ist, um Regel (2.5.5) durchweg anwenden zu können:

$$S_{YY}(\omega) = 2S_0 - S_0(\mathrm{e}^{-\mathrm{j}\omega l} + \mathrm{e}^{\mathrm{j}\omega l}) = 2S_0(1 - \cos\omega l),$$

was zu zeigen war.

Es ist also $C_{YY}(\tau) > 0 (< 0; = 0)$ für $\tau = 0$ ($\tau = \pm l$; $\tau \neq -l, 0, +l$), d. h., nur die Fehler unmittelbar benachbarter Δh sind (negativ) korreliert, wobei sich die deltafunktionsartigen Singularitäten im *realen* Nivellement weitgehend ausgleichen (Begründung im Beispiel 3.6, S. 77).

Denken wir uns nun noch ein idealisiertes Nivellementsnetz mit quadratischem Punktraster. Die Seiten der Quadrate seien Nivellementslinien (parallel zu den Koordinatenrichtungen x, y) der Länge $L = nl = \text{const}$. Dann haben wir *eindimensionale* Fehlerprozesse $Y_1(x)$, $Y_2(x)$ mit

$$S_{Y_1Y_1} = S_{Y_2Y_2} \equiv S_{YY}|_{l=L} \quad \text{gemäß (5.1.20)},$$
$$C_{Y_1Y_1} = C_{Y_2Y_2} \equiv C_{YY}|_{l=L} \quad \text{gemäß (5.1.22)},$$

und fragen nach den Eigenschaften des *zweidimensionalen* Prozesses $Y(x, y)$ im *ebenen* Nivellementsnetz. Man sieht sofort, daß wegen $S_{YY}(0) = 0$ Beziehung (4.1.48) verletzt ist und daher kein ebener homogen-isotroper Prozeß, der durch Nullsetzen eines seiner Argumente wieder einen eindimensionalen Prozeß mit den Eigenschaften (5.1.20), (5.1.22) ergibt, im Bereich der reellen Funktionen existieren kann. Isotropie wäre z. B. gegeben, wenn ${}^1S(k_x) = {}^1S(k_y) = {}^2S(k_x, k_y) = S_0$, denn in diesem Fall ist Beziehung (4.1.40) erfüllt:

$$ {}^1S(k_x) = \frac{1}{2\pi} \int_{-\infty}^{+\infty} S_0 \, \mathrm{d}k_y = \frac{1}{2\pi} \int_{-\infty}^{+\infty} \left\{ \iint_{-\infty}^{+\infty} S_0{}^2\delta(\boldsymbol{r}) \, \mathrm{e}^{-\mathrm{j}\boldsymbol{k}^\mathsf{T}\boldsymbol{r}} \, \mathrm{d}\boldsymbol{r} \right\} \mathrm{d}k_y $$

$$ = S_0 \iint_{-\infty}^{+\infty} \delta(\Delta x) \, \delta(\Delta y) \, \delta(\Delta y) \, \mathrm{e}^{-\mathrm{j}k_x \Delta x} \, \mathrm{d}\Delta x \, \mathrm{d}\Delta y $$

mit $\delta(\Delta y) \, \delta(\Delta y) = {}^2\delta(\Delta y, \Delta y) = \delta(\Delta y)$,

$$ {}^1S(k_x) = S_0 \iint_{-\infty}^{+\infty} \delta(\Delta x) \, \delta(\Delta y) \, \mathrm{e}^{-\mathrm{j}k_x \Delta x} \, \mathrm{d}\Delta x \, \mathrm{d}\Delta y = S_0 . $$

In *realen* Nivellementsnetzen hat man, sowohl wegen korrelierter Meßfehler als auch wegen unregelmäßiger Netzform *a priori* mit *richtungsabhängigen* Fehlerprozessen zu rechnen. Schlußfolgerungen betreffs nivellitisch bestimmter Erdkrustenbewegungen siehe Beispiel 6.9, S. 186.

5.1.3. Periodische Signale

Ein auf $[-T, +T]$ gegebenes periodisches Signal, in komplexer Schreibweise

$$ s(t) = a \, \mathrm{e}^{\mathrm{j}(\omega_0 t + \varphi)} = a[\cos(\omega_0 t + \varphi) + \mathrm{j} \sin(\omega_0 t + \varphi)], \tag{5.1.23} $$

läßt sich gemäß (3.2.5) im Frequenzbereich durch eine Spektrallinie von endlicher Höhe an der Stelle ω_0 darstellen, und umgekehrt erhält man $s(t)$ aus dieser Linie *vollständig* zurück. Man kann $s(t)$ aber auch — nach dem Vorgehen im Abschnitt 3.2.2. — als „elementaren Baustein" eines stochastischen Prozesses mit größter Erhaltungs- bzw. Wiederholungsneigung auffassen und darauf rein formal die Begriffe und Rechenregeln stochastischer Prozesse anwenden, was sich als durchaus sinnvoll erweist. Die Leistung von $s(t)$ muß dann ebenfalls in einer Spektrallinie bei ω_0 konzentriert sein und — als Integral über die spektrale Leistungsdichte $S(\omega)$ — einen endlichen Wert besitzen. Beide Forderungen sind mit dem herkömmlichen Funktionsbegriff nicht zu vereinbaren. Jedoch bietet sich die Deltafunktion, deren Integral nach (2.5.6) einen endlichen Wert besitzt, zur widerspruchsfreien Formulierung der Spektraldichte an:

$$ S(\omega) = c_0 \delta(\omega - \omega_0), \quad \sigma^2 = \frac{c_0}{2\pi} \int_{-\infty}^{+\infty} \delta(\omega - \omega_0) \, \mathrm{d}\omega = \frac{c_0}{2\pi} . \tag{5.1.24} $$

Über die $\mathcal{F}^{-1}$-Transformation erhält man die AKF

$$C(\tau) = \sigma^2 \int_{-\infty}^{+\infty} \delta(\omega - \omega_0)\, e^{j\omega\tau}\, d\omega = \sigma^2\, e^{j\omega_0\tau}, \tag{5.1.25}$$

wobei wir die Regel (2.5.5) benutzt haben. Berücksichtigt man außerdem, daß $S(\omega) = S(-\omega)$ und nur $\mathrm{Re}\{C(\tau)\}$ AKF-Eigenschaften besitzt, bekommt man schließlich

$$S(\omega) = 2\pi\sigma^2\delta(|\omega| - \omega_0), \quad C(\tau) = \sigma^2 \cos \omega_0\tau. \tag{5.1.26}$$

Einen gleichwertigen Ausdruck für die AKF gewinnt man auch aus Definition (3.1.6), indem man o. B. d. A. für eine periodische Funktion $s(t) = a \sin(\omega_0 t + \varphi)$, formal schreibt

$$\begin{aligned} C(\tau) &= \lim_{T\to\infty} \frac{a^2}{2T} \int_{-T}^{+T} \sin(\omega_0 t + \varphi) \sin[\omega_0(t + \tau) + \varphi]\, dt \\ &= \sigma^2 \cos \omega_0\tau, \quad \sigma^2 = a^2/2. \end{aligned} \tag{5.1.27}$$

Bei der quadratischen Mittelung reproduziert sich die Signalform bis auf den Phasenwinkel φ. Man sieht also, daß die AKF keine Phasenbeziehungen bewertet. Folglich kann $s(t)$ — im Gegensatz zur deterministischen Betrachtungsweise — *nicht vollständig* aus (5.1.26) rekonstruiert werden.

In konkreten Problemen treten periodische Signale selten in der reinen Form (5.1.23) auf, eher schwanken a und φ zufällig in mehr oder weniger engen Grenzen: sog. *Schmalbandrauschen*

$$s(t) = a(t)\, e^{j[\omega_0 t + \varphi(t)]}. \tag{5.1.28}$$

Dabei sind $s(t)$, $a(t)$, $\varphi(t)$ Realisierungen von Zufallspozessen $S(t)$, $A(t)$, $\Phi(t)$ mit $|S(t)| \leqq A(t)$. Die Zerlegung eines Prozesses $X(t)$ in Prozesse der Amplituden- und Phasenschwankungen bezeichnet man als *Enveloppenmethode*. Sie hat sich besonders wirkungsvoll zur Untersuchung von Schmalbandrauschen erwiesen (Sweschnikow, 1965). Schmalbandrauschen ist im allgemeinen ein instationärer Vorgang. Stationarität tritt nur unter gewissen Voraussetzungen ein (Schlitt, 1968). Spezielle AKF- und Spektraldichte-Modelle enthält Anhang A3; vgl. auch Beispiel 5.4, S. 135.

Ein periodisches Signal der Form (5.1.23) mit den diskutierten Eigenschaften läßt sich natürlich auch im $\mathbb{R}^n$ angeben, z. B. als skalare räumliche Welle $s(\boldsymbol{x}; t)$ die sich in der Zeit t ausbreitet. Speziell betrachten wir eine *ebene Wellung*

$$s(\boldsymbol{x}) = a\, e^{j\boldsymbol{k}^{\mathrm{T}}\boldsymbol{x}} = a[\cos(k_{x_0}x + k_{y_0}y) + j \sin(k_{x_0}x + k_{y_0}y)] \tag{5.1.29}$$

mit dem Ortsvektor $\boldsymbol{x} = [x, y]^{\mathrm{T}}$ und dem Wellenzahlvektor $\boldsymbol{k}_0 = [k_{x_0}, k_{y_0}]^{\mathrm{T}}$. Phasenverschiebungen sind o. B. d. A. Null gesetzt. Wendet man wieder die Prozeßbegriffe formal auf das ebene Signal $s(\boldsymbol{x})$ an, so muß die (endliche)

Leistung im Punkt $\boldsymbol{k} = \boldsymbol{k}_0$ konzentriert sein. Analog zum eindimensionalen Fall setzen wir

$$\left.\begin{aligned} S(\boldsymbol{k}) &= c_0{}^2\delta(\boldsymbol{k} - \boldsymbol{k}_0) = c_0\delta(k_x - k_{x_0})\,\delta(k_y - k_{y_0}), \\ \sigma^2 &= \frac{c_0}{4\pi^2}\iint\limits_{-\infty}^{+\infty} \delta(k_x - k_{x_0})\,\delta(k_y - k_{y_0})\,\mathrm{d}k_x\,\mathrm{d}k_y = \frac{c_0}{4\pi^2} \end{aligned}\right\} \tag{5.1.30}$$

und erhalten über die ${}^2\mathcal{F}^{-1}$-Transformation (4.1.6) die AKF

$$C(\boldsymbol{r}) = \sigma^2 \iint\limits_{-\infty}^{+\infty} {}^2\delta(\boldsymbol{k} - \boldsymbol{k}_0)\,\mathrm{e}^{\mathrm{j}\boldsymbol{k}^\mathsf{T}\boldsymbol{r}}\,\mathrm{d}\boldsymbol{k} = \sigma^2\,\mathrm{e}^{\mathrm{j}\boldsymbol{k}_0{}^\mathsf{T}\boldsymbol{r}} \tag{5.1.31}$$

mit dem Verschiebungsvektor $\boldsymbol{r} = [\Delta x, \Delta y]^\mathsf{T}$.

Berücksichtigt man wieder, daß $S(\boldsymbol{k}) = S(-\boldsymbol{k})$, vgl. Abb. 5.1, und nur $\mathrm{Re}\{C(\boldsymbol{r})\}$ AKF-Eigenschaften besitzt, wird

$$S(k_x, k_y) = 4\pi^2\sigma^2\delta(|k_x| - k_{x_0})\,\delta(|k_y| - k_{y_0}), \tag{5.1.32}$$

$$C(\Delta x, \Delta y) = \sigma^2 \cos(k_{x_0}\Delta x + k_{y_0}\Delta y). \tag{5.1.33}$$

Einen gleichwertigen Ausdruck für die AKF erhält man analog (5.1.27) aus dem quadratischen Mittel

$$\begin{aligned} C(\boldsymbol{r}) &= \lim_{\substack{A\to\infty \\ B\to\infty}} \frac{a^2}{4AB}\int\limits_{-A}^{+A}\int\limits_{-B}^{+B} \cos \boldsymbol{k}_0{}^\mathsf{T}\boldsymbol{x} \cos[\boldsymbol{k}_0{}^\mathsf{T}(\boldsymbol{x} + \boldsymbol{r})]\,\mathrm{d}\boldsymbol{r} \\ &= \sigma^2 \cos \boldsymbol{k}_0{}^\mathsf{T}\boldsymbol{r}, \quad \sigma^2 = a^2/2. \end{aligned} \tag{5.1.34}$$

Wegen $S = S(\boldsymbol{k})$ und $C = C(\boldsymbol{r})$ ist $s(\boldsymbol{x})$ *richtungsabhängig*. Ein ebenes (allgemein: n-dimensionales) homogen-isotropes Äquivalent zu (5.1.24) existiert *nicht*, denn mit $S(0) = 0$ ist eine der hierfür notwendigen Voraussetzungen

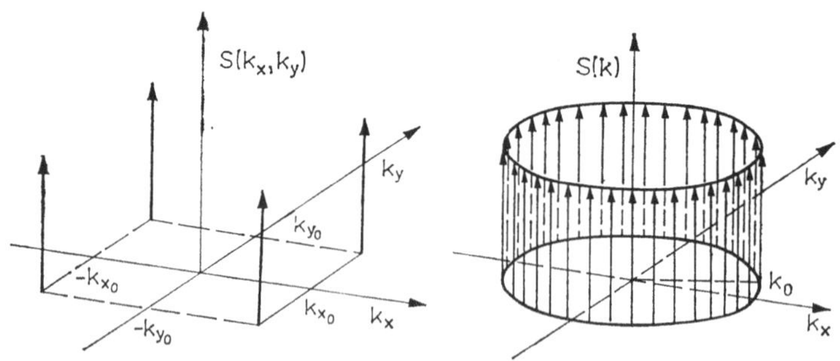

Abb. 5.1. Nadelimpuls (links) und Ringimpuls (rechts) als Spektraldichten ebener homogener Prozesse

(4.1.48) verletzt. Man kann jedoch ein homogen-isotropes Ersatzmodell konstruieren, indem man in (5.1.33) Polarkoordinaten (r, φ), (k_0, ϑ) einführt und die AKF $C(\Delta x, \Delta y) = C(r, \varphi)$ über $\varphi = 0$ bis π mittelt:

$$\Delta x = r \cos \varphi, \quad \Delta y = r \sin \varphi; \quad k_{x_0} = k_0 \cos \vartheta, \quad k_{y_0} = k_0 \sin \vartheta,$$

$$C(r, \varphi) = \sigma^2 \cos [k_0 r(\cos \varphi \cos \vartheta + \sin \varphi \sin \vartheta)]$$
$$= \sigma^2 \cos [k_0 r \cos(\varphi - \vartheta)],$$

$$\overline{C(r, \varphi)}^{\varphi} := \frac{\sigma^2}{\pi} \int_{\varphi=\vartheta}^{\varphi=\vartheta+\pi} \cos [k_0 r \cos (\varphi - \vartheta)] \, d\varphi$$

$$= \frac{\sigma^2}{\pi} \int_0^{\pi} \cos (k_0 r \cos \varepsilon) \, d\varepsilon \quad (\varepsilon := \varphi - \vartheta),$$

$$\overline{C(r, \varphi)}^{\varphi} = C(r) = \frac{\sigma^2}{\pi} \pi J_0(k_0 r) = \sigma^2 J_0(k_0 r), \tag{5.1.35}$$

gültig für alle $k_{x_0}, k_{y_0}, \Delta x, \Delta y \in (-\infty, +\infty)$ mit $k_0{}^2 = k_{x_0}^2 + k_{y_0}^2$, $r^2 = \Delta x^2 + \Delta y^2$. Die zugehörige Spektraldichte ist die bereits aus Beispiel 2.7, S. 50 bekannte Ringimpulsfunktion

$$S(k) = 2\pi\sigma^2 k_0{}^{-1} \delta(|k| - k_0). \tag{5.1.36}$$

Die Leistung eines solchen Prozesses ist über einem Kreis mit dem Radius k_0 konzentriert („Spektralring“, Abb. 5.1). Um die formale Rechnung, die auf einen solchen Spektraltyp führt, zu motivieren, bringen wir

Beispiel 5.4: Vertikale Erdkrustenbewegung im Pannonischen Becken (nach S. Meier, 1987). Das tertiär-quartäre Absenkungs- und Sedimentationsgebiet des Pannonischen Beckens ist – als Teil Neoeuropas – auch rezent noch mobil. Es liegt nahe, die *großräumige*

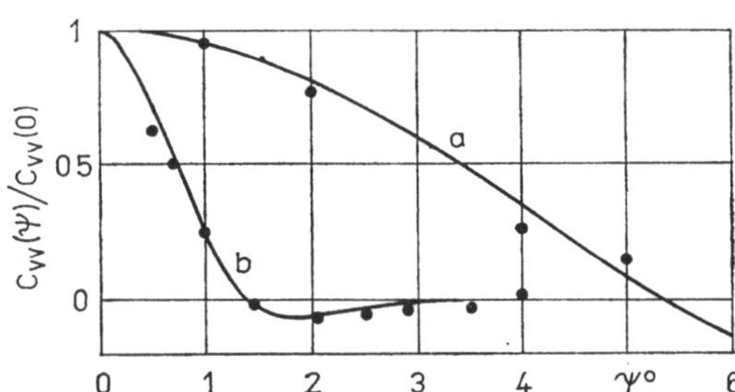

Abb. 5.2. AKF der Vertikalgeschwindigkeit rezenter Erdkrustenbewegungen im Pannonischen Becken als Funktion des sphärischen Abstandes ψ (1° ≙ 110 km). Schätzungen aus Repräsentativwerten über 1° × 1°-Kompartimente (a) und 0,5° × 0,5°-Kompartimente (b)

Bewegung *relativ* zu den umgebenden alpiden Systemen (Ostalpen, Karpaten, Dinariden) als Ausschnitt aus einer ebenen Wellung (5.1.29) aufzufassen. Um für Prädikationszwecke die AKF der Vertikalgeschwindigkeit v mit ausreichender statistischer Sicherheit schätzen zu können, sollte man über ein Ensemble von Realisierungen aus Absenkungsgebieten ähnlicher Struktur verfügen. Wir haben jedoch nur *eine* endliche Stichprobe, Geschwindigkeitswerte aus Wiederholungsnivellements der Karpaten-Balkan-Region zur Verfügung, so daß allenfalls eine *mittlere, richtungsunabhängige* AKF geschätzt und durch Modell (5.1.35) approximiert werden kann.

Abb. 5.2 zeigt die AKF-Schätzung aus Repräsentativwerten über $1° \times 1°$-Kompartimente. Mittlere Wellenzahl k_0 und mittlere Wellenlänge $\lambda_0 = 2\pi/k_0$ sind

$$\hat{k}_0 \approx 0{,}45 \text{ je Grad} \approx 0{,}40 \times 10^{-2}\,\text{km}^{-1}, \quad \hat{\lambda}_0 \approx 14° \approx 16 \times 10^2\,\text{km},$$

korrespondierend mit der Ausdehnung des Beckens.

Verringert man die Kompartimentsgröße, so werden auch *kleinräumige* Bewegungen, etwa der als „Inselgebirge" stehengebliebenen Reste der Pannonischen Masse, sekundärer Becken, Durchbruchstäler usf. mit Wellenlängen $\lambda < \lambda_0$ abgebildet. Dafür ist ein modifiziertes Modell

$$C_{vv}(r) = \sigma^2\,\mathrm{e}^{-\alpha^2 r^2} J_0(k_0 r), \tag{5.1.37}$$

also ebenes Schmalbandrauschen mit zugehörigem „Spektralwall" anstelle des „Spektralringes" geeignet (vgl. Anhang A3). Eine Schätzung aus Repräsentativwerten über $0{,}5° \times 0{,}5°$-Kompartimente (Abb. 5.2) ergab die Parameter

$$\hat{\sigma}^2 \approx 0{,}70\,\text{mm}^2/\text{a}^2, \quad \hat{k}_0 \approx 1{,}74 \text{ je Grad} \approx 1{,}56 \times 10^{-2}\,\text{km}^{-1},$$

$$\hat{\lambda}_0 \approx 3{,}6° \approx 4{,}0 \times 10^2\,\text{km}, \quad \hat{\alpha} \approx 0{,}68 \text{ je Grad} \approx 0{,}61 \times 10^{-2}\,\text{km}^{-1}.$$

Die zur (vektoriellen) Prädiktion von grad v erforderlichen AKF/KKF gewinnt man aus C_{vv} mit Hilfe der TAYLOR-KARMAN-Relation (4.1.28); vgl. Beispiel 4.7, S. 98.

Mit den verallgemeinerten Prozessen im Abschnitt 5.1.2., speziell dem weißen Rauschen, und den periodischen Signalen haben wir Prozesse mit kleinster und größter Erhaltungsneigung kennengelernt. Alle „echten" Prozesse (die aus dem weißen Rauschen herausgefiltert werden können und daher mehr Struktur aufweisen) ordnen sich zwischen beide Typen von Grenzprozessen ein. Ausgehend vom weißen Rauschen mit S_0 als einziger Kenngröße im Frequenzbereich folgen mit zunehmender Erhaltungsneigung zunächst das Breitbandrauschen mit den Kenngrößen S_0 und der Grenzfrequenz ω_g, dann das gefilterte Rauschen mit $S(\omega) = |G(\mathrm{j}\omega)|^2 S_0$, schließlich das Schmalbandrauschen mit der Darstellung (5.1.28). Zunehmende Erhaltungsneigung drückt sich demnach in einer Einengung der Spektraldichte, äquivalent dem langsameren Abklingen der AKF, und in einer verfeinerten mathematischen Beschreibung aus — bis im Grenzfall des periodischen Signals als determinierter Funktion die strenge Vorhersagbarkeit erreicht ist.

5.2. Differentialgleichungen mit stochastischen Variablen

5.2.1. Gewöhnliche Differentialgleichungen

Viele zeit- oder ortsabhängige Vorgänge in der Natur werden durch Differentialgleichungen oder Differentialgleichungssysteme beschrieben bzw. als Anfangswertaufgaben behandelt. Auch die verformenden Eigenschaften von Meßgeräten, ferner Steuer- und Regelmechanismen werden durch solche Gleichungen charakterisiert. Dabei können gewisse Elemente dieser Gleichungen — Variable, Koeffizienten, Anfangswerte — stochastisch sein, und man spricht dementsprechend von *Gleichungen mit stochastischen Variablen* bzw. *Störfunktionen*, *Gleichungen mit stochastischen Koeffizienten* oder *Gleichungen mit stochastischen Anfangsbedingungen*. Wir können hier keine geschlossene Theorie entwickeln, sondern beschränken uns auf den erstgenannten Typ *einer* Gleichung mit stochastischen Variablen, die überdies *linear* sein möge. Vorzugsweise interessieren uns stationäre Lösungen im Konzept der Prozesse 2. Ordnung.

Gegeben sei die inhomogene Differentialgleichung mit konstanten Koeffizienten

$$a_n Y^{(n)}(t) + a_{n-1} Y^{(n-1)}(t) + \cdots + a_1 Y'(t) + a_0 Y(t) = X(t). \tag{5.2.1}$$

Eingangsgröße X und Ausgangsgröße Y seien stationäre Zufallsprozesse. Man sucht nun die Gleichung (5.2.1) so umzuwandeln, daß bei gegebenen Eigenschaften von X diejenigen von Y erschlossen werden können. In diesem Zusammenhang erinnern wir an das Vorgehen von FRIEDMAN und KELLER (1924), vgl. Abschnitt 1.2., schreiben die Gleichung (5.2.1) noch einmal für den Zeitpunkt $t + \tau$ an, multiplizieren sie linksseitig mit $X(t)$ und bilden auf beiden Seiten die Erwartungswerte:

$$\begin{aligned} \mathsf{E}\{a_n X(t)\, Y^{(n)}(t+\tau) + a_{n-1} X(t)\, Y^{(n-1)}(t+\tau) + \cdots + a_1 X(t)\, Y'(t+\tau) \\ + a_0 X(t)\, Y(t+\tau)\} = \mathsf{E}\{X(t)\, X(t+\tau)\}, \\ a_n C_{XY^{(n)}}(\tau) + a_{n-1} C_{XY^{(n-1)}}(\tau) + \cdots + a_1 C_{XY'}(\tau) + a_0 C_{XY}(\tau) = C_{XX}(\tau); \end{aligned} \tag{5.2.2}$$

Damit ist bereits der Übergang vom Zeit- in den Korrelationsbereich mit der Zeitverschiebung τ als unabhängiger Variabler vollzogen. Ersetzen wir noch die KKF zwischen X und den Ableitungen von Y durch C_{XY} nach den Regeln in Tabelle 3.5, S. 80, ergibt sich mit

$$a_n C_{XY}^{(n)}(\tau) + a_{n-1} C_{XY}^{(n-1)}(\tau) + \cdots + a_1 C'_{XY}(\tau) + a_0 C_{XY}(\tau) = C_{XX}(\tau) \tag{5.2.3}$$

eine zu (5.2.1) völlig analoge Gleichung. Anstelle der Eingangsgröße X steht ihre AKF, anstelle der Ausgangsgröße Y die KKF zwischen X und Y. Um C_{XY} und/oder C_{YY} bei vorgegebenem C_{XX} zu gewinnen, rechnet man zweckmäßig im Frequenzbereich, denn die Transformation der Gleichung (5.2.3) nach WIENER/CHINTSCHIN führt mit den Differentiationsregeln in Tabelle 3.5, S. 80 auf die *algebraische* Gleichung

$$[a_n(j\omega)^n + a_{n-1}(j\omega)^{n-1} + \cdots + a_1(j\omega) + a_0]\, S_{XY}(\omega) = S_{XX}(\omega). \quad (5.2.4)$$

Vergleichen wir (5.2.4) mit (3.3.17) und setzen

$$[a_n(j\omega)^n + a_{n-1}(j\omega)^{n-1} + \cdots + a_1(j\omega) + a_0]^{-1} =: G(j\omega), \quad (5.2.5)$$

ist der Zusammenhang mit der linearen Filterung (Abschnitt 3.3.4.) hergestellt, und im Spektralbereich gelten die Beziehungen

$$S_{XY}(\omega) = G(j\omega)\, S_{XX}(\omega), \quad S_{YX}(\omega) = \overline{G(j\omega)}\, S_{XX}(\omega), \quad (5.2.6)$$

$$S_{YY}(\omega) = G(j\omega)\, \overline{G(j\omega)}\, S_{XX}(\omega) \equiv |G(j\omega)|^2\, S_{XX}(\omega). \quad (5.2.7)$$

Die Kovarianzfunktionen C_{XY}, C_{YX}, C_{YY} gewinnt man durch $\mathcal{F}^{-1}$-Transformation der Spektraldichten (5.2.6), (5.2.7). Da C_{XY}, S_{XY} auch eine Phaseninformation enthalten, sind mit diesen Kennfunktionen die Eigenschaften des linearen Systems im Konzept der Prozesse 2. Ordnung vollständig erfaßt, sofern unter noch näher zu bezeichnenden Voraussetzungen eine eindeutige stationäre Lösung Y existiert. Zunächst erläutern wir die formale Rechnung am

Beispiel 5.5: Glättung durch Trägheit eines Meßgerätes.
Jedes Meßgerät besitzt eine gewisse Trägheit, so daß es den Schwankungen eines zu messenden Signals $x(t)$ nicht beliebig rasch folgen kann; in der Registrierung $y(t)$ sind hochfrequente Fluktuationen geglättet. In vielen Fällen läßt sich die Beziehung zwischen x und y durch eine lineare Differentialgleichung 1. Ordnung

$$\alpha_1 y'(t) + y(t) = x(t) \quad (5.2.8)$$

mit konstanten Koeffizienten $\alpha_0 = 1$, α_1 ausdrücken. α_1 heißt *Zeitkonstante* des Meßgerätes. Aus (5.2.5) bis (5.2.7) folgt

$$\left.\begin{aligned} G(j\omega) &= \frac{1}{1+\alpha_1(j\omega)} = \frac{1-j\alpha_1\omega}{1+(\alpha_1\omega)^2}, \\ \overline{G(j\omega)} &= \frac{1}{1-\alpha_1(j\omega)} = \frac{1+j\alpha_1\omega}{1+(\alpha_1\omega)^2}, \\ S_{xy}(\omega) &= \frac{1-j\alpha_1\omega}{1+(\alpha_1\omega)^2} S_{xx}(\omega), \quad S_{yx}(\omega) = \frac{1+j\alpha_1\omega}{1+(\alpha_1\omega)^2} S_{xx}(\omega), \\ |G(j\omega)|^2 &= \frac{1}{1+(\alpha_1\omega)^2}, \quad S_{yy}(\omega) = \frac{S_{xx}(\omega)}{1+(\alpha_1\omega)^2}. \end{aligned}\right\} \quad (5.2.9)$$

Mit monoton abnehmender Übertragungsfunktion haben wir tatsächlich einen Glättungsfilter vor uns mit der frequenzabhängigen Phasenverschiebung

$$\varphi(\omega) = \arctan(-\alpha_1\omega) = -\arctan(\alpha_1\omega) \quad (5.2.10)$$

nach (3.3.14); vgl. Abb. 5.3.

Wir betrachten noch zwei Grenzfälle der Eingangsgröße:
(a) Weißes Rauschen mit

$$S_{xx}(\omega) \equiv S_0, \quad S_{yy}(\omega) = S_0/[1 + (\alpha_1\omega)^2]. \tag{5.2.11}$$

Die Ausgangsgröße ist autokorreliert mit C_{yy} vom Exponentialtyp (Modell 2a im Anhang A1) und α_1 als Abklingkonstante.
(b) Periodisches Sigal mit

$$\left.\begin{aligned} S_{xx}(\omega) &= \pi a_x^2\,\delta(|\omega| - \omega_0), \\ S_{yy}(\omega) &= \frac{\pi a_x^2\,\delta(|\omega| - \omega_0)}{1 + (\alpha_1\omega)^2} = \frac{\pi a_x^2\,\delta(|\omega| - \omega_0)}{1 + (\alpha_1\omega_0)^2} = \pi a_y^2\,\delta(|\omega| - \omega_0). \end{aligned}\right\} \tag{5.2.12}$$

Das Ausgangssignal ist gegenüber dem Eingangssignal in der Amplitude gedämpft und in der Phase verschoben:

$$a_y = a_x/[1 + (\alpha_1\omega_0)^2]^{1/2} < a_x, \qquad \varphi(\omega_0) = -\text{arc tan}\,(\alpha_1\omega_0). \tag{5.2.13}$$

Wie die Beispiele zeigen, kann bei bekannten Eigenschaften von Ein- und Ausgangssignal die Zeitkonstante α_1 des Meßgerätes abgeschätzt werden; vgl. hierzu auch die Abschnitte 6.3.3., 6.3.4.

Betrachten wir noch kurz den allgemeineren Fall, daß auch die rechte Seite in (5.2.1) eine Linearkombination von Ableitungen ist:

$$\begin{aligned} &a_n Y^{(n)}(t) + a_{n-1} Y^{(n-1)}(t) + \cdots + a_1 Y'(t) + a_0 Y(t) \\ &= b_m X^{(m)}(t) + b_{m-1} X^{(m-1)}(t) + \cdots + b_1 X'(t) + b_0 X(t) \end{aligned} \tag{5.2.14}$$

oder in symbolischer Schreibweise

$$Q_n(p)\,Y(t) = P_m(p)\,X(t), \tag{5.2.15}$$

wobei $Q_n(p)$, $P_m(p)$ Polynome vom Grade n, m des Differentialoperators $p := \mathrm{d}/\mathrm{d}t$ und $X(t)$, $Y(t)$ stationäre Zufallsprozesse sind. Mit den gleichen

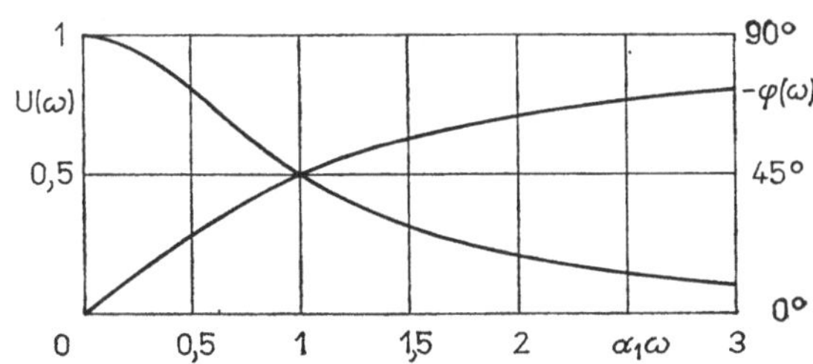

Abb. 5.3. Glättung durch Trägheit eines Meßgerätes: Tiefpaßfilter mit der Übertragungsfunktion $U(\omega) = |G(\mathrm{j}\omega)|^2$ und der Phasenverschiebung $\varphi(\omega)$

Überlegungen wie oben erhält man

$$G(\mathrm{j}\omega) = \frac{P_m(\mathrm{j}\omega)}{Q_n(\mathrm{j}\omega)}, \quad \overline{G(\mathrm{j}\omega)} = \frac{\overline{P_m(\mathrm{j}\omega)}}{\overline{Q_n(\mathrm{j}\omega)}}, \quad |G(\mathrm{j}\omega)|^2 = \frac{|P_m(\mathrm{j}\omega)|^2}{|Q_n(\mathrm{j}\omega)|^2} \tag{5.2.16}$$

und die Spektraldichten (5.2.6), (5.2.7). (Im Beispiel 5.5 ist $m = 0$, $P_0 = 1$, $n = 1$, $Q_1(\mathrm{j}\omega) = 1 + \alpha_1(\mathrm{j}\omega)$.)

Unter welchen Bedingungen ist nun $Y(t)$ eine stationäre Lösung von (5.2.1) bzw. (5.2.14)? Die Ausgangsgröße $Y(t)$ kann dann als stationär angesehen werden, wenn

(a) die Eingangsgröße $X(t)$ stationär ist und

(b) der Zeitpunkt, für den die Lösung $Y(t)$ interessiert, genügend weit vom Ursprung entfernt liegt, so daß alle durch die Anfangsbedingungen bestimmten (instationären) Übergangsprozesse (z. B. Einschalten eines Meßgerätes) abgeklungen sind.

In vielen Anwendungen sind diese Bedingungen hinreichend gut erfüllt; die o. a. Lösung über eine algebraische Gleichung im Frequenzbereich ist ein *Standardverfahren*. Die Eingangsgröße $X(t)$ braucht dabei — wie Beispiel 5.5 lehrt — nicht notwendig differenzierbar bzw. ein Modellprozeß mit endlicher Leistung zu sein. Für einen realen stationären Ausgangsprozeß $Y(t)$ muß nur $|G(\mathrm{j}\omega)|^2$ mit wachsendem ω so abnehmen, daß

$$\int_{-\infty}^{+\infty} S_{YY}(\omega)\,\mathrm{d}\omega = \int_{-\infty}^{+\infty} |G(\mathrm{j}\omega)|^2\, S_{XX}(\omega)\,\mathrm{d}\omega = \int_{-\infty}^{+\infty} \frac{|P_m(\mathrm{j}\omega)|^2}{|Q_n(\mathrm{j}\omega)|^2}\, S_{XX}(\omega)\,\mathrm{d}\omega < \infty \tag{5.2.17}$$

ausfällt. Die Bedingung (5.2.17) ist speziell im Falle weißen Eingangsrauschens mit $S_{XX}(\omega) \equiv S_0$ erfüllt, wenn $m < n$.

5.2.2. Partielle Differentialgleichungen

Viele mehrdimensionale Probleme der mathematischen Physik und der theoretischen Geowissenschaften werden durch partielle Differentialgleichungen beschrieben bzw. als Randwertaufgaben behandelt. Ebenso wie bei den gewöhnlichen Differentialgleichungen können verschiedene Elemente — Feldgrößen, Koeffizienten, Randwerte — stochastisch sein. Man spricht dann von *Gleichungen mit stochastischen Variablen*, *Gleichungen mit stochastischen Koeffizienten* oder *stochastischen Randwertproblemen*. Bevorzugte Anwendungsgebiete solcher Gleichungen sind die Turbulenztheorie, die Wellenausbreitung in turbulenten Medien und ihre Streuung an rauhen Oberflächen, die Potentialtheorie, Prozesse der Wärmeleitung und Diffusion, der Bewegung und Deformation der Kontinua usf. — Entsprechend den vielfältigen und auch recht schwierigen Problemen ist das mathematische Rüstzeug zu ihrer Lösung ebenso mannigfaltig wie anspruchsvoll. Es existiert noch keine geschlossene Theorie stochastischer Differentialgleichungen, und wir können hier auch nur verhältnismäßig einfache Beispiele jeweils *einer*, und zwar *linearen* Gleichung mit *einer* stochastischen Variablen bringen.

Beispiel 5.6: LAPLACE-*Gleichung. Eigenschaften von Ableitungen des Schwerepotentials in der Ebene.*

Das Störpotential T genügt im Außenraum der LAPLACE-Gleichung $\Delta T = 0$. Wir fragen nach den Eigenschaften gewisser Ableitungen von T unter der Voraussetzung, daß T in einer beliebigen Ebene oberhalb des Quellenfeldes homogen, insbesondere homogen und isotrop ist. Zu diesem Zweck gehen wir analog wie im letzten Abschnitt vor, notieren die Gleichung im Punkt $P(x', y', z')$, multiplizieren sie mit T im Punkt $Q(x'', y'', z'')$ und bilden

$$\mathsf{E}\left\{\left[\frac{\partial^2 T(P)}{\partial x'^2} + \frac{\partial^2 T(P)}{\partial y'^2} + \frac{\partial^2 T(P)}{\partial z'^2}\right] T(Q)\right\} = 0,$$

$$\frac{\partial^2 C_{TT}}{\partial x'^2} + \frac{\partial^2 C_{TT}}{\partial y'^2} + \frac{\partial^2 C_{TT}}{\partial z'^2} = 0, \quad C_{TT} = C_{TT}(x', y', z'; x'', y'', z'').$$

Mithin muß C_{TT} bezüglich der Variablen x', y', z' ebenfalls die LAPLACE-Gleichung im Außenraum erfüllen, d. h. harmonisch sein. (Zur harmonischen Fortsetzung eines ebenen Prozesses vgl. die Abschnitte 4.1.6. und 4.2.3.).

Sei nun speziell $C_{TT} = C_{TT}(\Delta x, \Delta y; Z)$ mit $\Delta x = x'' - x'$, $\Delta y = y'' - y'$, $Z = z' + z''$, dann kann man $\partial^2/\partial x'^2$, $\partial^2/\partial y'^2$, $\partial^2/\partial z'^2$ durch $\partial^2/\partial \Delta x^2$, $\partial^2/\partial \Delta y^2$, $\partial^2/\partial z' \partial z''$ ersetzen und erhält

$$\frac{\partial^2 C_{TT}}{\partial \Delta x^2} + \frac{\partial^2 C_{TT}}{\partial \Delta y^2} + \frac{\partial^2 C_{TT}}{\partial z' \partial z''} = 0.$$

Nach den Differentiationsregeln für AKF, Tabelle 3.4, S. 79 ist

$$-\frac{\partial^2 C_{TT}}{\partial \Delta x^2} = C_{T_x T_x}, \quad -\frac{\partial^2 C_{TT}}{\partial \Delta y^2} = C_{T_y T_y}, \quad +\frac{\partial^2 C_{TT}}{\partial z' \partial z''} = C_{T_z T_z}.$$

Also gilt

$$C_{T_x T_x} + C_{T_y T_y} = C_{T_z T_z} \tag{5.2.18}$$

oder mit

$$T_x = -\gamma\xi, \quad T_y = -\gamma\eta, \quad T_z = -\Delta g,$$

$$C_{T_x T_x} = \gamma^2 C_{\xi\xi}, \quad C_{T_y T_y} = \gamma^2 C_{\eta\eta}, \quad C_{T_z T_z} = C_{\Delta g \Delta g}$$

die zu (5.2.18) äquivalente Beziehung

$$C_{\Delta g \Delta g} = \gamma^2 (C_{\xi\xi} + C_{\eta\eta}) \tag{5.2.19}$$

zwischen den AKF der Schwereanomalie Δg und der Lotabweichungskomponenten ξ, η in jeder beliebigen Ebene $z = z' = z'' \geqq 0$.

Analoge Beziehungen bestehen auch für höhere Ableitungen von T, z. B.

$$C_{T_{xz} T_{xz}} + C_{T_{yz} T_{yz}} = C_{T_{zz} T_{zz}} \tag{5.2.20}$$

zwischen den AKF der Komponenten von

$$\operatorname{grad} \Delta g = \left[\frac{\partial \Delta g}{\partial x}, \frac{\partial \Delta g}{\partial y}, \frac{\partial \Delta g}{\partial z}\right]^{\mathsf{T}} = -[T_{xz}, T_{yz}, T_{zz}]^{\mathsf{T}}.$$

Ist T in einer festen Ebene speziell homogen und isotrop, so besitzt dort Δg die gleichen Eigenschaften, und der Lotabweichungsvektor sowie der horizontale Schweregradient sind homogen-isotrope Vektorfelder mit TAYLOR-KARMAN-strukturierten AKF/KKF (vgl. Abschnitt 4.1.4.). Aus der Spur dieser Kovarianz-Tensoren ergeben sich die AKF der Schwereanomalie (5.2.19) und ihrer vertikalen Änderung (5.2.20) in einer festen Ebene.

Beispiel 5.6 stellt das einfachste stochastische Modell eines Potentialfeldes und seiner Ableitungen, speziell in *ebener* Approximation dar, welches der LAPLACE-Gleichung genügt. Es kann auf beliebige Ableitungen der Störpotentials erweitert werden. Ein *räumliches* Potentialfeldmodell ist immer mindestens bezüglich der Höhe *inhomogen*, denn die Feldintensität nimmt mit zunehmendem Abstand von ihren Quellen ab. Inhomogene Prozesse als Lösungen partieller Differentialgleichungen sind daher (und nicht nur in der Potentialtheorie) recht häufig. Wir bringen noch ein Beispiel eines solchen Prozesses als Lösung der Wärmeleitungsgleichung. In dem anspruchsvollen Beispiel 5.1, S. 127 über molekulare Wärmeleitung haben wir gezeigt, daß die Aufenthaltswahrscheinlichkeit eines Energiequants diese Gleichung erfüllt. Jetzt wollen wir uns mit der großräumigen Temperaturschwankung in der Vertikalen befassen. Ihr inhomogenes Verhalten muß dabei schon im Lösungsansatz berücksichtigt werden.

Beispiel 5.7: Vereinfachte Wärmeleitungsgleichung. AKF der Temperaturschwankung $T(z;t)$. Höhenabhängige Refraktionsschwankung.
Gegeben sei die Gleichung (1.2), gesucht die mit (1.2) verträgliche AKF der Temperaturschwankung $C_{TT}(z', z''; t', t'')$ mit den Eigenschaften (vgl. Tabelle 3.1, S. 67)

$$2\,|\mathrm{Re}\,\{C_{TT}(z', z''; t', t'')\}| \leqq C_{TT}(z', z'; t', t') + C_{TT}(z'', z''; t'', t''), \tag{5.2.21}$$

$$C_{TT}(z', z''; t', t'') = \overline{C_{TT}(z'', z'; t'', t')}. \tag{5.2.22}$$

Um zu einer Gleichung für C_{TT} zu gelangen, schreiben wir (1.2) im Punkt (z'', t'') an, multiplizieren sie linksseitig mit $T(z', t')$ und bilden die Erwartungswerte:

$$\mathsf{E}\left\{T(z', t')\,\frac{\partial T(z'', t'')}{\partial t''}\right\} = \chi \mathsf{E}\left\{T(z', t')\,\frac{\partial^2 T(z'', t'')}{\partial z''^2}\right\}.$$

Die linke Seite ist identisch mit $C_{T,\partial T/\partial t} = \partial C_{TT}/\partial t''$, die rechte mit $\chi C_{T,\partial^2 T/\partial z^2} = \chi \partial^2 C_{TT}/\partial z''^2$, vgl. Tabelle 3.5, S. 80, so daß sich mit

$$\frac{\partial C_{TT}}{\partial t''} = \chi\,\frac{\partial^2 C_{TT}}{\partial z''^2}, \quad C_{TT} = C_{TT}(z', z''; t', t'') \tag{5.2.23}$$

eine zu (1.2) äquivalente Differentialgleichung 2. Ordnung zur Bestimmung von C_{TT} ergibt. Wir versuchen eine Lösung durch Trennung der Variablen mit dem Ansatz

$$C_{TT} = \varphi(t')\,\varphi(t'')\,\psi(z')\,\psi(z''). \tag{5.2.24}$$

$$\partial C_{TT}/\partial t'' = \varphi(t')\,\psi(z')\,\psi(z'')\,\partial\varphi(t'')/\partial t'',$$

$$\partial^2 C_{TT}/\partial z''^2 = \varphi(t')\,\varphi(t'')\,\psi(z')\,\partial^2\psi(z'')/\partial z''^2,$$

$$\frac{\partial\varphi(t'')/\partial t''}{\varphi(t'')} = \chi\,\frac{\partial^2\psi(z'')/\partial z''^2}{\psi(z'')}. \tag{5.2.25}$$

Damit sind z', t' zunächst eliminiert und z'', t'' separiert. Die Gleichung (5.2.25) ist äquivalent derjenigen, die man bei Integration von (1.2) mit dem Ansatz $T = \varphi(t)\,\psi(z)$ erhält, und wir können aus den bekannten Lösungen von (1.2) diejenigen auswählen, welche die Eigenschaften einer AKF besitzen. Damit C_{TT} entsprechend (5.2.21) beschränkt bleibt, muß jeder Faktor des Produkts (5.2.24) beschränkt sein. Unter dieser Bedingung existiert eine und nur eine Lösung von (5.2.25):

$$\varphi(t'')\,\psi(z'') = a_0 \exp(\mathrm{j}\alpha t'') \exp[-K^2(1 + \mathrm{j})\,z''] \tag{5.2.26}$$

mit den positiven Konstanten a_0 (Temperaturamplitude in der Höhe $z'' = 0$), α (Zeitkonstante) und $K^2 = (\alpha/2\chi)^{1/2}$ (Dämpfungskonstante) sowie $\mathrm{j}^2 = -1$. Entsprechend (5.2.24) und (5.2.26) setzen wir $\varphi(t')$, $\psi(z')$ als komplexe Funktionen an,

$$\varphi(t')\,\psi(z') = \exp[F(t') + \mathrm{j}G(t')] \exp[f(z') + \mathrm{j}g(z')], \tag{5.2.27}$$

und bestimmen die freien Funktionen F, G, f, g aus der Symmetrie-Bedingung (5.2.22):

$$\begin{aligned} C_{TT}(z', z''; t', t'') &= a_0 \exp[(F(t') + f(z') - K^2 z'') \\ &\quad + \mathrm{j}(\alpha t'' + G(t') + g(z') - K^2 z'')], \\ \overline{C_{TT}(z'', z'; t'', t')} &= a_0 \exp[(F(t'') + f(z'') - K^2 z') \\ &\quad - \mathrm{j}(\alpha t' + G(t'') + g(z'') - K^2 z')], \\ C_{TT}(z', z''; t', t'') &= \overline{C_{TT}(z'', z'; t'', t')} \\ \Leftrightarrow &\begin{Bmatrix} F(t') + f(z') - K^2 z'' = F(t'') + f(z'') - K^2 z' \\ \alpha t'' + G(t') + g(z') - K^2 z'' = -\alpha t' - G(t'') - g(z'') + K^2 z' \end{Bmatrix} \\ \Leftrightarrow &\begin{Bmatrix} F(t) = \text{const}, & f(z) = -K^2 z \\ G(t) = -\alpha t, & g(z) = +K^2 z. \end{Bmatrix}. \end{aligned} \tag{5.2.28}$$

Aus (5.2.27) und (5.2.28) folgt das (ebenfalls beschränkte) Produkt

$$\varphi(t')\,\psi(z') = (a_0/2) \exp(-\mathrm{j}\alpha t') \exp[-K^2(1 - \mathrm{j})\,z'], \tag{5.2.29}$$

wenn man $F(t') = \ln(a_0/2)$ setzt. Somit existiert entsprechend (5.2.26) und (5.2.29) eine und nur eine Lösung C_{TT} der Produktform (5.2.24) mit den Eigenschaften (5.2.21), (5.2.22), welche die Gleichung (5.2.23) für alle z', z'', τ mit $z' \geqq 0$, $z'' \geqq 0$, $-\infty < \tau = t'' - t' < +\infty$ erfüllt:

$$C_{TT}(z', z''; \tau) = (a_0{}^2/2) \exp\{-K^2(z' + z'') + \mathrm{j}[\alpha\tau - K^2(z'' - z')]\}, \tag{5.2.30}$$

$$\operatorname{Re}\{C_{TT}\} = (a_0{}^2/2) \exp[-K^2(z' + z'')] \cos[\alpha\tau - K^2(z'' - z')]. \tag{5.2.31}$$

Der Prozeß $T(z; t)$, welcher der vereinfachten Wärmeleitungsgleichung (1.2) genügt, ist demnach inhomogen bezüglich der Höhe und stationär in der Zeit. Seine AKF hat die Form einer in der Zeitverschiebung τ fortschreitenden gedämpften Welle mit der Anfangsamplitude a_0 und der höhenabhängigen Varianz

$$\left.\begin{aligned} \sigma_T{}^2(z) &\equiv C_{TT}(z, z; 0) = \sigma_0{}^2 \exp(-2K^2 z), \\ \sigma_0{}^2 &:= \sigma_T{}^2(0) = a_0{}^2/2. \end{aligned}\right\} \tag{5.2.32}$$

Die AKF des vertikalen Temperaturgradienten $\gamma := \partial T/\partial z$ und die KKF zwischen T und γ wurden (für den Zeitpunkt $t = t' = t''$) bereits im Beispiel 3.7, S. 82 angegeben.

Der im Beispiel 3.8, S. 83 eingeführte lokale Refraktionskoeffizient $\varkappa$ wird zu ca. 90% von γ bestimmt. Wenn die Varianzen σ_T^2, σ_γ^2 exponentiell mit der Höhe abnehmen, folgen $\sigma_\varkappa^2$ sowie die Varianzen σ_k^2, σ_δ^2 des wirksamen Refraktionskoeffizienten k und des Refraktionswinkels δ als Integralmittelwerte über $\varkappa$ (vgl. Beispiel 3.8, S. 83) annähernd dem gleichen Gesetz — gleichlange, horizontale Zielstrahlen vorausgesetzt. In Abb. 5.4 sind Standardabweichungen gemessener Refraktionswinkel im z — log σ_δ-System aufgetragen. Aus dem Anstieg der ausgleichenden Geraden erhält man einen Schätzwert für die Dämpfungskonstante von $K^2 \approx 0{,}65\ \mathrm{km}^{-1}$ als Maß des Wärmeaustauschs in der Gebirgsatmosphäre.

Beispiel 5.7 sollte zeigen, welchen Aufwand man bereits im einfachsten Fall der Wärmeleitung treiben muß, um ein Grundmodell für die Momente 2. Ordnung zu erhalten. Will man zusätzlich die *horizontale* Wärmeleitung berücksichtigen, so treten in Gleichung (1.1) Glieder mit der Komponenten der Windgeschwindigkeit auf. Eine Lösung ist dann nur möglich, wenn zu (1.1) die Bewegungsgleichungen und die Kontinuitätsbedingung hinzugefügt werden. Man gelangt so zu dem im Abschnitt 1.2. diskutierten System von partiellen Differentialgleichungen. Die mathematischen Schwierigkeiten nehmen sprunghaft zu, und es verwundert weiter nicht, daß mit der Lösung solcher Systeme die Namen berühmter Mathematiker verbunden sind.

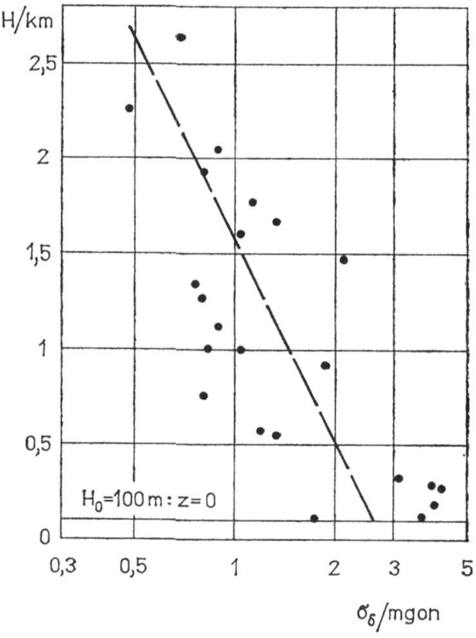

Abb. 5.4. Standardabweichung σ_δ des Refraktionswinkels δ in der Meereshöhe H bzw. der Höhe $z = H - H_0$, $H_0 = 100$ m. Schätzwerte in der Gebirgsatmosphäre nach Hradilek (1984)

5.3. Prädiktion und Kollokation

Der Geowissenschaftler sieht sich häufig in die Lage versetzt, in einer Registrierung den eigentlich zu untersuchenden Prozeß vom überlagerten Beobachtungsrauschen zu trennen. Ebenso häufig ist aus dem registrierten Verlauf eines Prozesses dessen zukünftiger Verlauf zu extrapolieren. Beide Aufgabenstellungen können auch kombiniert auftreten, oder es können mehrere gegenseitig abhängige Prozesse gleichzeitig zu bearbeiten sein. Alle diese Fragestellungen lassen sich auf ein einfaches Grundmodell zurückführen: Es sei ein stationärer Prozeß $X(t)$ gemessen. Aus dieser Messung soll ein mit $X(t)$ stationär verbundener Prozeß $Y(t)$ geschätzt werden. Im Falle der Filterung ist $Y(t)$ der eigentlich interessierende Prozeß und $X(t) = Y(t) + n(t)$ die gemessene Überlagerung dieses Prozesses mit dem Beobachtungsrauschen. Beim Extrapolationsproblem ist $Y(t)$ der zeitverschobene gemessene Prozeß X: $Y(t) = X(t + \tau)$. — Die Schätzstrategie, *Minimierung der Schätzfehlervarianz*, führt zu Methoden, die *Optimalfilterung*, *Prädiktion* bzw. *Kollokation* genannt werden. Die Wirkungsweise dieser Strategie soll nun schrittweise vorgestellt werden.

5.3.1. Eindimensionale Prädiktion

Es seien $X(t)$, $Y(t)$ stationäre Prozesse mit verschwindenden Mittelwerten, die überdies stationär verbunden sein sollen. Aus der Kenntnis von $X(t)$ soll $Y(t)$ geschätzt werden. Ausgangspunkt ist ein linearer Ansatz für die Schätzung $\hat{Y}$:

$$\hat{Y}(t) := \int_{-\infty}^{+\infty} g(t - s)\, X(s)\, \mathrm{d}s = g * X. \tag{5.3.1}$$

Diese Gleichung entspricht der Vorschrift für ein Integrationsfilter (3.3.13) mit der Gewichtsfunktion g. Der Schätzfehler ist $Y - \hat{Y} =: \varepsilon$, die Varianzen von X, ε seien σ_X^2, $\sigma_\varepsilon^2 := V$. Die Varianz des Schätzfehlers wird dann auf folgende Weise von der Wahl der Gewichtsfunktion beeinflußt:

$$V(g) = \mathsf{E}\{Y(t) - \hat{Y}(t)\}^2 = \mathsf{E}\left\{Y(t) - \int_{-\infty}^{+\infty} g(t - s)\, X(s)\, \mathrm{d}s\right\}^2. \tag{5.3.2}$$

Es ist nun naheliegend, diejenige Gewichtsfunktion g^* zu wählen, welche die Schätzfehlervarianz minimiert:

$$\min V(g) = V(g^*). \tag{5.3.3}$$

Satz 5.1: *Eine Gewichtsfunktion g^* minimiert genau dann die Schätzfehlervarianz, wenn sie die* WIENER-HOPF*sche Gleichung*

$$C_{XX} * g^* = C_{XY} \tag{5.3.4}$$

löst.

Beweis: Wir berechnen

$$V(g) = \mathsf{E}\left\{Y(t) - \int\limits_{-\infty}^{+\infty} g(t-s)\, X(s)\, \mathrm{d}s\right\}^2$$

$$= \mathsf{E}\left\{\iint\limits_{-\infty}^{+\infty} g(t-s)\, g(t-s')\, X(s)\, X(s')\, \mathrm{d}s'\mathrm{d}s\right\}$$

$$- 2\mathsf{E}\left\{\int\limits_{-\infty}^{+\infty} g(t-s)\, X(s)\, Y(t)\, \mathrm{d}s\right\} + \sigma_X^2$$

$$= \iint\limits_{-\infty}^{+\infty} g(t-s)\, g(t-s')\, C_{XX}(s-s')\, \mathrm{d}s'\, \mathrm{d}s$$

$$- 2\int\limits_{-\infty}^{+\infty} g(t-s)\, C_{XY}(t-s)\, \mathrm{d}s + \sigma_X^2.$$

Es sei nun g^* die optimale Gewichtsfunktion, dann ist für jede Funktion h die Bedingung

$$\frac{\mathrm{d}}{\mathrm{d}\alpha} V(g^* - \alpha h)\bigg|_{\alpha=0} = 0$$

erfüllt. Nun ist

$$V(g^* + \alpha h) = \iint\limits_{-\infty}^{+\infty} g^*(t-s)\, g^*(t-s')\, C_{XX}(s-s')\, \mathrm{d}s\, \mathrm{d}s'$$

$$+ 2\alpha \iint\limits_{-\infty}^{+\infty} g^*(t-s)\, h(t-s')\, C_{XX}(s-s')\, \mathrm{d}s\, \mathrm{d}s'$$

$$+ \alpha^2 \iint\limits_{-\infty}^{+\infty} h(t-s)\, h(t-s')\, C_{XX}(s-s')\, \mathrm{d}s\, \mathrm{d}s'$$

$$- 2\int\limits_{-\infty}^{+\infty} g^*(t-s)\, C_{XY}(t-s)\, \mathrm{d}s$$

$$- 2\alpha \int\limits_{-\infty}^{+\infty} h(t-s')\, C_{XY}(t-s)\, \mathrm{d}s + \sigma_X^2.$$

Damit lautet die Minimalbedingung

$$0 = \frac{\mathrm{d}}{\mathrm{d}\alpha} V(g^* + \alpha h)\bigg|_{\alpha=0} = 2\iint\limits_{-\infty}^{+\infty} g^*(t-s)\, h(t-s')\, C_{XX}(s-s')\, \mathrm{d}s\, \mathrm{d}s'$$

$$- 2\int\limits_{-\infty}^{+\infty} h(t-s)\, C_{XY}(t-s)\, \mathrm{d}s.$$

Da die Funktion h beliebig gewählt werden kann, ist diese Minimalbedingung genau dann erfüllt, wenn

$$\int_{-\infty}^{+\infty} g^*(t-s)\, C_{XX}(s-s')\, ds = C_{XY}(t-s').$$

Dies ist genau die WIENER-HOPFsche Gleichung (5.3.4). Das Schätzverfahren mit minimaler Fehlervarianz ist also durch die beiden Gleichungen

$$\left.\begin{aligned} &C_{XX} * g^* = C_{XY}, \\ &\hat{Y} = g^* * X \end{aligned}\right\} \qquad (5.3.5)$$

gegeben. Wird X nicht kontinuierlich registriert, sondern in äquidistanten Punkten $t_n = n\Delta t$, $n = 0, \pm 1, \pm 2, \ldots$, abgetastet, hat man die Werte $X(t_n)$ zur Verfügung, und die zu (5.3.5) analoge Vorschrift lautet

$$\left.\begin{aligned} &\sum_{n=-\infty}^{+\infty} C_{XX}(t_n - t_m)\, g^*(t - t_n) = C_{XY}(t - t_m), \\ &\hat{Y}(t) = \sum_{n=-\infty}^{+\infty} g^*(t - t_n)\, X(t_n), \quad m = 0, \pm 1, \pm 2, \ldots \end{aligned}\right\} \qquad (5.3.6)$$

Das Schätzverfahren mit minimaler Fehlervarianz in der kontinuierlichen Form (5.3.5) oder in der diskreten Form (5.3.6) wird als *Optimalfilterung*, nach den grundlegenden Arbeiten von A. N. KOLMOGOROW (1941) und N. WIENER (1941) als KOLMOGOROW-WIENER-*Filter* oder kurz als *Prädiktion* bezeichnet.

Wenden wir uns nun Sonderfällen von (5.3.6) zu. Der erste Sonderfall sei $Y = X$, d. h., der Prozeß X soll zwischen den Meßpunkten t_n; $n = 0, \pm 1, \pm 2, \ldots$ interpoliert werden. Die *diskreten* WIENER-HOPFschen Gleichungen lauten dann

$$\sum_{n=-\infty}^{+\infty} C_{XX}(t_n - t_m)\, g^*(t - t_m) = C_{XX}(t - t_m), \quad m = 0, \pm 1, \pm 2, \ldots \qquad (5.3.7)$$

Für einen Prozeß X mit bandbegrenzter Spektraldichte S_{XX} läßt sich die Lösung dieser Gleichungen angeben.

Satz 5.2: *Es sei X ein stationärer Prozeß mit bandbegrenzter Spektraldichte $S_{XX}: S_{XX}(\omega) = 0$ für $|\omega| \geqq \omega_g$. Dieser Prozeß sei äquidistant an den Punkten $t_n = n\pi/\omega_g$, $n = 0, \pm 1, \pm 2, \ldots$, abgetastet. Dann löst*

$$g^*(t) = \frac{\sin \omega_g t}{\omega_g t} \qquad (5.3.8)$$

die WIENER-HOPF*schen Gleichungen* (5.3.7).

Beweis: Die AKF ist die $\mathcal{F}^{-1}$-Transformierte der Spektraldichte. Da S_{XX} bandbegrenzt ist, braucht das $\mathcal{F}$-Integral nur von $-\omega_g$ bis $+\omega_g$ erstreckt zu werden. Es gilt also

$$C_{XX}(t_m - t_n) = \frac{1}{2\pi} \int_{-\omega_g}^{+\omega_g} S_{XX}(\omega)\, e^{j\omega(t_m - t_n)}\, d\omega ,$$

$$C_{XX}(t - t_m) = \frac{1}{2\pi} \int_{-\omega_g}^{+\omega_g} S_{XX}(\omega)\, e^{j\omega(t - t_m)}\, d\omega .$$

Wegen Bandbegrenzung kann S_{XX} in eine FOURIER-Reihe entwickelt werden:

$$S_{XX}(\omega) = \sum_{k=-\infty}^{+\infty} c_k\, e^{jk\pi\omega/\omega_g}, \quad c_k = \frac{1}{2\omega_g} \int_{-\omega_g}^{+\omega_g} S_{XX}(\omega)\, e^{-jk\pi\omega/\omega_g}\, d\omega .$$

Setzt man diese Beziehungen in die WIENER-HOPFschen Gleichungen ein, so ergibt sich:

$$\sum_{k=-\infty}^{+\infty} \frac{1}{2\pi} c_k \sum_{n=-\infty}^{+\infty} g^*(t - t_n) \int_{-\omega_g}^{+\omega_g} e^{j\omega\pi(k+n-m)/\omega_g}\, d\omega$$

$$= \sum_{k=-\infty}^{+\infty} \frac{1}{2\pi} c_k \int_{-\omega_g}^{+\omega_g} e^{j\omega[t+(k-m)\pi/\omega_g]}\, d\omega , \quad m = 0, \pm 1, \pm 2, \ldots$$

Da diese Beziehungen für alle bandbegrenzten Spektren und damit für alle Werte der Koeffizienten c_k gültig sind, muß

$$\sum_{n=-\infty}^{+\infty} g^*(t - t_n) \int_{-\omega_g}^{+\omega_g} e^{j\omega\pi(k+n-m)/\omega_g}\, d\omega = \int_{-\omega_g}^{+\omega_g} e^{j\omega[t+(k-m)\pi/\omega_g]}\, d\omega ,$$

$m = 0, \pm 1, \pm 2, \ldots$, gelten. Die beiden in diesen Gleichungen auftretenden Integrale sind

$$\int_{-\omega_g}^{+\omega_g} e^{j\omega\pi(k+n-m)/\omega_g}\, d\omega = 2\omega_g \frac{\sin[\pi(k + n - m)]}{\pi(k + n - m)} ,$$

$$\int_{-\omega_g}^{+\omega_g} e^{j\omega[t+(k-m)\pi/\omega_g]} d\omega = 2\omega_g \frac{\sin \pi \left[\frac{\omega_g}{\pi} t - (m - k)\right]}{\pi \left[\frac{\omega_g}{\pi} t - (m - k)\right]} .$$

Diese Beziehungen werden eingesetzt, und man erhält

$$\sum_{n=-\infty}^{+\infty} g^*(t - t_n) \frac{\sin[\pi(k+n-m)]}{\pi(k+n-m)}$$

$$= \frac{\sin \pi \left[\frac{\omega_g}{\pi} t - (m-k)\right]}{\pi \left[\frac{\omega_g}{\pi} t - (m-k)\right]}, \quad m = 0, \pm 1, \pm 2, \ldots$$

Da nun

$$\frac{\sin[\pi(k+n-m)]}{\pi(k+n-m)} = \begin{cases} 0 & \text{für} \quad n \neq m-k, \\ 1 & \phantom{\text{für}} \quad n = m-k \end{cases}$$

gilt, folgt

$$g^*(t - t_{m-k}) = \frac{\sin[\omega_g(t - t_{m-k})]}{\omega_g(t - t_{m-k})}.$$

Damit ist Satz 5.2 bewiesen.

Bisher haben wir gezeigt, daß für bandbegrenzte Signale

$$\hat{X}(t) = \sum_{n=-\infty}^{+\infty} \frac{\sin \omega_g(t - t_n)}{\omega_g(t - t_n)} X(t_n) \tag{5.3.9}$$

die lineare Schätzung mit minimaler Fehlervarianz ist. Es läßt sich aber zeigen, daß diese Fehlervarianz sogar verschwindet, d. h., daß die Schätzformel den tatsächlichen Wert der zu schätzenden Größe liefert. Dies ist der Inhalt des *Abtasttheorems* von W. A. KOTELNIKOW (1933).

Satz 5.3 (Abtasttheorem): *Es sei X ein stationärer Prozeß mit bandbegrenzter Spektraldichte, $S_{XX}(\omega) = 0$ für $|\omega| \geqq \omega_g$. Dann kann X aus der Folge seiner Tastwerte $X(t_n)$, $t_n = n\pi/\omega_g$, $n = 0, \pm 1, \pm 2, \ldots$, vollständig wiederhergestellt werden. Es gilt*

$$X(t) = \sum_{n=-\infty}^{+\infty} \frac{\sin \omega_g(t - t_n)}{\omega_g(t - t_n)} X(t_n). \tag{5.3.10}$$

Dieser Satz kann wie folgt interpretiert werden: Ein im Abstand Δ abgetastetes Signal enthält *alle* Informationen über das Signal bis zur Frequenz $\omega_g = \pi/\Delta$, — oder anders formuliert: Um alle Informationen über ein Signal bis zur Frequenz ω_g zu erfassen, muß es im Abstand $\Delta \leqq \pi/\omega_g$ abgetastet werden.

Bisher sind wir relativ ausführlich auf die Signalinterpolation eingegangen. Nun soll als weiterer Spezialfall von (5.3.6) der Fall einer *endlichen* Anzahl nicht notwendig äquidistanter Abtastpunkte t_n, $n = 1, 2, \ldots, N$, betrachtet werden. Die (5.3.6) entsprechenden Gleichungen lauten in diesem Fall

$$\hat{Y}(t) = \sum_{n=1}^{N} g_n{}^* X(t_n), \tag{5.3.11}$$

$$\sum_{n=1}^{N} C_{XX}(t_n - t_m)\, g_n{}^* = C_{XY}(t - t_m), \quad m = 1, 2, \ldots, N. \tag{5.3.12}$$

Da C_{XX} eine positiv definite Funktion ist, kann das lineare Gleichungssystem (5.3.12) gelöst und die Lösung in (5.3.11) eingesetzt werden. Es entsteht dann die Prädiktionsvorschrift

$$\hat{Y}(t) = [C_{XY}(t - t_1), \ldots, C_{XY}(t - t_n)] \begin{bmatrix} C_{XX}(t_1 - t_1) \ldots C_{XX}(t_1 - t_n) \\ C_{XX}(t_2 - t_1) \ldots C_{XX}(t_2 - t_n) \\ \vdots \\ C_{XX}(t_n - t_1) \ldots C_{XX}(t_n - t_n) \end{bmatrix}^{-1} \begin{bmatrix} X(t_1) \\ X(t_2) \\ \vdots \\ X(t_n) \end{bmatrix} \tag{5.3.13}$$

Diese endliche Form der Prädiktion wird häufig *Prädiktion nach kleinsten Quadraten* genannt.

5.3.2. Mehrdimensionale Prädiktion

Im vorhergehenden Abschnitt haben wir das Problem betrachtet, eine Schätzung $\hat{Y}(t)$ für einen Prozeß $Y(t)$ unter Zuhilfenahme eines mit $Y(t)$ stationär verbundenen Prozesses $X(t)$ zu konstruieren. Die Lösung dieses Problems fanden wir in der Methode der Prädiktion nach kleinsten Quadraten. In diesem Abschnitt wollen wir diese Methode zunächst auf mehrdimensionale Prozesse übertragen. Das Hauptaugenmerk liegt dabei auf Prozessen, die auf oder außerhalb einer Kugel definiert sind. Danach werden wir diese Methode dahingehend verallgemeinern, daß wir nicht mehr fehlerfreie Beobachtungen des Prozesses $X(t)$ voraussetzen, sondern der meßtechnischen Realität entsprechend ein Beobachtungsrauschen $n(t)$ zulassen.

Die Methode der Prädiktion nach kleinsten Quadraten ist aber nur ein Sonderfall der wesentlich allgemeineren *Kollokation nach kleinsten Quadraten.* Die Erweiterung besteht darin, daß nicht mehr lediglich *eine* Schätzung $\hat{Y}(t)$ für *einen* Prozeß $Y(t)$, ausgehend von *einem* beobachteten Prozeß $X(t)$, sondern *mehrere* Schätzungen $\hat{Y}_k(t)$, $k = 1, \ldots, m$ für *mehrere* Prozesse $Y_k(t)$, $k = 1, \ldots, m$, ausgehend von *mehreren* beobachteten Prozessen X_i, $i = 1, \ldots, n$, gesucht sind. Die Verbindung zwischen den beobachteten und den zu schätzenden Prozessen sei dadurch gegeben, daß diese als Ergebnis gewisser linearer Transformationen, angewandt auf einen gemeinsamen Ausgangsprozeß T, entstehen:

$$Y_k = S_k T, \quad k = 1, \ldots, m, \quad X_i = L_i T, \quad i = 1, \ldots, n. \tag{5.3.14}$$

Die resultierende Methode kann noch auf den Fall erweitert werden, daß die beobachteten und die zu schätzenden Prozesse über eine lineare Beziehung mit unbekannten Parametern verknüpft sind. Die Aufgabe besteht dann zusätzlich darin, diese Parameter zu schätzen. Damit wird die Kollokation ein flexibles Werkzeug, das die Bearbeitung hybrider Datensätze erlaubt und die Sonderfälle Ausgleichung, Prädiktion und Filterung einschließt.

Betrachten wir zunächst die Prädiktion auf und außerhalb einer Kugel. Es seien X und Y (homogen-isotrope) Prozesse auf der Kugel, deren AKF und KKF mit $C_{XX}(P, Q)$, $C_{YY}(P, Q)$ bzw. $C_{XY}(P, Q)$ bezeichnet seien. Als AKF können z. B. alle in Tabelle 4.7, S. 120 angegebenen Basismodelle bzw. deren Fortsetzungen in den Außenraum benutzt werden. Gesucht sei eine Schätzung $\hat{Y}(P)$ für $Y(P)$, ausgehend von den beobachteten Werten $X(P_i)$, $i = 1, 2, \ldots, n$. Die im Abschnitt 5.3.1. angestellten Überlegungen lassen sich völlig analog auf den vorliegenden Fall übertragen, und man erhält die (5.3.13) entsprechenden Prädiktionsformeln

$$\hat{Y}(P) = \boldsymbol{c}_{YX}^{\mathrm{T}} \boldsymbol{C}_{XX}^{-1} \boldsymbol{X} \tag{5.3.15}$$

mit

$$\left.\begin{aligned} \boldsymbol{c}_{YX}^{\mathrm{T}} &= [C_{YX}(P, P_1), \ldots, C_{YX}(P, P_n)], \\ \boldsymbol{X}^{\mathrm{T}} &= [X(P_1), \ldots, X(P_n)], \\ \boldsymbol{C}_{XX} &= \begin{bmatrix} C_{XX}(P_1, P_1) \ldots C_{XX}(P_1, P_n) \\ C_{XX}(P_2, P_1) \ldots C_{XX}(P_2, P_n) \\ \vdots \qquad\qquad \vdots \\ C_{XX}(P_n, P_1) \ldots C_{XX}(P_n, P_n) \end{bmatrix}. \end{aligned}\right\} \tag{5.3.16}$$

Beispiel 5.8: Schwereprädiktion.

Für die Bestimmung des Geoides bzw. für die Prospektion benötigt man sehr dichte und regulär verteilte Schwereanomalien Δg auf der gesamten bzw. einem Teil der Erdoberfläche. Im allgemeinen sind aber die zur Verfügung stehenden Daten Δg nicht gleichmäßig über die Erdoberfläche verteilt, so daß fehlende Daten aus den beobachteten prädiziert werden müssen. Dazu nimmt man an, die Schwereanomalien Δg seien ein homogen-isotroper Prozeß auf der Kugel. Als AKF-Modell für diesen Prozeß benutzt man häufig die von Tscherning und Rapp aus der globalen Analyse von Schwerefelddaten abgeleitete Funktion (4.2.32).

Man nimmt nun an, daß in den Punkten $P_i = (\vartheta_i, \lambda_i)$, $i = 1, 2, \ldots, n$, fehlerfrei bestimmte Schwereanomalien $\Delta g(P_i)$ zur Verfügung stehen. Entsprechend (5.3.15) bestimmt man eine Schätzung $\widehat{\Delta g}(P)$ für die Schwereanomalie Δg in $P = (\vartheta, \lambda)$ nach

$$\widehat{\Delta g}(P) = \boldsymbol{c}_{\Delta g \Delta g}^{\mathrm{T}} \boldsymbol{C}_{\Delta g \Delta g}^{-1} \boldsymbol{\Delta g}. \tag{5.3.17}$$

Die in (5.3.17) vorkommenden Größen sind dabei folgendermaßen definiert:

$$\boldsymbol{\Delta g}^{\mathrm{T}} = [\Delta g(P_1), \ldots, \Delta g(P_n)], \tag{5.3.18}$$

$$\boldsymbol{c}_{\Delta g \Delta g}^{\mathrm{T}} = [C_{\Delta g \Delta g}(\psi_1), \ldots, C_{\Delta g \Delta g}(\psi_n)], \tag{5.3.19}$$

$$\boldsymbol{C}_{\Delta g \Delta g} = \begin{bmatrix} C_{\Delta g \Delta g}(0) & C_{\Delta g \Delta g}(\psi_{12}) \ldots C_{\Delta g \Delta g}(\psi_{1n}) \\ \vdots & \vdots \\ C_{\Delta g \Delta g}(\psi_{n1}) \ldots & C_{\Delta g \Delta g}(\psi_{n,n-1})\ C_{\Delta g \Delta g}(0) \end{bmatrix}, \tag{5.3.20}$$

wobei

$$\left.\begin{aligned}\psi_i &= \cos\vartheta\cos\vartheta_i + \sin\vartheta\sin\vartheta_i\cos(\lambda-\lambda_i),\\ \psi_{ij} &= \cos\vartheta_i\cos\vartheta_j + \sin\vartheta_i\sin\vartheta_j\cos(\lambda_j-\lambda_i)\end{aligned}\right\} \tag{5.3.21}$$

die sphärischen Abstände der Punkte P, P_i; P_i, P_j sind.

5.3.3. Mehrdimensionale Kollokation

Nun wollen wir von der unrealistischen Voraussetzung fehlerfreier Messungen abrücken. Der gemessene Prozeß (l) sei die Überlagerung des zu prädizierenden Prozesses (Signal s) und des Beobachtungsrauschens (n):

$$l = s + n. \tag{5.3.22}$$

Signal und Rauschen mit den mit C_{ss}, C_{nn} bezeichneten AKF werden als unkorreliert vorausgesetzt: $C_{sn} \equiv 0$. Ausgehend von den Beobachtungen $l_i = l(P_i)$, $i = 1, 2, \ldots, n$, sucht man eine Schätzung $\hat{s}(P)$ für $s(P)$. Setzt man $X = l$ und $Y = s$, so haben wir die Situation (5.3.15) vor uns. Dies führt zu folgendem Formalismus der *Prädiktionsfilterung*:

$$\hat{s}(P) = \mathbf{c}_{sl}^{\mathsf{T}}\mathbf{C}_{ll}^{-1}\mathbf{l} \tag{5.3.23}$$

mit

$$\mathbf{c}_{sl}^{\mathsf{T}} = [C_{ss}(P, P_1), \ldots, C_{ss}(P, P_n)], \quad \mathbf{l}^{\mathsf{T}} = [l_1, \ldots, l_n], \tag{5.3.24}$$

$$\mathbf{C}_{ll} = \begin{bmatrix} C_{ss}(P_1,P_1) + C_{nn}(P_1,P_1) & \ldots & C_{ss}(P_1,P_n) + C_{nn}(P_1,P_n)\\ C_{ss}(P_2,P_1) + C_{nn}(P_2,P_1) & \ldots & C_{ss}(P_2,P_n) + C_{nn}(P_2,P_n)\\ \vdots & & \vdots\\ C_{ss}(P_n,P_1) + C_{nn}(P_n,P_1) & \ldots & C_{ss}(P_n,P_n) + C_{nn}(P_n,P_n)\end{bmatrix}. \tag{5.3.25}$$

Um eine anschauliche Vorstellung von der Wirkung der Prädiktionsfilterung zu erlangen, betrachten wir den Fall, daß der Prädiktionspunkt P mit einem der Beobachtungspunkte P_i zusammenfällt: $P = P_{i_0}$, $1 \leqq i_0 \leqq n$. Ferner setzen wir voraus, daß die Meßfehler in den einzelnen Meßpunkten unkorreliert sind und daß das Signal nur schwach verrauscht ist:

$$\mathbf{C}_{nn} = \sigma^2\mathbf{I}, \quad \sigma^2 \ll |C_{ss}(P_i, P_i)|, \quad i = 1, \ldots, n. \tag{5.3.26}$$

Für die Inverse $\mathbf{C}_{ll}^{-1}$ gilt dann näherungsweise

$$\mathbf{C}_{ll}^{-1} \approx \mathbf{C}_{ss}^{-1} - \sigma^2\mathbf{C}_{ss}^{-1}\mathbf{C}_{ss}^{-1}. \tag{5.3.27}$$

Setzt man dies in (5.3.23) ein, so entsteht

$$\begin{aligned}\hat{s}(P_{i_0}) &\approx \mathbf{c}_{sl}^{\mathsf{T}}\mathbf{C}_{ss}^{-1}\mathbf{l} - \sigma^2\mathbf{c}_{sl}^{\mathsf{T}}\mathbf{C}_{ss}^{-1}\mathbf{C}_{ss}^{-1}\mathbf{l}\\ &= \mathbf{c}_{ss}^{\mathsf{T}}\mathbf{C}_{ss}^{-1}\mathbf{l} - \sigma^2\mathbf{c}_{ss}^{\mathsf{T}}\mathbf{C}_{ss}^{-1}\mathbf{C}_{ss}^{-1}\mathbf{l}\\ &= l(P_{i_0}) - \sigma^2[0, \ldots, 1, \ldots, 0]\,\mathbf{C}_{ss}^{-1}\mathbf{l}.\end{aligned} \tag{5.3.28}$$

Nun überzeugt man sich, daß

$$\begin{aligned}\sigma^2[0, \ldots, 1, \ldots, 0] &= [C_{ln}(P_1, P_{i_0}), \ldots, C_{ln}(P_{i_0}, P_{i_0}), \ldots, C_{ln}(P_n, P_{i_0})] \\ &= \boldsymbol{c}_{ln}^{\mathsf{T}} \end{aligned} \tag{5.3.29}$$

gilt. Ferner ist der zweite Term in (5.3.28) ein Korrekturglied. Man kann ihn daher ohne Genauigkeitsverlust leicht abändern. Es kann z. B. $\boldsymbol{C}_{ss}^{-1}$ durch $\boldsymbol{C}_{ll}^{-1}$ ersetzt werden. Damit erhält man

$$\hat{s}(P_{i_0}) \approx l(P_{i_0}) - \boldsymbol{c}_{ln}^{\mathsf{T}} \boldsymbol{C}_{ll}^{-1} \boldsymbol{l} = l(P_{i_0}) - \hat{n}(P_{i_0}). \tag{5.3.30}$$

Dies bedeutet, daß durch Prädiktionsfilterung das Rauschen abgetrennt und das Signal aus den Messungen herauspräpariert wird. Für den Grenzfall verschwindenden Rauschens reproduziert die Prädiktionsfilterung die gemessenen Werte.

Nun wollen wir die Methode der Prädiktionsfilterung auf den Fall verallgemeinern, daß sowohl die gemessenen als auch die zu prädizierenden Werte das Ergebnis linearer Transformationen eines gemeinsamen Prozesses T sind, z. B. Schwereanomalie Δg, Geoidhöhe N, Lotabweichungskomponenten ξ, η als Funktion des Störpotentials T:

$$\left.\begin{aligned} \Delta g &= -\frac{\partial T}{\partial r} - \frac{2}{R}\,T, \quad N = \frac{T}{\gamma}, \\ \xi &= \frac{1}{\gamma R}\,\frac{\partial T}{\partial \vartheta}, \quad \eta = -\frac{1}{\gamma R \sin\vartheta}\,\frac{\partial T}{\partial \lambda}. \end{aligned}\right\} \tag{5.3.31}$$

Dabei ist R der mittlere Erdradius und γ die Normalschwere.

Der Prozeß T mit C_{TT} sei homogen-isotrop. Die zu prädizierenden Signale s_k seien das Ergebnis linearer Transformationen von T,

$$s_k = S_k T, \quad k = 1, 2, \ldots, m, \tag{5.3.32}$$

die gemessenen Werte l_i Überlagerungen linearer Transformationen von T mit dem Beobachtungsrauschen n,

$$l_i = L_i T + n_i, \quad i = 1, 2, \ldots, n. \tag{5.3.33}$$

Ferner sei wiederum vorausgesetzt, daß l und n unkorreliert sind. Um den Formalismus der Prädiktionsfilterung anwenden zu können, müssen aus C_{TT} durch Kovarianzfortpflanzung die Größen $\boldsymbol{c}_{sl}$ und C_{ll} berechnet werden. Man erhält

$$\boldsymbol{C}_{ll} = \begin{bmatrix} L_1{}^P L_1{}^Q C_{TT}(P,Q) & \ldots & L_1{}^P L_n{}^Q C_{TT}(P,Q) \\ \vdots & & \vdots \\ L_n{}^P L_1{}^Q C_{TT}(P,Q) & \ldots & L_n{}^P L_n{}^Q C_{TT}(P,Q) \end{bmatrix} + \boldsymbol{C}_{nn}, \tag{5.3.34}$$

$$\boldsymbol{c}_{sl}^{\mathsf{T}} = \begin{bmatrix} S_1{}^P L_1{}^Q C_{TT}(P,Q) & \ldots & S_1{}^P L_n{}^Q C_{TT}(P,Q) \\ \vdots & & \vdots \\ S_m{}^P L_1{}^Q C_{TT}(P,Q) & \ldots & S_m{}^P L_n{}^Q C_{TT}(P,Q) \end{bmatrix}. \tag{5.3.35}$$

Die hochgestellten Symbole P, Q bedeuten gemäß (4.2.14), (4.2.15), daß die Operationen bezüglich der Variablen P bzw. Q von C_{TT} auszuführen sind. Damit ergibt sich die Vorschrift

$$\begin{bmatrix} \widehat{S_1 T} \\ \vdots \\ \widehat{S_m T} \end{bmatrix} = \begin{bmatrix} S_1{}^P L_1{}^Q C_{TT} & \dots & S_1{}^P L_n{}^Q C_{TT} \\ \vdots & & \vdots \\ S_m{}^P L_1{}^Q C_{TT} & \dots & S_m{}^P L_n{}^Q C_{TT} \end{bmatrix}$$

$$\times \left[\begin{bmatrix} L_1{}^P L_1{}^Q C_{TT} & \dots & L_1{}^P L_n{}^Q C_{TT} \\ \vdots & & \vdots \\ L_n{}^P L_1{}^Q C_{TT} & \dots & L_n{}^P L_n{}^Q C_{TT} \end{bmatrix} + C_{nn} \right]^{-1} \begin{bmatrix} l_1 \\ \vdots \\ l_n \end{bmatrix}. \quad (5.3.36)$$

Der oben dargestellte Formalismus wird als *Kollokation nach kleinsten Quadraten* bezeichnet. Die Kollokation hat gegenüber der Prädiktion ein weitaus größeres Anwendungsfeld. Während sich die Anwendung der Prädiktion in der Interpolation von Schweredaten, Geoidundulationen u. ä. beschränkt, können mit der Kollokation Datensätze von unterschiedlichstem Typ *gemeinsam* verarbeitet werden: Horizontalwinkel, Zenitdistanzen, Schweremessungen, astronomische Längen- und Breitenbeobachtungen, Satellitenbeobachtungen, Schweregradienten usw. — Alle diese Daten haben die gemeinsame Eigenschaft, daß sie vom Erdschwerefeld beeinflußt werden. Sie können daher, eventuell nach Linearisierung, als lineare Transformationen des Störpotentials dargestellt werden.

Beispiel 5.9: Das Gravimetrie-Altimetrie-Problem.
Beim klassischen Stokes-Problem der Physikalischen Geodäsie nimmt man an, daß die Erdoberfläche gleichmäßig mit Schwereanomaliedaten Δg bedeckt ist, und man versucht, aus diesen Daten das Störpotential T bzw. die Geoidhöhe N zu bestimmen. In der Realität fehlen aber auf den Ozeanen Schwereanomalien fast vollständig. Dafür kann man aber mit Hilfe der Satellitenaltimetrie das Störpotential T selbst über den Ozeanen bestimmen. Es liegt daher nahe, beide Datentypen zu kombinieren und damit den Verlauf des Geoids unter den Kontinenten zu bestimmen. Diese Aufgabe wird gelegentlich als *Gravimetrie-Altimetrie-Problem* bezeichnet.

Man nimmt also an, in p Punkten P_i seien die Schwereanomalien

$$\Delta g_i = L_i T + n_i = -\frac{\partial T(P_i)}{\partial r} - \frac{2}{r} T(P_i) + n_i, \quad i = 1, 2, \dots, p, \quad (5.3.37)$$

mit dem „mittleren Fehler" $\sigma_{\Delta g}$ bestimmt. Ferner soll in q Punkten das Störpotential

$$T_i = L_i T + n_i = T(P_i) + n_i; \quad i = p + 1, \dots, n, \quad p + q = n \quad (5.3.38)$$

mit dem „mittleren Fehler" σ_T gegeben sein. Gesucht seien an m Punkten Q_k die Geoidhöhen

$$N_k = S_k T = T(Q_k)/\gamma, \quad k = 1, 2, \dots, m. \quad (5.3.39)$$

Berechnen wir nun die benötigten Matrizen. Unter der Annahme, daß alle ausgeführten Beobachtungen unkorrelierte Fehler haben, ergibt sich

$$\boldsymbol{C}_{nn} = \begin{bmatrix} \sigma^2_{\Delta g}\boldsymbol{I} & \boldsymbol{0} \\ \boldsymbol{0} & \sigma_T{}^2\boldsymbol{I} \end{bmatrix}. \tag{5.3.40}$$

Für die Matrix $\boldsymbol{c}_{sl}$ erhält man nach (5.3.36)

$$\boldsymbol{c}_{sl}^{\mathsf{T}} = \left[\begin{array}{ccc|ccc} C_{N\Delta g}(P_1, Q_1) & \dots & C_{N\Delta g}(P_p, Q_1) & C_{NT}(P_{p+1}, Q_1) & \dots & C_{NT}(P_n, Q_1) \\ \vdots & & \vdots & \vdots & & \vdots \\ C_{N\Delta g}(P_1, Q_m) & \dots & C_{N\Delta g}(P_p, Q_m) & C_{NT}(P_{p+1}, Q_m) & \dots & C_{NT}(P_n, Q_m) \end{array}\right], \tag{5.3.41}$$

und ferner gilt

$$\boldsymbol{C}_{ll} = \boldsymbol{C}_{nn} + \left[\begin{array}{ccc|ccc} C_{\Delta g\Delta g}(P_1, P_1) & \dots & C_{\Delta g\Delta g}(P_1, P_p) & C_{\Delta gT}(P_1, P_{p+1}) & \dots & C_{\Delta gT}(P_1, P_n) \\ \vdots & & \vdots & \vdots & & \vdots \\ C_{\Delta g\Delta g}(P_p, P_1) & \dots & C_{\Delta g\Delta g}(P_p, P_p) & C_{\Delta gT}(P_p, P_{p+1}) & \dots & C_{\Delta gT}(P_p, P_n) \\ \hline C_{T\Delta g}(P_{p+1}, P_1) & \dots & C_{T\Delta g}(P_{p+1}, P_p) & C_{TT}(P_{p+1}, P_{p+1}) & \dots & C_{TT}(P_{p+1}, P_n) \\ \vdots & & \vdots & \vdots & & \vdots \\ C_{T\Delta g}(P_n, P_1) & \dots & C_{T\Delta g}(P_n, P_p) & C_{TT}(P_n, P_{p+1}) & \dots & C_{TT}(P_n, P_n) \end{array}\right], \tag{5.3.42}$$

$$[\widehat{S_1T}, \dots, \widehat{S_mT}] = [\hat{N}(Q_1), \dots, \hat{N}(Q_m)],$$
$$[l_1, \dots, l_n] = [\Delta g_1, \dots, \Delta g_p, T_{p+1}, \dots, T_n].$$

Wählt man z. B. als AKF-Modell C_{TT} die Funktion (4.2.23), so ist die AKF $C_{\Delta g\Delta g}$ bereits bekannt. Es ist das logarithmische Modell (4.2.33). Lediglich die KKF $C_{T\Delta g}$, $C_{N\Delta g}$, C_{NT} bleiben noch zu berechnen. Es gilt

$$\begin{aligned} C_{T\Delta g} &= -\frac{\partial C_{TT}}{\partial r'} - \frac{2}{R} C_{TT}\bigg|_{r'=r''=R} \\ &= -\frac{\partial}{\partial r'}\left[\alpha R^2 \sum_{n=2}^{\infty}\left(\frac{R^2}{r'r''}\right)^{n+1} \frac{\sigma^{n+2}}{n(n-1)^2} P_n(\cos\psi)\right] \\ &\quad - \frac{2}{R}\alpha R^2 \sum_{n=2}^{\infty}\left(\frac{R^2}{r'r''}\right)^{n+1} \frac{\sigma^{n+2}}{n(n-1)^2} P_n(\cos\psi)\bigg|_{r'=r''=R} \\ &= \alpha R \sum_{n=2}^{\infty} \frac{\sigma^{n+2}}{n(n-1)} P_n(\cos\psi), \end{aligned} \tag{5.3.43}$$

$$C_{N\Delta g} = \frac{1}{\gamma} C_{T\Delta g}, \quad C_{NT} = \frac{1}{\gamma} C_{TT}. \tag{5.3.44}$$

Nun stehen alle Informationen bereit, um die benötigten Matrizen zu berechnen, und man erhält

$$[\hat{N}(Q_1), \dots, \hat{N}(Q_m)]^{\mathsf{T}} = \boldsymbol{c}_{sl}^{\mathsf{T}} \boldsymbol{C}_{ll}^{-1} [\Delta g_1, \dots, \Delta g_p, T_{p+1}, \dots, T_n]^{\mathsf{T}}. \tag{5.3.45}$$

Es soll nicht unerwähnt bleiben, daß die praktische Anwendung der attraktiven und in sich geschlossenen Theorie in den Beispielen 5.8 und 5.9 auf erhebliche Schwierigkeiten stößt. Man denke z. B. an die Lücken im verfügbaren

Datenmaterial und die nach Staaten bzw. Staatengruppen unterschiedlichen Systeme, auf die sich die Daten beziehen.

Jetzt soll die Kollokation noch dahingehend erweitert werden, daß das bisherige Signal s in einen langwelligen und einen kurzwelligen Anteil zerlegt wird (Abb. 5.5). Der langwellige Anteil wird *Trend* genannt und soll durch einen linearen Ansatz der Form

$$\sum_{i=1}^{r} a_i(\vartheta, \lambda)\, x_i \tag{5.3.46}$$

mit den zu bestimmenden Parametern x_i modelliert werden. Der verbleibende kurzwellige Anteil soll weiterhin als Signal s bezeichnet werden. Der Kollokationsansatz lautet nunmehr

$$l = \sum_{i=1}^{r} a_i(\vartheta, \lambda)\, x_i + s + n. \tag{5.3.47}$$

Zu bestimmen sind $\hat{s}$ und $\hat{x}_i$, $i = 1, 2, \ldots, r$. Bezeichnen wir für den Augenblick

$$\left.\begin{aligned} &\boldsymbol{Y} = [l(\vartheta_1, \lambda_1), \ldots, l(\vartheta_m, \lambda_m)]^{\mathsf{T}} = \boldsymbol{l}^{\mathsf{T}}, \quad \boldsymbol{\beta} = [x_1, \ldots, x_r]^{\mathsf{T}} = \boldsymbol{x}^{\mathsf{T}}, \\ &\boldsymbol{A}^{\mathsf{T}} = \begin{bmatrix} a_1(\vartheta_1, \lambda_1) \ldots a_1(\vartheta_m, \lambda_m) \\ a_2(\vartheta_1, \lambda_1) \ldots a_2(\vartheta_m, \lambda_m) \\ \vdots \qquad\qquad \vdots \\ a_r(\vartheta_1, \lambda_1) \ldots a_r(\vartheta_m, \lambda_m) \end{bmatrix}, \quad \boldsymbol{\varepsilon} = \begin{bmatrix} n(\vartheta_1, \lambda_1) + s(\vartheta_1, \lambda_1) \\ n(\vartheta_2, \lambda_2) + s(\vartheta_2, \lambda_2) \\ \vdots \\ n(\vartheta_m, \lambda_m) + s(\vartheta_m, \lambda_m) \end{bmatrix}, \end{aligned}\right\} \tag{5.3.48}$$

so kann (5.3.47) in der Form

$$\boldsymbol{Y} = \boldsymbol{A\beta} + \boldsymbol{\varepsilon}, \quad \mathsf{E}\{\boldsymbol{\varepsilon\varepsilon}^{\mathsf{T}}\} = \boldsymbol{C}_{ss} + \boldsymbol{C}_{nn} \tag{5.3.49}$$

geschrieben werden. Wir haben das allgemeine lineare Modell aus Abschnitt 2.2.3. vor uns. Von daher wissen wir auch, daß

$$[\hat{x}_1, \ldots, \hat{x}_r]^{\mathsf{T}} = \hat{\boldsymbol{\beta}} = [\boldsymbol{A}^{\mathsf{T}}(\boldsymbol{C}_{ss} + \boldsymbol{C}_{nn}]^{-1}\, \boldsymbol{A}^{\mathsf{T}}(\boldsymbol{C}_{ss} + \boldsymbol{C}_{nn})^{-1}\, \boldsymbol{Y} \tag{5.3.50}$$

die *beste lineare unverzerrte Schätzung* für die Koeffizienten x_i, $i = 1, 2, \ldots, r$ des Trendmodells ist. Subtrahiert man die Trendschätzung von den Beobachtungen,

$$\bar{l}(\vartheta_k, \lambda_k) = l(\vartheta_k, \lambda_k) - \sum_{i=1}^{r} a_i(\vartheta_k, \lambda_k)\, \hat{x}_i, \tag{5.3.51}$$

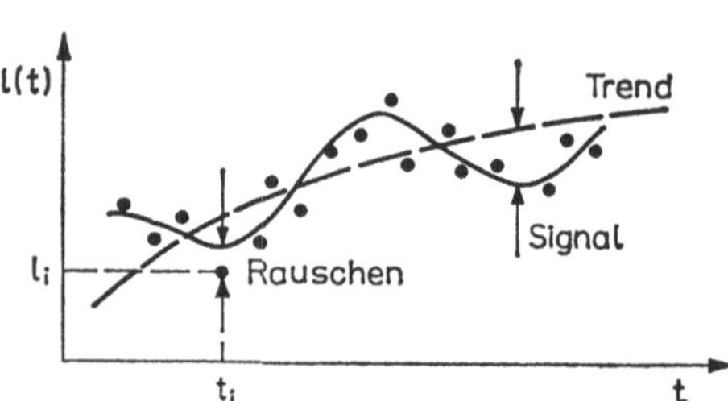

Abb. 5.5. Eindimensionales trendbehaftetes und verrauschtes Signal

so gilt $\bar{l} = s + n$, und wir haben wieder die Situation (5.3.22) vor uns. Damit lautet $\hat{\boldsymbol{s}}$:

$$\hat{\boldsymbol{s}} = \boldsymbol{c}_{s\bar{l}}^{\mathsf{T}}(\boldsymbol{C}_{ss} + \boldsymbol{C}_{nn})^{-1}\,\bar{\boldsymbol{l}}. \tag{5.3.52}$$

Fassen wir nochmals zusammen, so lautet das Kollokationsmodell:

$$\left.\begin{aligned} \boldsymbol{l} &= \boldsymbol{A}\boldsymbol{x} + \boldsymbol{s} + \boldsymbol{n}, \quad \mathsf{E}\{\boldsymbol{l}\boldsymbol{l}^{\mathsf{T}}\} = \boldsymbol{C}_{ss} + \boldsymbol{C}_{nn}, \\ \hat{\boldsymbol{x}} &= [\boldsymbol{A}^{\mathsf{T}}(\boldsymbol{C}_{ss} + \boldsymbol{C}_{nn})^{-1}\boldsymbol{A}]^{-1}\boldsymbol{A}^{\mathsf{T}}(\boldsymbol{C}_{ss} + \boldsymbol{C}_{nn})^{-1}\boldsymbol{l}, \\ \hat{\boldsymbol{s}} &= \boldsymbol{c}_{s\bar{l}}^{\mathsf{T}}(\boldsymbol{C}_{ss} + \boldsymbol{C}_{nn})^{-1}(\boldsymbol{l} - \boldsymbol{A}\hat{\boldsymbol{x}}). \end{aligned}\right\} \tag{5.3.53}$$

Für den Sonderfall verschwindenden Trends ($\boldsymbol{A} = \boldsymbol{0}$) ergibt sich die Prädiktionsfilterung und für den Sonderfall verschwindenden Signals ($\boldsymbol{s} = \boldsymbol{0}$, $\boldsymbol{C}_{ss} = \boldsymbol{0}$, $\boldsymbol{c}_{sl}^{\mathsf{T}} = \boldsymbol{0}$) das Ausgleichungsmodell vermittelnder Beobachtungen.

Literaturhinweise: Eine Einführung in die Theorie der Markow-Prozesse gibt u. a. Fisz (1970), spezielle Beispiele Agterberg (1974). Periodische Signale und verallgemeinerte Prozesse vom Typ des weißen Rauschens, ferner gewöhnliche Differentialgleichungen mit stochastischen Variablen werden vorwiegend in technischen Büchern behandelt, z. B. Schlitt (1960, 1968), aber auch Sweschnikow (1965). Zu partiellen Differentialgleichungen der Turbulenztheorie bzw. Hydrodynamik siehe Obuchow (1958) und Jaglom (1958), zur Laplace-Gleichung im Außenraum z. B. Moritz (1974). Ein Überblick über stochastische Differentialgleichungen findet sich im Handbuch von Dreszer (1975). Als klassische Abhandlung über Optimalfilterung gilt die von Wiener (1950); ferner verweisen wir auf Neuburger (1972) und die elementare Darstellung von Lauer und Wrobel (1972). Prädiktion und Kollokation werden, speziell für die Physikalische Geodäsie, ausführlich von Moritz (1973, 1978, 1980) und Rummel (1975) behandelt. Weitere Spezialarbeiten, „moderne" Zugänge und Konzepte finden sich in den Sammelbänden Brosowski und Martensen (1975), Moritz und Sünkel (1978), Grafarend und Rapp (1984), Sünkel (1986).

6. Zur Statistik der Zufallsprozesse

6.1. Stichprobenerhebung

6.1.1. *Ergodizität*

Wir haben die AKF bzw. die Spektraldichte als wichtige Kennfunktion eines stationären Prozesses kennengelernt. Die AKF ist mit Hilfe des Erwartungswertes definiert worden, und wir haben im Abschnitt 2.2.4. als Schätzung für den Erwartungswert das arithmetische Mittel über mehrere (möglichst viele) unabhängige Realisierungen kennengelernt. Um die AKF zu schätzen, benötigen wir also mehrere Realisierungen des Prozesses. In den meisten Fällen steht uns aber nur eine einzige Realisierung zur Verfügung, denn es gibt z. B. nur ein einziges Geomagnet- bzw. Erdschwerefeld. Es erhebt sich die Frage, ob nicht vielleicht doch bereits in dieser einzigen Realisierung alle Informationen über den Gesamtprozeß enthalten sind. Prozesse, die diese Eigenschaft besitzen, heißen *ergodisch*. Sie sind einerseits auf Grund ihrer „exotischen" Eigenschaften recht selten, andererseits kommt der Anwender, wenn er nur über eine einzige Realisierung verfügt, gar nicht umhin, Ergodizität zu unterstellen bzw. als Arbeitshypothese zu postulieren, wenn er überhaupt Aussagen über die Prozeßeigenschaften treffen will.

Wir wollen uns hier einer eingeschränkten Fragestellung widmen: Wann sind in einer einzigen Realisierung eines stationären Prozesses alle Informationen über Mittelwert und AKF enthalten?

Präziser formuliert: Wann sind

$$\hat{m} := \frac{1}{T} \int_0^T X(t)\, \mathrm{d}t \qquad (6.1.1)$$

bzw.

$$\hat{C}_{XX}(\tau) := \frac{1}{T} \int_0^{T-\tau} [X(t) - \hat{m}]\,[X(t+\tau) - \hat{m}]\, \mathrm{d}t \qquad (6.1.2)$$

erwartungstreue und für $T \to \infty$ konsistente Schätzungen für Mittelwert m bzw. Autokovarianzfunktion C_{XX} eines stationären Prozesses X? Da bei Gaussschen Prozessen Mittelwert und AKF bereits alle Informationen über den Prozeß enthalten, bedeutet in diesem Fall die Fragestellung nach Erwartungstreue und Konsistenz von (6.1.1), (6.1.2) keine Einschränkung der ursprünglichen Fragestellung nach der Ergodizität.

Wir wollen zuerst für eindimensionale Prozesse Bedingungen dafür angeben, daß (6.1.1), (6.1.2) erwartungstreue und konsistente Schätzungen sind. Eine Erweiterung auf den ebenen bzw. räumlichen Fall ergibt sich dann in natürlicher Weise.

Satz 6.1: *Es sei X ein stationärer Prozeß mit C_{XX} als* AKF. *Unter der Voraussetzung*

$$\int_0^\infty |C_{XX}(y)| \, dy < +\infty \tag{6.1.3}$$

gilt

$$\mathsf{E}\hat{m} = m, \quad \lim_{T\to\infty} \mathsf{D}^2\hat{m} = 0, \tag{6.1.4}$$

d. h., $\hat{m}$ ist eine erwartungstreue und für $T \to \infty$ konsistente Schätzung für den Mittelwert m.

Beweis: Auf Grund der Vertauschbarkeit der Operationen Erwartungswert und Integration verifiziert man unmittelbar

$$\mathsf{E}\hat{m} = \mathsf{E}\left\{\frac{1}{T}\int_0^T X(t)\, dt\right\} = \frac{1}{T}\int_0^T \mathsf{E}\{X(t)\}\, dt = \frac{1}{T}\int_0^T m\, dt = m.$$

Ferner gilt

$$\mathsf{D}^2\hat{m} = \mathsf{E}\{\hat{m} - m\}^2 = \mathsf{E}\left\{\left[\frac{1}{T}\int_0^T X(t')\, dt' - m\right]\right.$$

$$\left.\times \left[\frac{1}{T}\int_0^T X(t'')\, dt'' - m\right]\right\}$$

$$= \frac{1}{T^2}\int_0^T\int_0^T \mathsf{E}\{[X(t') - m]\,[X(t'') - m]\}\, dt'\, dt''$$

$$= \frac{1}{T^2}\int_0^T\int_0^T C_{XX}(t'' - t')\, dt'\, dt''. \tag{6.1.5}$$

Um eine der beiden Integrationen ausführen zu können, substituieren wir $x = t' + t''$, $y = t' - t''$ und erhalten:

$$\mathrm{D}^2\hat{m} = \frac{1}{2T^2} \iint\limits_{\substack{0 \leq x+y \leq 2T \\ 0 \leq x-y \leq 2T}} C_{XX}(y)\, \mathrm{d}x\, \mathrm{d}y$$

$$= \frac{1}{2T^2} \int\limits_{-T}^{0} \int\limits_{-(y+T)}^{y+T} C_{XX}(y)\, \mathrm{d}x\, \mathrm{d}y + \frac{1}{2T^2} \int\limits_{0}^{T} \int\limits_{-(T-y)}^{T-y} C_{XX}(y)\, \mathrm{d}x\, \mathrm{d}y$$

$$= \frac{1}{T^2} \int\limits_{-T}^{0} (y + T)\, C_{XX}(y)\, \mathrm{d}y + \frac{1}{T^2} \int\limits_{0}^{T} (T - y)\, C_{XX}(y)\, \mathrm{d}y$$

$$= \frac{2}{T^2} \int\limits_{0}^{T} (T - y)\, C_{XX}(y)\, \mathrm{d}y = \frac{2}{T} \int\limits_{0}^{T} \left(1 - \frac{y}{T}\right) C_{XX}(y)\, \mathrm{d}y .$$

Wir schätzen nun ab:

$$0 \leqq \mathrm{D}^2\hat{m} \leqq \frac{2}{T} \int\limits_{0}^{T} \left(1 - \frac{y}{T}\right) |C_{XX}(y)|\, \mathrm{d}y \leqq \frac{2}{T} \int\limits_{0}^{T} |C_{XX}(y)|\, \mathrm{d}y .$$

Auf beiden Seiten der Ungleichung wird der Grenzübergang $T \to \infty$ vollzogen:

$$0 \leqq \lim_{T\to\infty} \mathrm{D}^2\hat{m} \leqq \lim_{T\to\infty} \frac{2}{T} \int\limits_{0}^{T} |C_{XX}(y)|\, \mathrm{d}y = 0 .$$

Damit ist der Satz 6.1 bewiesen.

Der Beweis von Satz 6.1 wurde relativ ausführlich dargestellt. Verwandte Aussagen werden ähnlich bewiesen. Deshalb soll im folgenden auf die Angabe von Beweisen verzichtet werden. Lediglich auf wesentliche Unterschiede wird von Fall zu Fall hingewiesen.

Satz 6.2: *Es sei X ein stationärer* GAUSSscher *Prozeß mit C_{XX} als* AKF. *Unter der Voraussetzung*

$$\int\limits_{0}^{\infty} [C_{XX}(\tau)]^2\, \mathrm{d}\tau < +\infty \tag{6.1.6}$$

gilt

$$\lim_{T\to\infty} \mathrm{E}\{\hat{C}_{XX}(\tau)\} = C_{XX}(\tau) , \tag{6.1.7}$$

$$\lim_{T\to\infty} \mathrm{D}^2\{\hat{C}_{XX}(\tau)\} = 0 , \tag{6.1.8}$$

d. h., $\hat{C}_{XX}$ ist eine asymptotisch erwartungstreue und konsistente Schätzung für C_{XX}.

Wir haben hier stärkere Voraussetzungen als bei Satz 6.1 zu stellen. Dennoch ist das bewiesene Ergebnis schwächer. Da in die Schätzung für $\hat{C}_{XX}$ statt des exakten, aber unbekannten m die Schätzung $\hat{m}$ eingeführt wird, führt die erst für $T \to \infty$ verschwindende Varianz von $\hat{m}$ dazu, daß auf Erwartungstreue verzichtet werden muß. Es kann nur die schwächere Eigenschaft asymptotischer Erwartungstreue etabliert werden. Da in (6.1.2) im Gegensatz zu (6.1.1) über Produkte von X mit sich zu integrieren ist, steht in dem (6.1.5) entsprechenden Integral ein Moment vierter Ordnung. Um dieses in eine Summe von Produkten von Momenten zweiter Ordnung auflösen zu können, bedarf es der Voraussetzung der Normalverteilung. Es verbleiben letztlich Integrale über Produkte der AKF mit sich. Für die Konsistenz ist deshalb statt absoluter Integrierbarkeit von C_{XX} die quadratische Integrierbarkeit zu fordern.

Insgesamt läßt sich etwas vergröbernd für GAUSSsche Prozesse die Bedingung für Ergodizität folgendermaßen formulieren: Die Registrierlänge T muß sehr groß gegenüber der Korrelationslänge des Prozesses sein. Dies ist auch intuitiv plausibel, denn in diesem Fall läßt sich die Registrierung in mehrere Teile zerlegen, die dann annähernd unabhängig sind. Die Empirie zeigt, daß diese für GAUSSsche stationäre Prozesse bewiesene Eigenschaft im wesentlichen auch für andere stationäre Prozesse gültig ist. Nicht einmal die Dimension des Prozesses ist entscheidend. Wesentlich ist nur, daß das Stichprobengebiet beliebig groß werden kann. Folglich gelten die für eindimensionale Prozesse gemachten Bemerkungen zur Ergodizität sinngemäß auch für Prozesse in der Ebene oder im Raum.

Grundsätzlich andere Verhältnisse sind auf der Kugel anzutreffen. Dort ist die Stichprobenfläche höchstens so groß wie die Kugeloberfläche $F = 4\pi R^2$. Schätzt man z. B. den Mittelwert m eines homogen-isotropen Prozesses X auf der Kugel durch

$$\hat{m} := \frac{1}{4\pi R^2} \int_0^{\pi} \int_0^{2\pi} X(\vartheta, \lambda) \sin\vartheta \, d\lambda \, d\vartheta, \tag{6.1.9}$$

so erhält man für die Varianz dieser Schätzung

$$\left.\begin{aligned} D^2\hat{m} &= \frac{1}{16\pi^2 R^4} \int_0^{\pi}\int_0^{2\pi}\int_0^{\pi}\int_0^{2\pi} C_{XX}(\psi) \sin\vartheta' \sin\vartheta'' \, d\lambda' \, d\vartheta' \, d\lambda'' \, d\vartheta'', \\ \cos\psi &= \cos\vartheta' \cos\vartheta'' + \sin\vartheta' \sin\vartheta'' \cos(\lambda'' - \lambda'). \end{aligned}\right\} \tag{6.1.10}$$

Damit ist die Varianz von Null verschieden und die Schätzung nicht konsistent. Beim analogen Integral (6.1.5) im eindimensionalen Fall waren wir in der Lage, durch den Grenzübergang $T \to \infty$ die Varianz zum Verschwinden zu bringen. Ein analoges Vorgehen ist auf der Kugel natürlich unmöglich. Wir müssen uns deshalb damit abfinden, daß auf der Kugel ergodische Prozesse weitaus seltener sind als in der Ebene oder im Raum. Bedeutungsvoll ist in diesem Zusammenhang das berühmte Negativresultat von LAURITZEN.

Satz 6.3 (S. L. LAURITZEN, 1973): *Ein homogener, isotroper* GAUSS*scher Prozeß auf der Kugel kann nicht ergodisch sein.*

Damit im Hinblick auf die statistische Behandlung von Feldern an der Erdoberfläche die Eigenschaft der Ergodizität gerettet werden kann, muß auf stochastische Modelle zurückgegriffen werden, die ohne die Voraussetzung der Normalverteilung auskommen. Ein mögliches Modell soll im folgenden Beispiel vorgestellt werden.

Beispiel 6.1: Homogen-isotroper ergodischer Prozeß auf der Kugel.
Es sei $x(\vartheta, \lambda)$, $0 \leqq \vartheta \leqq \pi$, $0 \leqq \lambda \leqq 2\pi$ ein an der Erdoberfläche registriertes Skalarfeld. Mit der Vereinbarung '

$$\begin{aligned} t_1 &= R \cos \lambda \sin \vartheta \\ t_2 &= R \sin \lambda \sin \vartheta, \\ t_3 &= R \cos \vartheta \end{aligned} \quad \boldsymbol{t} = \begin{bmatrix} t_1 \\ t_2 \\ t_3 \end{bmatrix}, \tag{6.1.11}$$

kann diese Realisierung auch als

$$x = x(\boldsymbol{t}), \quad |\boldsymbol{t}| = R \tag{6.1.12}$$

geschrieben werden. Ferner seien Θ, Λ, A drei auf $[0, \pi]$ bzw. $[0, 2\pi]$ gleichverteilte unabhängige Zufallsgrößen. Diese sollen als zufällige EULERsche Winkel aufgefaßt werden. Der Drehung um die zufälligen EULERschen Winkel entspricht eine zufällige Rotationsmatrix $\boldsymbol{R}(\Theta, \Lambda, A)$. Mit Hilfe von $\boldsymbol{R}$ läßt sich ein stochastischer Prozeß auf der Kugel definieren:

$$X(\boldsymbol{t}; \Theta, \Lambda, A) := x(\boldsymbol{R}(\Theta, \Lambda, A)\, \boldsymbol{t}). \tag{6.1.13}$$

Offenbar ist die Registrierung $x(\boldsymbol{t})$ eine mögliche Realisierung des Prozesses; nämlich für den Fall, daß die zufälligen EULERschen Winkel übereinstimmend den Wert Null realisieren. Alle anderen Realisierungen des Prozesses X entstehen durch Rotation der Registrierung x, wobei alle möglichen Rotationen gleichwahrscheinlich sind. Der so konstruierte, recht künstlich wirkende Prozeß ist homogen-isotrop *und* ergodisch und stellt somit ein stochastisches Modell für die statistische Behandlung von Skalarfeldern an der Erdoberfläche dar.

6.1.2. Signalabtastung und -rekonstruktion

Wird ein Prozeß $X(t)$ gemessen, so liegen als Meßergebnis Folgen von Paaren $\{t_n, x(t_n)\}$, wobei t_n die Meßzeiten oder Meßorte und $x(t_n)$ die gemessenen Werte sind, oder kontinuierliche Aufzeichnungen (Registrierungen) einer oder mehrerer Realisierungen $x_i(t)$ vor. Um letztere digital weiterverarbeiten zu können, werden sie in geeigneten, vorzugsweise äquidistanten Abständen $\Delta = t_{n+1} - t_n$ abgetastet (Abb. 6.1a); das Signal $s(t) = x(t)$ wird durch Wertefolgen $\{s_n\} = \{x(t_n)\}$ ersetzt (*Analog-Digital-Wandlung*).

Es sei $x(t)$ ein periodisches Signal der Form $s(t) = a \sin \omega_0 t$ mit $a = \text{const}$, $\omega_0 = 2\pi/\lambda_0 = \text{const}$. Wählt man in diesem Falle $\Delta \leqq \lambda_0/2 = \pi/\omega_0$, so können a, ω_0 und damit $s(t)$ bereits aus zwei Ordinaten $s(t_1) \neq 0$, $s(t_2) \neq 0$, $t_2 > t_1 \neq 0$

eindeutig bestimmt werden. Sei nun $s(t)$ die Realisierung eines stationären Prozesses mit bandbegrenzter Spektraldichte

$$S(\omega) = \begin{cases} > 0 & |\omega| < \omega_g \\ & \text{für} \\ \equiv 0 & |\omega| \geqq \omega_g, \end{cases} \tag{6.1.14}$$

z. B. vom Typ des Breitbandrauschens (Beispiel 3.3, S. 65). Die Kreisfrequenz ω_g bzw. die Frequenz $\nu_g = \omega_g/2\pi$ heißt (obere) *Grenzfrequenz* oder NYQUIST-*Frequenz* (H. NYQUIST, 1928). Um die Variationen von $s(t)$ auf der kleinsten vorkommenden Wellenlänge λ_g zu erfassen, sind dann auf die Distanz λ_g ebenfalls zwei Ordinatenwerte ausreichend: $\lambda_g = 2\Delta = 2\pi/\omega_g$. Wählt man also die Tastweite

$$\Delta \leqq \pi/\omega_g = 1/2\nu_g, \tag{6.1.15}$$

dann enthält die äquidistante Folge $\{s_n\}$ die vollständige Information über $s(t)$ sogar auf *allen* Wellenlängen $\lambda \geqq \lambda_g$ bzw. Frequenzen $\omega \leqq \omega_g$. Wenn diese Aussage zutrifft, dann muß auch $s(t)$ aus der Folge $\{s_n\}$ mit $\Delta = t_{n+1} - t_n$ nach (6.1.15) vollständig wiederherzustellen sein. Dies ist der Inhalt des im Abschnitt 5.3.1. aus der Optimalfiltervorschrift abgeleiteten *Abtasttheorems* (*sampling theorem*).

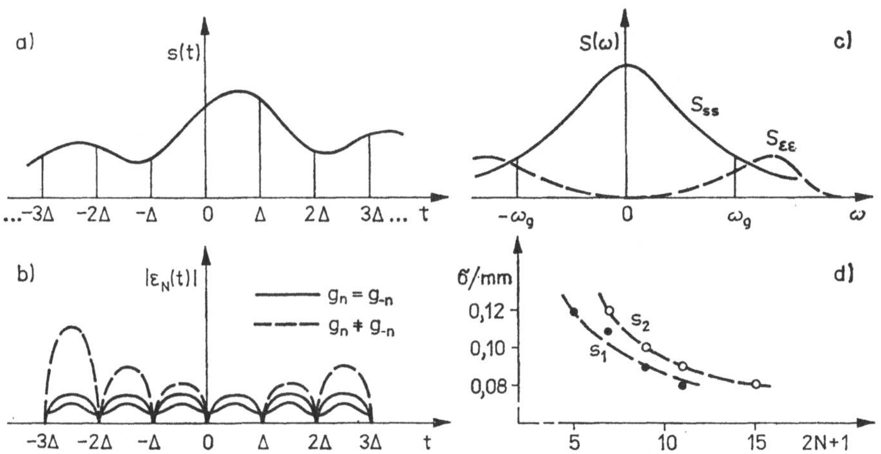

Abb. 6.1. Signalabtastung und -rekonstruktion:

a) Äquidistante Abtastung eines Signals $s(t)$,
b) Fehlercharakteristiken der Rekonstruktion $\hat{s}(t)$ aus endlich vielen Abtastwerten mit gerader (ausgezogen) und ungerader (gerissen) Gewichtsfunktion sowie glättender Nachbehandlung (gewellt),
c) Signal- und Fehlerspektraldichten S_{ss}, $S_{\varepsilon\varepsilon}$,
d) mittlerer empirischer Interpolationsfehler als Funktion der Anzahl der zur Rekonstruktion s_1, s_2 benutzten Abtastwerte

Die Rekonstruktionsvorschrift lautet

$$s(t) = \sum_{n=-\infty}^{+\infty} g_n s_n, \quad g_n = \frac{\sin[\omega_g(t - n\Delta)]}{\omega_g(t - n\Delta)}. \tag{6.1.16}$$

Die Reihe (6.1.16) entspricht einem linearen transversalen Interpolationsfilter mit Werten der Spaltfunktion als Gewichte. Die Spaltfunktion wird daher gelegentlich auch als *Interpolations-* oder *Abtastfunktion* bezeichnet. Natürlich stehen zur Rekonstruktion nur endliche viele Tastwerte zur Verfügung; man schätzt

$$\hat{s}(t) = \sum_{n=-N}^{+N} g_n s_n \tag{6.1.17}$$

aus $2N + 1$ Werten s_n; $n = 0, \pm 1, \pm 2, \ldots, \pm N$; $g_n = g_{-n}$ (phasentreue Filterung) und begeht den Fehler

$$\varepsilon_N(t) = s(t) - \hat{s}(t) = \sum_{n=-\infty}^{-(N+1)} g_n s_n + \sum_{n=N+1}^{+\infty} g_n s_n, \tag{6.1.18}$$

der in der Mitte zwischen zwei Tastpunkten am größten ausfällt und in den Tastpunkten verschwindet (Abb. 6.1b). Außer $\varepsilon_N(t)$ wirken weitere Fehlerprozesse signalverformend: $\varepsilon(t) = \varepsilon_\omega(t)$, wenn bei einem nicht bandbegrenzten Signal die Spektraldichte an geeigneter Stelle ω_g „abgeschnitten“ wird (Abb. 6.1c), ferner die unvermeidlichen Meßfehler $\varepsilon_n(t)$ und Digitalisierfehler $\varepsilon_d(t)$, so daß allgemein das verrauschte Signal $r(t)$ durch die Folge $\{\hat{r}(n\Delta)\} = \{s(n\Delta) + \varepsilon_n(n\Delta) + \varepsilon_d(n\Delta)\}$ repräsentiert und daraus die Schätzung $\hat{\hat{s}}(t) = \hat{s}(t) + \hat{\varepsilon}_\omega(t) + \hat{\varepsilon}_n(t) + \hat{\varepsilon}_d(t)$ mit der mittleren quadratischen Abweichung σ, definiert durch

$$\sigma^2 = \frac{1}{2N\Delta} \int_{-N\Delta}^{+N\Delta} |s(t) - \hat{\hat{s}}(t)|^2 \, dt, \tag{6.1.19}$$

gewonnen wird. Um dem Fehlereinfluß ε_N vorzubeugen, kann man aus dem Optimalfilteransatz (Wiener-Hopf-Gleichung) optimale Gewichtsfunktionen g_N^* für endlich viele Probenwerte ableiten, wobei dann g_N^* mehr oder weniger von der Spaltfunktion abweicht. Ferner sind spezielle glättende, nicht notwendig optimale Verfahren der Vor- und Nachbehandlung digitaler Daten, besonders bei stärkerem Rauschen in Gebrauch.

Aus der Problemfülle betrachten wir lediglich die Wahl der Grenzfrequenz ω_g bzw. der Tastweite Δ für *nicht* bandbegrenzte, schwach verrauschte Signale sowie der Anzahl der Tastwerte $2N + 1$. Bedenkt man, daß bei Anwesenheit hochfrequenten Rauschens $\varepsilon(t) = \varepsilon_n(t) + \varepsilon_d(t)$ Signalanteile auf hohen Frequenzen ohnehin nicht unverzerrt reproduziert werden können, ist es gerechtfertigt, das Signalspektrum $S_{ss}(\omega)$ an der Stelle ω_g „abzuschneiden“ (Abb.

6.1c), etwa durch die Forderung, der hochfrequente („abgeschnittene“) Anteil an der Signalleistung möge höchstens so groß wie die Rauschleistung ausfallen:

$$\int_{-\infty}^{-\omega_g} S_{ss}(\omega)\,d\omega + \int_{+\omega_g}^{+\infty} S_{ss}(\omega)\,d\omega \leqq \int_{-\infty}^{+\infty} S_{\varepsilon\varepsilon}(\omega)\,d\omega. \tag{6.1.20}$$

Aus (6.1.20) können ω_g und Δ bei bekannten Signal- und Fehlereigenschaften abgeschätzt werden. Bedenkt man ferner, daß bei abklingender AKF, etwa $|C_{ss}(\tau_g)| \ll C_{ss}(0)$, Signalordinaten im Abstand $\tau_g = N\Delta$ nur noch schwach mit dem zu interpolierenden Wert korreliert sind und daher nur wenig zur Genauigkeitssteigerung beitragen können, ist es erlaubt, N auf $N \approx \tau_g/\Delta$ zu beschränken. Daraus folgt mit (6.1.15)

$$2N + 1 \approx (2\omega_g\tau_g/\pi) + 1 = (2\nu_g)(2\tau_g) + 1. \tag{6.1.21}$$

Dabei ist τ_g so festzulegen, daß $|C_{ss}(\tau_g)| \leqq \sigma^2$ für $\tau \geqq \tau_g$. σ^2 entspricht einem einzuhaltenden Grenzwert für (6.1.19).

Beispiel 6.2: Signalrekonstruktion für kartographische Darstellung (rechnergestützte Generalisierung).
Der Interpolationsfehler σ muß so klein ausfallen, daß er visuell nicht wahrnehmbar ist. Aus der Forderung maximaler Kartierfehler $\approx \pm 0{,}2$ mm, mittlerer Kartierfehler $\approx \pm 0{,}07$ mm folgt $|C_{ss}(\tau_g)| \leqq 0{,}005\ \text{mm}^2$ zur Abschätzung von $2N + 1$. Für einen Signaltyp mit bekannter AKF und Spektraldichte wurden abgeschätzt: $\tau_g \approx 25$ mm, $\nu_g \approx 0{,}15\ \text{mm}^{-1}$, $\Delta \approx 3{,}3$ mm, $2N + 1 \approx 16$. Digitalisiert wurden Signale s_1, s_2 mit $\Delta = 3$ mm, rekonstruiert wurde mit variablem $2N + 1 < 16$. Wie Abb. 6.1d zeigt, nimmt der nach (6.1 19) ermittelte Interpolationsfehler mit wachsendem $2N + 1$ ab und unterschreitet ab $2N + 1 \approx 9$ die Wahrnehmungsgrenze von $\approx 0{,}1$ mm.

Das Abtasttheorem kann auf ebene und räumliche Signale erweitert werden. Sei speziell $s(x_1, x_2)$ ein ebenes Signal mit der bandbegrenzten Spektraldichte $S(k_1, k_2; k_{g1}, k_{g2})$, den ebenen Wellenzahlen k_1, k_2 und Grenzwellenzahlen k_{g1}, k_{g2}. Sei ferner $s(x_1, x_2)$ in einem Rechteckraster mit Schrittweiten

$$\Delta_1 \leqq \pi/k_{g1}, \quad \Delta_2 \leqq \pi/k_{g2} \tag{6.1.22}$$

abgetastet. Dann kann $s(x_1, x_2)$ aus der zweidimensionalen Folge der Abtastwerte $\{s_{mn}\} = \{s(m\Delta_1, n\Delta_2)\}$ durch die Vorschrift

$$\left.\begin{aligned} s(x_1, x_2) &= \sum_{m=-\infty}^{+\infty} \sum_{n=-\infty}^{+\infty} g_{mn} s_{mn}, \\ g_{mn} &= \frac{\sin[k_{g1}(x_1 - m\Delta_1)]}{k_{g1}(x_1 - m\Delta_1)} \frac{\sin[k_{g2}(x_2 - n\Delta_2)]}{k_{g2}(x_2 - n\Delta_2)} \end{aligned}\right\} \tag{6.1.23}$$

bzw. aus

$$\hat{s}(x_1, x_2) = \sum_{m=-N_1}^{+N_1} \sum_{n=-N_2}^{+N_2} g_{mn} s_{mn}, \tag{6.1.24}$$

bis auf Interpolationsfehler analog zum eindimensionalen Fall, rekonstruiert werden. Ist $s(x_1, x_2)$ homogen-isotrop mit $S(k; k_g)$, kann in einem Quadratraster mit $\Delta_1 = \Delta_2 = \Delta = \pi/k_g$ abgetastet und $s(x_1, x_2)$ aus Folgen $\{s_{mn}\} = \{s(m\Delta, n\Delta)\}$ interpoliert werden. Auch andere Punktraster sind, besonders in der digitalen Bildverarbeitung in Gebrauch. Mit Rastern in schiefwinkligen Koordinatensystemen, die der Begrenzungslinie der begrenzten Spektraldichte in der Wellenzahlebene angepaßt sind, kann man optimale Punktanordnungen erzielen und die Anzahl der Tastwerte weiter vermindern.

Für alle Verfahren der Analog-Digital- und Digital-Analog-Wandlung ist das Abtasttheorem von großer Tragweite: Bei vorgegebenen Genauigkeitskriterien werden Datenumfang und Speicherbedarf auf das notwendige Minimum begrenzt.

6.1.3. Spezielle Stichprobeneffekte

Die Stichprobenerhebung an Zufallsprozessen ist in verschiedener Hinsicht unvollkommen: Man hat zur Auswertung eine oder höchstens endlich viele kontinuierliche oder diskrete Realisierungen endlicher Länge oder Anzahl, letztere in äquidistanten oder nichtäquidistanten Abständen, teils mit Beobachtungslücken, meist mit überlagerten Meß- oder auch Digitalisierfehlern zur Verfügung. Entsprechend vielfältig sind die Auswirkungen auf die geschätzen Prozeßeigenschaften. Auswirkungen, die der speziellen Art der Probenahme bzw. der Meßanordnung entspringen, bezeichnet man als *Stichprobeneffekte.* Von den potentiell möglichen Effekten werden zwei der bedeutsamsten besprochen: der Effekt *endlicher Beobachtungszeit* bzw. *-länge* und der Effekt *diskreter, äquidistanter Beobachtung* oder *Abtastung* von Realisierungen $x_i(t)$ eines stationären Prozesses $X(t)$.

Sind die $x_i(t)$ auf $[0, T]$ begrenzt, dann kann man auch für die AKF von $X(t)$ nur eine Schätzung $\hat{C}_1(\tau)$ über das endliche Intervall $[-\tau_M, +\tau_M]$, $\tau_M \leqq T$ gewinnen, im Fall eines ergodischen Prozesses mit nur *einer* Realisierung $x(t)$, $t \in [0, T]$ etwa $\hat{C}_1(\tau)$ nach Formel (6.1.2) über eine endliche Verschiebung $\tau_M < T$, in der Regel $\tau_M \leqq T/10$ (Abb. 6.2a). $\hat{C}_1$ läßt sich mit Hilfe der Recht-

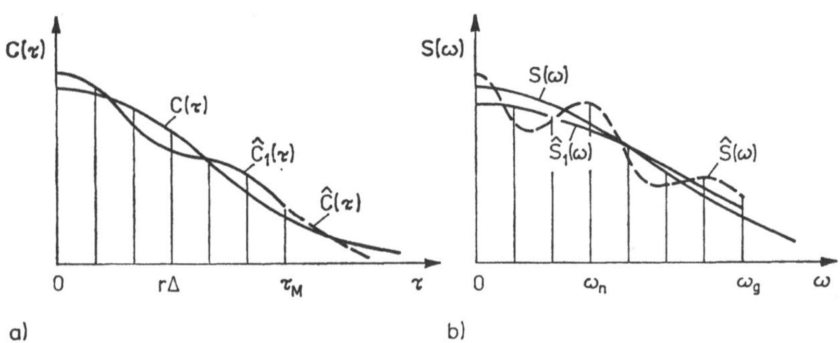

Abb. 6.2. Stichprobeneffekte bei endlicher Registrierlänge:
a) Schätzung $\hat{C}(\tau)$ und auf τ_M begrenzte („gestutzte“) Schätzung $\hat{C}_1(\tau)$ der AKF $C(\tau)$,
b) Schätzung $\hat{S}(\omega)$ und geglättete Schätzung $\hat{S}_1(\omega)$ der Spektraldichte $S(\omega)$

eckfunktion darstellen als

$$\hat{C}_1(\tau) = D_1(\tau)\,\hat{C}(\tau)\,, \quad D_1(\tau) = \Pi\left(\frac{\tau}{2\tau_M}\right), \quad \mathsf{E}\{\hat{C}(\tau)\} = C(\tau)\,, \tag{6.1.25}$$

wobei $\hat{C}(\tau)$ eine erwartungstreue Schätzung für $C(\tau)$ darstellt, wenn $\hat{C}_1$ über τ_M hinaus bekannt wäre. Man sagt, $\hat{C}$ werde durch ein τ-Fenster D_1 der Breite τ_M betrachtet. Um zu erkennen, welche Auswirkung ein endliches T auf die zu $\hat{C}_1$ gehörende Spektraldichte $\hat{S}_1$ hat, notieren wir die $\mathcal{F}^{-1}$-Transformierten

$$\mathcal{F}^{-1}\{\hat{S}_1\} = \hat{C}_1\,, \quad \mathcal{F}^{-1}\{\hat{S}\} = \hat{C}\,, \quad \mathcal{F}^{-1}\{Q_1\} = D_1 \tag{6.1.26}$$

und überführen $\hat{C}_1$ nach (6.1.25) in

$$\mathcal{F}^{-1}\{\hat{S}_1\} = \mathcal{F}^{-1}\{Q_1\}\,\mathcal{F}^{-1}\{\hat{S}\}\,, \tag{6.1.27}$$

woraus wegen $2\pi\mathcal{F}^{-1}\{f\} = \mathcal{F}\{f\}$ für die geraden Funktionen $f_1 = \hat{S}_1$, $f_2 = Q_1$, $f_3 = \hat{S}$ die Beziehung

$$2\pi\mathcal{F}\{\hat{S}_1\} = \mathcal{F}\{Q_1\}\,\mathcal{F}\{\hat{S}\} \tag{6.1.28}$$

folgt. Daher kann man nach dem Faltungssatz $\hat{S}_1$ als Faltungsintegral darstellen (wobei Erwartungswertbildung und $\mathcal{F}$-Transformation als lineare Transformationen vertauschbar sind):

$$\left.\begin{aligned}
&\hat{S}_1(\omega) = \frac{1}{2\pi}\int_{-\infty}^{+\infty} Q_1(\omega-\omega')\,\hat{S}(\omega')\,d\omega' = \int_{-\infty}^{+\infty} G_1(\omega-\omega')\,\hat{S}(\omega')\,d\omega'\,,\\
&\mathsf{E}\{\hat{S}_1(\omega)\} = S_1(\omega) = \int_{-\infty}^{+\infty} G_1(\omega-\omega')\,S(\omega')\,d\omega'\,, \quad \mathsf{E}\{\hat{S}(\omega)\} = S(\omega)\\
&\text{mit}\\
&G_1(\omega-\omega') := \frac{Q_1}{2\pi} = \frac{2\tau_M}{(2\pi)^2}\,\frac{\sin[(\omega-\omega')\,\tau_M]}{(\omega-\omega')\,\tau_M}\,.
\end{aligned}\right\} \tag{6.1.29}$$

Die Integrale in (6.1.29) entsprechen einem Glättungsfilter mit der Spaltfunktion als Gewichtsfunktion. Aus Realisierungen endlicher Länge kann man daher *keine* Schätzung $\hat{S}$ der wahren Spektraldichte S, sondern nur die *geglättete* Schätzung $\hat{S}_1$ gewinnen (Abb. 6.2b).

Die ersten Nullstellen von G_1 liegen bei $\omega - \omega' = \pm\pi/\tau_M$; in die Schätzung $\hat{S}_1$ an der Stelle ω gehen (abgesehen von den Nebenzipfeln der Spaltfunktion) Spektraldichtewerte über ein Intervall $\delta\omega = 2\pi/\tau_M$ ein, welches man als *spektrale Fensterbreite* oder die zu τ_M *äquivalente Bandbreite* bezeichnet. Je kleiner τ_M bzw. T, um so glatter fällt $\hat{S}_1$ aus und um so geringer ist die Chance, Unterschiede in den Spektraldichtewerten auf benachbarten Frequenzen zu erkennen. Diese Unsicherheit kann man in einer *Unschärferelation*

$$\delta\omega\tau_M = \text{const} \tag{6.1.30}$$

ausdrücken. Man sagt: Das *spektrale Auflösungsvermögen* endlicher Stichproben ist begrenzt.

Um die Auswirkung der jenseits $\delta\omega$ liegenden Werte (der Nebenzipfel der Spaltfunktion) auf $\hat{S}_1$ zu verringern, benutzt man in numerischen Rechnungen τ-Fenster $D_2, D_3, \ldots$, die für $\tau < \tau_M$ in τ variieren und deren $\mathcal{F}$-Transformierte rascher als die Spaltfunktion gegen Null abklingen.

Liegen die Realisierungen in äquidistanten Abständen $\Delta = t_{n+1} - t_n$ vor bzw. sind mit der Schrittweite $\Delta \leqq \pi/\omega_g$ abgetastet, dann läßt sich nur eine diskrete Schätzung $\hat{C}_1(r\Delta)$, $r = 0, 1, 2, \ldots, N$, im Intervall $[-\tau_M, +\tau_M]$, $\tau_M = N\Delta$ gewinnen (Abb. 6.2a). Transformiert man $\hat{C}_1(r\Delta)$ nach Wiener/Chintschin in den Frequenzbereich, ist das $\mathcal{F}$-Integral durch eine Summe zu ersetzen, und man erhält die Spektraldichte $\hat{S}_1(\omega_n)$ ebenfalls nur in diskreten Punkten, den Frequenzen $\omega_n = (n/N)\,\omega_g$, $n = 0, 1, 2, \ldots, N$, welche ganzzahlige Vielfache der Grundfrequenz $\omega_1 = \omega_g/N$ sind (Abb. 6.2b).

Die diskreten Schätzungen gestutzter AKF oder geglätteter Spektraldichten erfüllen durchaus ihren Zweck. Einschneidender ist die bei diskreter Messung oder Abtastung entstehende *Mehrdeutigkeit* der Frequenzen. Dieser als *Frequenzfaltung* (engl. *aliasing*) bezeichnete Effekt besteht darin, daß harmonische Schwingungen bestimmter verschiedener Frequenzen genau die gleiche Meßwertfolge ergeben können: Im Beispiel Abb. 6.3a täuscht eine Schwingung höherer Frequenz $s_1(t)$ eine solche niederer Frequenz $s_2(t)$ in der äquidistanten Meßwertfolge $s(0)$, $s(\Delta)$, $s(2\Delta)$, ... vor. Die Frequenzen, die darin nicht voneinander unterschieden werden können, sind die sog. *Alias-Frequenzen*

$$\omega,\ 2\omega_g - \omega,\ 2\omega_g + \omega,\ 4\omega_g - \omega,\ 4\omega_g + \omega,\ \ldots \quad (\omega < \omega_g). \tag{6.1.31}$$

Um dies zu veranschaulichen, zeichnen wir die Frequenzfolge (6.1.31) auf einem Papierstreifen entlang der Frequenzachse auf (Abb. 6.3b) und falten ihn in den

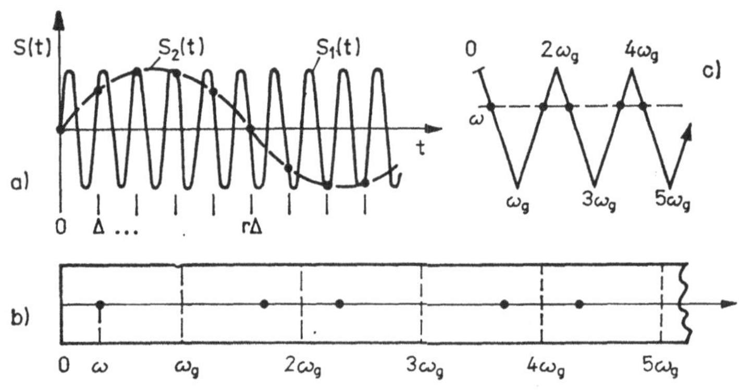

Abb. 6.3. Stichprobeneffekt bei äquidistanter Abtastung: Frequenzfaltung (*Aliasing*).
a) Mehrdeutigkeit der Frequenzen in einer äquidistanten Meßwertreihe (Punkte),
b) Lage der *Alias*-Frequenzen (Punkte) auf der Frequenzachse mit Faltstellen (gerissen),
c) Frequenzachse gefaltet mit *Alias*-Frequenzen (Punkte)

Faltstellen ω_g, $2\omega_g$, $3\omega_g$, ... ziehharmonikaartig zusammen (Abb. 6.3c). Dabei kommen die Alias-Frequenzen genau aufeinander zu liegen. Ist also der in diskreten Abständen $\Delta = \pi/\omega_g$ gemessene Prozeß nicht bandbegrenzt, $S(\omega) > 0$ für $|\omega| > \omega_g$ (Abb. 6.1c), dann sind alle Frequenzen, die geradzahlige Vielfache der Grenzfrequenz ω_g sind, nicht mehr von $\omega = 0$ und außerdem alle Frequenzen $\omega > \omega_g$ nicht mehr von Frequenzen $\omega < \omega_g$ zu unterscheiden. Dieser Informationsverlust tritt offenbar — übereinstimmend mit dem Abtasttheorem — nur dann nicht ein, wenn der Prozeß bandbegrenzt mit $S(\omega)$ nach (6.1.14) ist. Manche Prozesse sind a priori bandbegrenzt, bei anderen können die gemessenen Realisierungen wegen Trägheit der Meßgeräte oder begrenztem Auflösungsvermögen der Meßverfahren nicht beliebig hochfrequent schwanken. Hat man keine Gründe, die für eine Bandbegrenzung sprechen, besteht immer noch die Möglichkeit, die Realisierungen mittels Tiefpaßfilterung glättend vorzubehandeln. Man muß dabei allerdings in Kauf nehmen, daß auch im interessierenden Bereich $\omega < \omega_g$ (geringfügige) Verformungen auftreten (vgl. Abschnitt 6.3.4).

Die hier für eindimensionale stationäre Prozesse besprochenen Stichprobeneffekte treten in qualitativ gleicher Weise an mehrdimensionalen homogenen Prozessen auf.

6.2. Schätzverfahren

6.2.1. *Korrelationsanalyse*

Unter (numerischer) Korrelationsanalyse versteht man im weitesten Sinne die Schätzung und Beurteilung von Parametern und/oder Funktionen, die geeignet sind, die statistische Verwandtschaft zufälliger Größen, Funktionen oder Felder zu beschreiben. Wir beschränken uns auf eine *Auswahl von Standardverfahren* der AKF/KKF-Schätzung (Tabelle 6.1, Abb. 6.4); die Produktmittelwertbildungen beruhen auf den Definitionen der AKF (3.1.6), (3.2.2) und der KKF (3.2.21), (3.2.23). Darüber hinaus gibt es eine Reihe weiterer Schätzformeln, die entweder gleiche oder — bei genügend umfangreichen Stichproben — fast gleiche Schätzwerte liefern. Sie wurden für spezielle Prozesse, z. B. Gauss-Prozesse, oder unter dem Gesichtspunkt geringeren Rechenaufwandes entwickelt.

(1) *Mittelung über die Realisierungen.*

Es liegen kontinuierliche Realisierungen $\{x_i(t), y_i(t); i = 1, 2, \ldots, n; t \in [0, T]\}$ oder (nicht notwendig äquidistante) diskrete Realisierungen $\{x_i(t_j), y_i(t_k); i = 1, 2, \ldots, n; j, k = 1, 2, \ldots, m; t_j, t_k \in [0, T]\}$ von (nicht notwendig stationären) Prozessen $X(t)$, $Y(t)$ vor. Schätzformeln der 1. und 2. Momente nach (6.2.1). Abb. 6.4a veranschaulicht die Multiplikation von Prozeßwerten im Abstand $\tau = r\Delta$; $r = 0, 1, 2, \ldots$ bei der AKF-Schätzung und die „Über-Kreuz-Multiplikation" bei der KKF-Schätzung. Liegen nur wenige (etwa

Tabelle 6.1: Schätzformeln für Mittelwerte $\hat{m}_x =: \bar{x}$, $\hat{m}_y =: \bar{y}$, AKF $\hat{C}_{xx}$, $\hat{C}_{yy}$ und KKF $\hat{C}_{xy}$, $\hat{C}_{yx}$ eindimensionaler Prozesse $X(t)$, $Y(t)$ mit Realisierungen $x(t)$, $y(t)$.

$i = 1, 2, \ldots, n;\ j, k = 1, 2, \ldots, m;\ \tau := t_{j+r} - t_j = r\Delta;\ r = 0, 1, 2, \ldots$

$\bar{x}, \bar{y}$	$\hat{C}_{xx}, \hat{C}_{yy}$	$\hat{C}_{xy}, \hat{C}_{yx}$	
$\frac{1}{n}\sum_{i=1}^{n} x_i(t_j)$	$\frac{1}{n-1}\sum_{i=1}^{n}[x_i(t_j)-\bar{x}(t_j)][x_i(t_k)-\bar{x}(t_k)]$	$\frac{1}{n-1}\sum_{i=1}^{n}[x_i(t_j)-\bar{x}(t_j)][y_i(t_k)-\bar{y}(t_k)]$	(6.2.1)
$\frac{1}{n}\sum_{i=1}^{n} y_i(t_k)$	$\frac{1}{n-1}\sum_{i=1}^{n}[y_i(t_j)-\bar{y}(t_j)][y_i(t_k)-\bar{y}(t_k)]$	$\frac{1}{n-1}\sum_{i=1}^{n}[y_i(t_j)-\bar{y}(t_j)][x_i(t_k)-\bar{x}(t_k)]$	
$\frac{1}{T}\int_0^T x(t)\,\mathrm{d}t$	$\frac{1}{T-\tau}\int_0^{T-\tau}[x(t)-\bar{x}][x(t+\tau)-\bar{x}]\,\mathrm{d}t$	$\frac{1}{T-\tau}\int_0^{T-\tau}[x(t)-\bar{x}][y(t+\tau)-\bar{y}]\,\mathrm{d}t$	(6.2.2)
$\frac{1}{T}\int_0^T y(t)\,\mathrm{d}t$	$\frac{1}{T-\tau}\int_0^{T-\tau}[y(t)-\bar{y}][y(t+\tau)-\bar{y}]\,\mathrm{d}t$	$\frac{1}{T-\tau}\int_0^{T-\tau}[y(t)-\bar{y}][x(t+\tau)-\bar{x}]\,\mathrm{d}t$	
$\frac{1}{m}\sum_{j=1}^{m} x_j$	$\frac{1}{m-r-1}\sum_{j=1}^{m-r}(x_j-\bar{x})(x_{j+r}-\bar{x})$	$\frac{1}{m-r-1}\sum_{j=1}^{m-r}(x_j-\bar{x})(y_{j+r}-\bar{y})$	(6.2.3)
$\frac{1}{m}\sum_{j=1}^{m} y_j$	$\frac{1}{m-r-1}\sum_{j=1}^{m-r}(y_j-\bar{y})(y_{j+r}-\bar{y})$	$\frac{1}{m-r-1}\sum_{j=1}^{m-r}(y_j-\bar{y})(x_{j+r}-\bar{x})$	

$n < 10$), aber genügend lange Realisierungen vor, schätzt man die Kennfunktionen besser für jede Realisierung nach der folgenden Methode (2) und mittelt über die einzelnen Funktionen, bei ungleichen Längen T_i ggf. mit den reziproken Varianzen von $\bar{x}$, $\hat{C}$ (vgl. Abschnitt 6.3.1.) als Gewichte. Im mehrdimensionalen Fall $X(\boldsymbol{t})$, $Y(\boldsymbol{t})$ mit mehreren Realisierungen $x_i(\boldsymbol{t}_j)$, $y_i(\boldsymbol{t}_k)$ stehen in den Schätzformeln (6.2.1) anstelle der Koordinaten t_j, t_k Vektoren $\boldsymbol{t}_j$, $\boldsymbol{t}_k$, z. B. $[\vartheta_j, \lambda_j]^T$, $[\vartheta_k, \lambda_k]^T$ auf der Kugel.

(2) *Mittelung über die Zeit.*

Es liegen kontinuierliche Realisierungen $x(t)$, $y(t)$, $t \in [0, T]$ oder äquidistante diskrete Realisierungen $\{x(t_j), y(t_k);\ j, k = 1, 2, \ldots, m;\ t_j, t_k \in [0, T]\}$ stationärer ergodischer Prozesse $X(t)$, $Y(t)$ vor. Die Analog-Schätzungen (6.2.2) besitzen die im Abschnitt 6.1.1. diskutierten Eigenschaften. Die diskreten Schätzungen (6.2.3) sind (6.2.2) gleichwertig, sofern Δ dem Abtasttheorem ge-

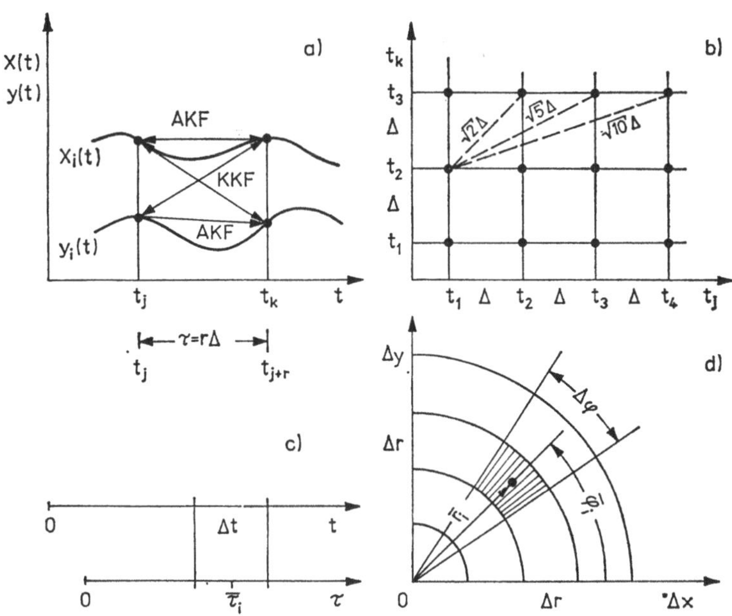

Abb. 6.4. Schemata zur AKF/KKF-Schätzung

a) aus kontinuierlichen oder diskreten Stichproben eindimensionaler Prozesse,
b) aus diskreten Stichproben zweidimensionaler Prozesse in einem Quadratraster der Tastweite Δ,
c) aus nichtäquidistanten Stichproben eindimensionaler Prozesse nach Entfernungsklassen der Breite Δt,
d) aus nichtäquidistanten Stichproben zweidimensionaler Prozesse nach Entfernungs- und Richtungsklassen $\Delta r \times \Delta\varphi$

nügt. Alle Schätzformeln lassen sich für den mehrdimensionalen Fall modifizieren. Sei z. B. eine Realisierung eines zweidimensionalen, homogenen ergodischen Prozesses in einem Rechteckraster in Schrittweiten Δ_1, Δ_2 (oder auf der Kugel mit $\Delta_1 = \Delta\vartheta$, $\Delta_2 = \Delta\lambda$) gemessen, dann ist

$$\left.\begin{aligned} \hat{C}_{XX}(r_1\Delta_1, r_2\Delta_2) &= \frac{1}{(m - r_1 - 1)\,(n - r_2 - 1)} \\ &\quad \times \sum_{j=1}^{m-r_1} \sum_{k=1}^{n=r_2} (x_{jk} - \bar{x})\,(x_{j+r_1,k+r_2} - \bar{x}), \\ \bar{x} &= \frac{1}{nm} \sum_{j=1}^{m} \sum_{k=1}^{n} x_{jk}, \quad x_{jk} = x(t_j, t_k). \end{aligned}\right\} \tag{6.2.4}$$

Abb. 6.4b zeigt die Abtastung in einem Quadratraster mit $\Delta_1 = \Delta_2 = \Delta$. Produktmittelwerte über Diagonalabstände können zusätzlich mitgenommen werden, so z. B. in Abb. 5.2, S. 135.

(3) *Mittelung über Entfernungs- und Richtungsklassen.*

Sind die Stichprobenwerte $x_j = x(t_j)$ eines ergodischen Prozesses nicht äquidistant, ordnet man sie nach Entfernungsklassen der Breite Δt (Abb. 6.4c) und schätzt Klassenmittelwerte für $\hat{C}$ sowie $\bar{x}$:

$$\hat{C}_{XX}(\bar{\tau}_i) = \frac{1}{n} \sum_{i=1}^{n} \mathring{x}\mathring{x}_i, \quad \bar{x} = \frac{1}{m} \sum_{j=1}^{m} x_j, \tag{6.2.5}$$

wobei $\mathring{x}_i := x(t + \tau_i) - \bar{x}$, $\mathring{x} := x(t) - \bar{x}$, $t \in \{0, \Delta t, 2\Delta t, \ldots\}$, $\tau_i \in (\bar{\tau}_i - \Delta t/2, \bar{\tau}_i + \Delta t/2]$ und x alle Werte $x = x_j$ durchläuft, zu denen — je nach Realisierungslänge T — Probenwerte $x = x_i$ im Abstand τ_i gehören.

Entsprechend verfährt man im mehrdimensionalen Fall. Sind z. B. x_{jk} die Probenwerte eines zweidimensionalen Prozesses in der Ebene oder auf der Kugel, ordnet man sie nach Entfernungsklassen der Breite Δr bzw. $\Delta\psi$ (homogen-isotroper Prozeß mit ebenem Abstand r oder sphärischem Abstand ψ) oder in Entfernungs- *und* Richtungsklassen $\Delta r \times \Delta\varphi$ (homogener, nicht notwendig isotroper ebener Prozeß) und schätzt Klassenmittelwerte für $\hat{C}$ sowie $\bar{x}$ (Abb. 6.4d):

$$\hat{C}_{XX}(\bar{r}_i, \bar{\varphi}_i) = \frac{1}{n} \sum_{i=1}^{n} \mathring{x}\mathring{x}_i, \quad \bar{x} = \frac{1}{nm} \sum_{j=1}^{m} \sum_{k=1}^{n} x_{jk}, \tag{6.2.6}$$

wobei $\mathring{x}_i := x(r + \Delta r_i, \varphi + \Delta\varphi_i) - \bar{x}$, $\mathring{x} := x(r, \varphi) - \bar{x}$, $\Delta r_i \in (\bar{r}_i - \Delta r/2, \bar{r}_i + \Delta r/2]$, $\Delta\varphi_i \in (\bar{\varphi}_i - \Delta\varphi/2, \bar{\varphi}_i + \Delta\varphi/2]$ (anisotrop) bzw. $\Delta\varphi_i \in (0, 2\pi]$ (isotrop), $r \in \{0, \Delta r, 2\Delta r, \ldots\}$, $\varphi \in \{0, \Delta\varphi, 2\Delta\varphi, \ldots\}$ (anisotrop) bzw. $\varphi \in (0, 2\pi]$ (isotrop) und x wieder alle Werte $x = x_{jk}$ durchläuft, zu denen Werte $x = x_i$ im Abstand r_i und — im anisotropen Fall — in der Richtug φ_i gehören.

6.2.2. Spektralanalyse

Zur (numerischen) Spektralanalyse zählt sowohl die spektrale Zerlegung periodischer und aperiodischer Funktionen (harmonische Analyse) als auch die Schätzung von Spektraldichten stationärer/homogener Prozesse. Wir beschränken uns auf zwei Zugänge zur Spektraldichte-Schätzung und geben jeweils das *Schätzprinzip* an.

(1) *$\mathcal{F}$-Transformation der Kovarianzfunktionen.*

Am einfachsten erhält man die Spektraldichten stationärer/homogener Prozesse, wenn die AKF und/oder KKF durch geeignete Modellfunktionen approximiert und nach dem Theorem von WIENER/CHINTSCHIN transformiert werden können; vgl. z. B. Anhang A1 bis A3. Da die (glatten) Modellfunktionen für alle $\tau \in (-\infty, +\infty)$ definiert sind, werden die Spektraldichten a priori glatte Funktionen sein. Wenn die Modellapproximation nicht möglich oder nicht sinnvoll ist (Überlagerung mehrerer Teilprozesse, unbekannter Entstehungsmechanismus, unbekanntes Zusammen- oder Wechselwirken der Prozesse) bleibt nur die numerische Transformation übrig. Gewöhnlich liegen diskrete, auf $[-\tau_M, +\tau_M]$ begrenzte, sog. gestutzte AKF/KKF-Schätzungen vor. Nach den Ausführungen im Abschnitt 6.1.3. besteht die numerische Transformation aus zwei Teilschritten: der *diskreten* $\mathcal{F}$-Transformation der AKF/KKF und einer Tiefpaßfilterung (sog. Fenster-Operation), die in der Reihenfolge vertauschbar sind; z. B. erhält man eine Schätzung $\hat{S}$ für $S(\omega)$ aus der AKF $\hat{C}$ wie folgt:

$$\left.\begin{aligned}
&\hat{S}(\omega_n) = \Delta\left[\hat{C}_0 + (-1)^n \hat{C}_N + 2\sum_{r=1}^{N-1} \hat{C}_r \cos(nr\pi/N)\right]\\
&\text{mit den Spezialfällen}\\
&\hat{S}(0) = \Delta\left[\hat{C}_0 + \hat{C}_N + 2\sum_{r=1}^{N-1} \hat{C}_r\right], \quad \hat{C}_r := \hat{C}(r\Delta),\\
&\hat{S}(\omega_g) = \Delta\left[\hat{C}_0 + \hat{C}_N \cos(N\pi) + 2\sum_{r=1}^{N-1} \hat{C}_r \cos(r\pi)\right]\\
&\text{und}\\
&\omega_n = n\omega_g/N; \quad r = 0, 1, 2, \ldots, N, \quad n = 1, 2, \ldots, N-1.
\end{aligned}\right\} \qquad (6.2.7)$$

$$\left.\begin{aligned}
\hat{S}_l(\omega_n) &= a_l\hat{S}(\omega_n) + b_l[\hat{S}(\omega_{n-1}) + \hat{S}(\omega_{n+1})],\\
\hat{S}_l(0) &= a_l\hat{S}(0) + 2b_l\hat{S}(\omega_1),\\
\hat{S}_l(\omega_g) &= a_l\hat{S}(\omega_g) + 2b_l\hat{S}(\omega_{N-1}).
\end{aligned}\right\} \qquad (6.2.8)$$

In (6.2.7) ist das Integral der $\mathcal{F}_c$-Transformation (2.4.9) durch eine Summe ersetzt. Es schließt sich die Fenster-Operation (6.2.8) an, z. B. mit den Koeffizienten

$a_2 = 0{,}50$, $b_2 = 0{,}25$ (*Hanning*-Fenster, nach J. v. HANN),

$a_3 = 0{,}54$, $b_3 = 0{,}23$ (*Hamming*-Fenster, nach R. W. HAMMING).

Zur Transformation der KKF in den Frequenzbereich ist — da die KKF i. allg. weder gerade noch ungerade Funktionen sind — sowohl die diskrete $\mathcal{F}_c$- als auch die diskrete $\mathcal{F}_s$-Transformation anzuwenden.

(2) *$\mathcal{F}$-Transformation der Realisierungen.*

Interessiert man sich ausschließlich für die Spektraldichten, will man also den Umweg über die Kovarianzschätzung vermeiden und die Spektraldichten *direkt* aus den Realisierungen schätzen, muß zunächst ein Zusammenhang zwischen $S(\omega)$ und $X(t)$, der bei den AKF/KKF per definitionem gegeben ist, hergestellt werden. Sei o. B. d. A. $\mathsf{E}X \equiv 0$ bzw. X auf den Mittelwert zentriert, dann gilt nach dem Theorem von WIENER/CHINTSCHIN, den Eigenschaften der $\mathcal{F}$-Transformation und mit Voraussetzung der Ergodizität

$$\begin{aligned} S_{XX}(\omega) &= \mathcal{F}\{C_{XX}(\tau)\} = \mathcal{F}\Big\{\mathsf{E}\{X(t)\,X(t+\tau)\}\Big\} \\ &= \mathsf{E}\Big\{X(t)\,\mathcal{F}\{X(t+\tau)\}\Big\} = \mathsf{E}\Big\{X(t)\,\mathrm{e}^{\mathrm{j}\omega t}\mathcal{F}\{X(\tau)\}\Big\} \\ &= \lim_{T\to\infty}\frac{1}{T}\int\limits_{-T/2}^{+T/2} X(t)\,\mathrm{e}^{\mathrm{j}\omega t}\mathcal{F}\{X(\tau)\}\,\mathrm{d}t \\ &= \mathcal{F}\{X\}\lim_{T\to\infty}\frac{1}{T}\int\limits_{-T/2}^{+T/2} X(t)\,\mathrm{e}^{\mathrm{j}\omega t}\,\mathrm{d}t, \end{aligned}$$

$$\mathcal{F}\{X\} = \lim_{T\to\infty}\int\limits_{-T/2}^{+T/2} X(t)\,\mathrm{e}^{-\mathrm{j}\omega t}\,\mathrm{d}t,$$

$$\begin{aligned} S_{XX}(\omega) &= \lim_{T\to\infty}\frac{1}{T}\left\{\int\limits_{-T/2}^{+T/2} X(t)\,\mathrm{e}^{-\mathrm{j}\omega t}\,\mathrm{d}t\int\limits_{-T/2}^{+T/2} X(t)\,\mathrm{e}^{\mathrm{j}\omega t}\,\mathrm{d}t\right\} \\ &= \lim_{T\to\infty}\frac{1}{T}\left|\int\limits_{-T/2}^{+T/2} X(t)\,\mathrm{e}^{-\mathrm{j}\omega t}\,\mathrm{d}t\right|^2. \end{aligned} \tag{6.2.9}$$

Da die Eigenschaften von $X(t)$ wegen Stationarität nicht vom Zeitursprung abhängen, kann man für eine endliche Realisierung $x_i(t)$, $t \in [0, T]$ die (asymptotisch erwartungstreue) Schätzung

$$\hat{S}_i(\omega) = \frac{1}{T}\left|\int\limits_0^T x_i(t)\,\mathrm{e}^{-\mathrm{j}\omega t}\,\mathrm{d}t\right|^2 =: \frac{1}{T}\,|\mathcal{F}_T\{x_i\}|^2 \tag{6.2.10}$$

und für n Realisierungen die (konsistente) Schätzung

$$\hat{S}_{XX}(\omega) = \frac{1}{n}\sum_{i=1}^{n}\hat{S}_i(\omega) =: \frac{1}{nT}\sum_{i=1}^{n}|\mathcal{F}_T\{x_i\}|^2 \tag{6.2.11}$$

nehmen. Verfügt man nur über *eine*, jedoch genügend lange Realisierung $x_1(t)$, $t \in [0, T]$, muß für eine konsistente Schätzung $x_1(t)$ in n Teile der Länge $T_0 = T/k$ zerlegt, $\hat{S}_k(\omega)$ für jeden Teilabschnitt berechnet und anschließend gemittelt werden:

$$\hat{S}_{XX}(\omega) = \frac{1}{n} \sum_{k=1}^{n} \hat{S}_k(\omega), \quad \hat{S}_k(\omega) = \frac{1}{T_0} \left| \int_{(k-1)T_0}^{kT_0} x_1(t)\, \mathrm{e}^{-\mathrm{j}\omega t}\, \mathrm{d}t \right|^2. \qquad (6.2.12)$$

Bei Kreuzspektraldichten zwischen Prozessen X, Y mit Realisierungen x_i, y_i gilt analog (6.2.9) bis (6.2.11)

$$\left.\begin{aligned} \hat{S}_{XY}(\omega) &= \frac{1}{nT} \sum_{i=1}^{n} \mathcal{F}_T\{x_i\}\, \overline{\mathcal{F}_T\{y_i\}}, \\ \hat{S}_{YX}(\omega) &= \overline{\hat{S}_{XY}(\omega)} = \frac{1}{nT} \sum_{i=1}^{n} \mathcal{F}_T\{y_i\}\, \overline{\mathcal{F}_T\{x_i\}}. \end{aligned}\right\} \qquad (6.2.13)$$

Liegen die Realisierungen in digitalen Daten vor, ist wieder zur diskreten $\mathcal{F}$-Transformation überzugehen.

Die Schätzprinzipien (1) und (2) sind in verschiedener Hinsicht *universell* anwendbar und lassen sich vielfältig ausgestalten: für analoge und digitale Auswertungen, für die Schätzung von Auto- und Kreuzspektren sowohl ein- als auch mehrdimensionaler Prozesse. Bei n-dimensionalen Prozessen ist die ${}^n\mathcal{F}$-Transformation anzuwenden, speziell bei ebenen homogenen Prozessen die ${}^2\mathcal{F}$-Transformation oder bei ebenen homogenen-isotropen Prozessen die $\mathcal{H}_0$-Transformation. Bei umfangreichen Datensätzen bevorzugt man die sog. *schnelle* $\mathcal{F}$-Transformation, wobei die Daten auf speziellen regulären Gittern bereitgestellt sein müssen.

6.3. Statistische und geostatistische Sicherheit

6.3.1. Varianzen für Schätzungen der ersten und zweiten Momente

Um die statistische Sicherheit der im Abschnitt 6.2.1. angegebenen Schätzungen $\hat{m}$, $\hat{C}$, insbesondere derjenigen aus *einer* Realisierung stationärer/homogener ergodischer Prozesse zu beurteilen, bedient man sich der Varianzen

$$\mathsf{D}^2\{\hat{m}\} = \mathsf{D}^2\{\bar{x}\} =: \sigma_{\bar{x}}^2, \quad \mathsf{D}^2\{\hat{C}\}, \quad \mathsf{D}^2\{\hat{C}(0)\} =: \sigma_0^2.$$

Darauf aufbauend können dann Vertrauensbereiche konstruiert oder statistische Tests ausgeführt werden. In Tabelle 6.2 sind die gebräuchlichsten Formeln für diese Varianzen zusammengestellt. Die Varianz $\mathsf{D}^2\{\bar{x}\}$ eindimensionaler Prozesse wurde im Abschnitt 6.1.1. über Ergodizität ausführlich abgeleitet. Dort ist auch bereits das Wesentliche über die Eigenschaften dieser

Tabelle 6.2: Varianzen der 1. und 2. Momente stationärer/homogener GAUSS-Prozesse. Schätzformeln (6.3.1), (6.3.2) für $n = 1$, stationär; (6.3.3), (6.3.4) für $n > 1$, homogen; (6.3.5) für $n = 2$, (6.3.6) für $n = 3$, jeweils homogen-isotrop.

$\mathrm{D}^2\{\bar{x}_n\}$	$\mathrm{D}^2\{{}^n\hat{C}\}$
$\frac{2}{T}\int\limits_0^T \left(1 - \frac{\tau}{T}\right) {}^1C(\tau)\,\mathrm{d}\tau$	$\frac{2}{T-\tau}\int\limits_0^{T-\tau} \left(1 - \frac{\tau'}{T-\tau}\right) \{.\}\,\mathrm{d}\tau'$
$\approx 2 \times {}^1C(0) \times {}^1I/T = {}^1S(0)/T$	$\{.\} = \{[{}^1C(\tau')]^2 + {}^1C(\tau'+\tau)\,{}^1C(\tau'-\tau)\}$
$\frac{2^n}{{}^nT}\int\limits_{{}^nT} \prod\limits_{i=1}^{n} \left(1 - \frac{\Delta x_i}{T_i}\right) \times {}^nC(\Delta\boldsymbol{x})\,\mathrm{d}\Delta\boldsymbol{x}$	$\frac{2^n}{{}^nT^*}\int\limits_{{}^nT^*} \prod\limits_{i=1}^{n} \left(1 - \frac{\Delta x_i'}{T_i - \Delta x_i}\right) \{.\}\,\mathrm{d}\,\Delta\boldsymbol{x}'$
$\approx 2^n \times {}^nC(\boldsymbol{0}) \times {}^nI/{}^nT = {}^nS(\boldsymbol{0})/{}^nT$	$\{.\} = \{[{}^nC(\Delta\boldsymbol{x}')]^2 + {}^nC(\Delta\boldsymbol{x}' + \Delta\boldsymbol{x}) \times {}^nC(\Delta\boldsymbol{x}' - \Delta\boldsymbol{x})\}$
${}^nT := T_1 T_2 \ldots T_n$	${}^nT^* := (T_1 - \Delta x_1)(T_2 - \Delta x_2)\ldots(T_n - \Delta x_n)$
	[Stichproben-Gebiet ${}^nT \subset \mathbb{R}^n$,
$\approx 4 \times {}^2C(0) \times {}^2I/F = {}^2S(0)/F$	-Länge $T \subset \mathbb{R}^1$,
	-Fläche $F \subset \mathbb{R}^2$,
	-Volumen $V \subset \mathbb{R}^3$]
$\approx 8 \times {}^3C(0) \times {}^3I/V = {}^3S(0)/V$	

Varianzen ausgesagt, so daß wir uns hier auf einen Kommentar zu Tabelle 6.2 beschränken können; Beispiele werden im Abschnitt 6.3.2. gebracht.

(1) Alle Formeln sind als Integrale notiert. Bei diskreten Stichroben bzw. AKF-Schätzungen sind die Integrale durch Summen zu ersetzen, z. B. $\mathrm{D}^2\{\bar{x}_1\}$ in Tabelle 6.2 durch

$$\mathrm{D}^2\{\bar{x}_N\} = \frac{1}{N}\left[C(0) + 2\sum_{r=1}^{N-1}\left(1 - \frac{r}{N}\right) C(r\Delta)\right]. \tag{6.3.7}$$

(2) Die Formeln für $\mathrm{D}^2\{\bar{x}_n\}$ gelten für beliebige stationäre/homogene ergodische Prozesse, diejenigen für $\mathrm{D}^2\{{}^n\hat{C}\}$, $\mathrm{D}^2\{{}^n\hat{C}(\boldsymbol{0})\}$ bei GAUSS-Prozessen, wie im Abschnitt 6.1.1. erläutert wurde.

$D^2\{{}^n\hat{C}(\boldsymbol{0})\}$	
$\frac{4}{T}\int_0^T \left(1-\frac{\tau}{T}\right)[{}^1C(\tau)]^2\,d\tau$	(6.3.1)
$\approx \frac{4}{T}\int_0^\infty [{}^1C(\tau)]^2\,d\tau$	(6.3.2)
$\frac{2^{n+1}}{{}^nT}\int_{{}^nT} \prod_{i=1}^{n}\left(1-\frac{\Delta x_i}{T_i}\right)[{}^nC(\Delta\boldsymbol{x})]^2\,d\,\Delta\boldsymbol{x}$	(6.3.3)
$\approx \frac{2^{n+1}}{{}^nT}\int_0^\infty\int_0^\infty\cdots\int_0^\infty [{}^nC(\Delta\boldsymbol{x})]^2\,d\,\Delta\boldsymbol{x}$	(6.3.4)
$\approx \frac{4\pi}{F}\int_0^\infty [{}^2C(r)]^2\,r\,dr$	(6.3.5)
$\approx \frac{8\pi}{V}\int_0^\infty [{}^3C(r)]^2\,r^2\,dr$	(6.3.6)

(3) Alle Näherungen gelten für Prozesse, deren AKF im Vergleich zur Ausdehnung des Stichprobengebietes rasch gegen Null abfallen, so daß sich Terme der Form $1 - \tau/T$ über einen Bereich τ_0, in welchem $C(\tau) > 0$, nur wenig von Eins unterscheiden und die obere Integrationsgrenze auf ∞ ausgedehnt werden kann. In diesen Näherungen kommt die Abhängigkeit der Varianzen vom Stichprobenumfang *und* von der Erhaltungsneigung (Integralskala I) am deutlichsten zum Ausdruck; z. B. ist $D^2\{\bar{x}_n\} \sim {}^nI$.

6.3.2. Erhaltungsneigung und effektiver Stichprobenumfang

Um die Abhängigkeit der Varianzen in Tabelle 6.2 von der Erhaltungsneigung etwas deutlicher zu machen, schreiben wir speziell die Varianz des Mittels $\bar{x}_1 = \bar{x}$ aus einer Registrierung der Länge T bzw. aus einer äquidistanten Stichprobe vom Umfang $N = T/\Delta$ als

$$\sigma_{\bar{x}}^2 = \frac{\sigma^2}{T}\,\varepsilon(T), \quad \varepsilon(T) := \frac{2}{\sigma^2}\int_0^T \left(1 - \frac{\tau}{T}\right) C(\tau)\,\mathrm{d}\tau, \tag{6.3.8}$$

$$\sigma_{\bar{x}}^2 = \frac{\sigma^2}{N}\,\varepsilon(N), \quad \varepsilon(N) := 1 + \frac{2}{\sigma^2}\sum_{r=1}^{N-1}\left(1 - \frac{r}{N}\right) C(r\Delta). \tag{6.3.9}$$

Wäre es möglich, weißes Rauschen über T zu registrieren, erhielte man mit (6.3.8)

$$\sigma_{\bar{x}}^2 = \frac{2S_0}{T}\int_0^T \left(1 - \frac{\tau}{T}\right) \delta(\tau)\,\mathrm{d}\tau = \frac{S_0}{T}\int_{-\infty}^{+\infty} \delta(\tau)\,\mathrm{d}\tau = \frac{S_0}{T}, \tag{6.3.10}$$

d. h., die Varianz des Mittels ginge mit der Registrierlänge zurück. Für eine diskrete Stichprobe vollständig unkorrelierter Werte, $C(r\Delta) \equiv 0$, $r = 1, 2, \ldots, N$, ist $\varepsilon(N) = 1$, und aus (6.3.9) folgt

$$\sigma_{\bar{x}}^2 = \sigma^2/N, \tag{6.3.11}$$

wonach die Varianz des Mittels mit der Anzahl der Probenwerte zurückgeht. Stammt dagegen die Stichprobe aus einem Prozeß mit Autokorrelation, $C(r\Delta) \not\equiv 0$ $(r \geqq 1)$, wird $\varepsilon(N) \neq 1$, in der Regel $\varepsilon(N) > 1$. In Analogie zu (6.3.11) schreiben wir

$$\sigma_{\bar{x}}^2 = \sigma^2/N_e, \quad N_e = N/\varepsilon(N), \quad N_e = T/\varepsilon(T), \tag{6.3.12}$$

wahlweise für Stichprobenumfang N oder Registrierlänge T. $\varepsilon(N)$ heißt *äquivalente Erhaltungszahl*, $\varepsilon(T)$ *äquivalente Erhaltungslänge*. In der Tat sind beide Größen spezielle Ausdrücke der Erhaltungsneigung; z. B. gilt

$$\lim_{T\to\infty} \varepsilon(T) = 2I = S(0)/C(0), \tag{6.3.13}$$

d. h., für genügend große T entspricht $\varepsilon(T)$ der doppelten Integralskala des Prozesses. $\varepsilon(N)$, $\varepsilon(T)$ sind gerade so definiert, daß die Schätzformel (6.3.11) auch auf Stichproben aus stationären Zufallsprozessen angewendet werden kann, wenn man nur anstelle des tatsächlichen Stichprobenumfanges N den sog. *effektiven Stichprobenumfang* N_e gemäß (6.3.12) einsetzt — oder anders ausgedrückt: Entnimmt man einer Registrierung der Länge T genau N_e Werte im Abstand $\Delta = \varepsilon(T)$, entsprechen diese einer Stichprobe von N unkorrelierten Werten im Abstand $\Delta = 1$ und liefern bei gleicher Varianz σ^2 auch die gleiche Varianz $\sigma_{\bar{x}}^2$ des Mittels $\bar{x}$.

Dieser Sachverhalt ist insofern von großer praktischer Bedeutung, als Prüfverfahren, die für korrelationsfreie Meßwerte gelten — etwas großzügig ausgedrückt — auch auf Stichproben aus stationären bzw. homogenen Zufallsprozessen angewendet werden können, wenn man die Freiheitsgrade mit N_e nach (6.3.12) berechnet. Wir formulieren den Kern der Aussage noch einmal im

Satz 6.4 (J. BARTELS, 1935): *Eine Stichprobe vom Umfang N aus einem stationären Zufallsprozeß enthält $N_e = N/\varepsilon(N)$ korrelationsfreie Probenwerte, und aus einer Registrierung der Länge T aus einem stationären Zufallsprozeß können $N_e = T/\varepsilon(T)$ korrelationsfreie Probenwerte entnommen werden.*

Die Verallgemeinerung auf mehrdimensionale homogene Prozesse ist offensichtlich (vgl. Tabelle 6.2):

$$N_e = \frac{n_T}{\varepsilon({}^nT)}, \quad \varepsilon({}^nT) := \frac{2^n}{\sigma_n^2} \int\limits_{{}^nT} \prod_{i=1}^{n} \left(1 - \frac{\Delta x_i}{T_i}\right) \times {}^nC(\Delta \boldsymbol{x})\, \mathrm{d}\Delta \boldsymbol{x}, \tag{6.3.14}$$

$${}^nT \to \mathbb{R}^n: \quad \varepsilon(\mathbb{R}^n) := \frac{1}{\sigma_n^2} \int\int\limits_{-\infty}^{+\infty} \cdots \int {}^nC(\Delta \boldsymbol{x})\, \mathrm{d}\Delta \boldsymbol{x}$$

$$= 2^n \times {}^nI = {}^nS(\boldsymbol{0})/{}^nC(\boldsymbol{0}). \tag{6.3.15}$$

Der effektive Stichprobenumfang N_e ist das Verhältnis von *Stichprobenraum* ${}^nT$ zu *äquivalentem Erhaltungsraum* $\varepsilon({}^nT)$.

Neben dem oben behandelten eindimensionalen Fall sind der zwei- und dreidimensionale mit Stichprobenfläche F und Stichprobenvolumen V am wichtigsten:

$$N_e = F/\varepsilon(F), \quad N_e = V/\varepsilon(V). \tag{6.3.16}$$

Sind die Prozesse im $\mathbb{R}^2$, $\mathbb{R}^3$ homogen-isotrop, gilt

$$\varepsilon(\mathbb{R}^2) = \frac{2\pi}{\sigma_2^2} \int\limits_0^\infty {}^2C(r)\, r\, \mathrm{d}r = 4 \times {}^2I = {}^2S(0)/{}^2C(0), \tag{6.3.17}$$

$$\varepsilon(\mathbb{R}^3) = \frac{4\pi}{\sigma_3^2} \int\limits_0^\infty {}^3C(r)\, r^2\, \mathrm{d}r = 8 \times {}^3I = {}^3S(0)/{}^3C(0). \tag{6.3.18}$$

Beispiel 6.3: Schätzwerte für homogen-isotrope, ergodische, gaußsche Prozesse.
Aus Prozessen ${}^nX$, $n = 1, 2, 3$, mit den genannten Eigenschaften und den AKF

$${}^nC(r) = \sigma_x^2 \exp\left[-(r/d)^2\right]$$

mit jeweils gleicher Varianz σ_x^2 und gleichem Abklingparameter $d \ll T$ möge je eine Stichprobe aus ${}^nT = T^n$ (Strecke T, Quadrat T^2, Würfel T^3) vorliegen und daraus $\bar{x}_n$, ${}^n\hat{C}(r)$ geschätzt worden sein. Die statistische Sicherheit dieser Schätzungen kann mit den folgenden Näherungswerten, berechnet nach (6.3.1, 5, 6, 12, 17, 18), beurteilt werden:

$$\varepsilon({}^nT) \approx (\sqrt{\pi}\, d)^n, \quad \sigma_{\bar{x}}^2/\sigma_x^2 = 1/N_e = (\sqrt{\pi}\, d/T)^n,$$

$$\sigma_0^2/\sigma_x^4 \approx c_n\, (\sqrt{\pi}\, d/T)^n, \quad c_1 = \sqrt{2}, \quad c_2 = 1, \quad c_3 = \sqrt{2}/2.$$

Wie bereits aus den allgemeinen Formeln bekannt, gehen die Varianzen $\sigma_{\bar{x}}^2 = \mathsf{D}^2\{\bar{x}\}$, $\sigma_0^2 = \mathsf{D}^2\{\sigma_x^2\}$ mit wachsendem Stichprobengebiet und abnehmender Erhaltungsneigung zurück, während sich der effektive Stichprobenumfang gerade umgekehrt verhält.

Beispiel 6.4: Schätzwerte für einen ebenen, homogen-isotropen, ergodischen, gaußschen Prozeß.

Im Beispiel 5.4, S. 135 wurden AKF der vertikalen Erdkrustenbewegung im Pannonischen Becken geschätzt und u. a. durch das Modell

$$C(r) = \sigma^2 \, e^{-\alpha^2 r^2} J_0(k_0 r)$$

approximiert. Als Ergänzung berechnen wir mit den Formeln (6.3.5, 16, 17), den Ausgangswerten $\hat{\sigma}^2 \approx 0{,}70 \text{ mm}^2/\text{a}^2$, $\hat{\alpha} \approx 0{,}61 \times 10^{-2} \text{ km}^{-1}$, $\hat{k}_0 \approx 1{,}56 \times 10^{-2} \text{ km}^{-1}$, $F \approx 4{,}8 \times 10^5 \text{ km}^2$ und den o. a. Eigenschaften als Arbeitshypothesen:

$$\varepsilon(F) \approx 2\pi \int_0^\infty e^{-\alpha^2 r^2} J_0(k_0 r)\, r \, dr = \frac{\pi}{\alpha^2} e^{-k_0^2/4\alpha^2} \approx 1{,}6 \times 10^4 \text{ km}^2,$$

$$\sigma_0^2 \approx \frac{4\pi\sigma^4}{F} \int_0^\infty e^{-2\alpha^2 r^2} [J_0(k_0 r)]^2 \, r \, dr$$

$$= \frac{\pi\sigma^4}{F\alpha^2} e^{-k_0^2/4\alpha^2} I_0(k_0^2/4\alpha^2) \approx 0{,}030 \text{ mm}^4/\text{a}^4,$$

$$N_e = F/\varepsilon(F) \approx 30.$$

Der erhobene Stichprobenumfang $N \sim 10^2$ geht auf den effektiven $N_e \sim 10$ zurück! Wie bereits bemerkt, ist es daher unmöglich, aus einer einzigen Realisierung eine richtungsabhängige AKF zu schätzen. Man behilft sich mit einem der geologisch-geophysikalischen Situation angepaßten isotropen Modell, dessen freie Parameter mehr oder weniger sicher, z. B. $\hat{\sigma}^2 \approx (0{,}70 \pm 0{,}17) \text{ mm}^2/\text{a}^2$, aus dem Experiment abgeschätzt werden.

6.3.3. Trennung von Signal und Rauschen

Bisher sind wir, ohne es besonders zu betonen, in der Regel davon ausgegangen, daß die Stichproben aus Zufallsprozessen *fehlerfrei* erhoben, d. h. in keinerlei Weise im Meß- und Auswerteprozeß verändert worden sind. Es wurde deshalb auch nicht von Stichproben*fehlern*, sondern von Stichproben*effekten* gesprochen. Die Auswirkung dieser Effekte auf das Ergebnis kann durch Konfidenzintervalle, statistische Tests o. ä. beurteilt werden. Solche Aussagen sind jedoch unabhängig von der Natur des Prozesses (physikalisch, chemisch, geometrisch; geophysikalischer Prozeß oder Fehlerprozeß) und liefern nur eine *mathematisch-statistische Sicherheit.*

Kommen nun außer den Stichprobeneffekten die ebenfalls unvermeidlichen Fehlerwirkungen der Messung und Auswertung hinzu, wird die Aufgabe, (geophysikalisch) sichere Ergebnisse zu erzielen, entsprechend komplizierter. Man kann das Problem, vereinfacht auf additiv überlagertes Rauschen (n), etwa so formulieren: Gemessen werden das verrauschte Signal (r)

$$\left.\begin{aligned} r &= s + n \quad \text{mit} \quad m_r = m_s + m_n, \\ C_{rr} &= C_{ss} + C_{sn} + C_{ns} + C_{nn}, \\ S_{rr} &= S_{ss} + S_{sn} + S_{ns} + S_{nn}, \end{aligned}\right\} \qquad (6.3.19)$$

das verformte Signal

$$\hat{s} \quad \text{mit} \quad m_{\hat{s}},\, C_{\hat{s}\hat{s}},\, S_{\hat{s}\hat{s}} = US_{ss} \tag{6.3.20}$$

mit U als Übertragungsfunktion, oder das verrauschte *und* verformte Signal

$$\left.\begin{aligned} &\hat{r} = \hat{s} + \hat{n} \quad \text{mit} \quad m_{\hat{r}} = m_{\hat{s}} + m_{\hat{n}}, \\ &C_{\hat{r}\hat{r}} = C_{\hat{s}\hat{s}} + C_{\hat{s}\hat{n}} + C_{\hat{n}\hat{s}} + C_{\hat{n}\hat{n}}, \quad S_{\hat{r}\hat{r}} = US_{rr}. \end{aligned}\right\} \tag{6.3.21}$$

Gesucht ist das (weitgehend) rausch- und verformungsfreie Signal s mit m_s, C_{ss}, S_{ss}. Dieser Abschnitt ist dem Teilproblem (6.3.19) gewidmet, der nachfolgende der Signalverformung (6.3.20), (6.3.21).

Ein Rauschprozeß kann als geophysikalischer Prozeß und mit dem interessierenden Prozeß gekoppelt auftreten, z. B. atmosphärische Turbulenz. Er kann ein reiner, mit dem Signal nicht notwendig kreuzkorrelierter Fehlerprozeß, z. B. zufällige, periodische und grobe Fehler, schließlich beides zugleich sein. Es kann daher auch kein Patentrezept geben, um Signal und Rauschen zu trennen, sondern man muß von Fall zu Fall nach einigermaßen bewährten Richtlinien verfahren.

An sich ist diese Aufgabe in sich widersprüchlich: Die Trennung selbst erfordert *A-priori*-Kenntnisse über die statistischen Eigenschaften von s und n, die ihrerseits nur an s und n *getrennt* studiert werden können. Indessen erweist sich das Dilemma als nicht ausweglos: Man versucht zunächst, Mittelwerte und AKF und/oder Spektraldichten in (6.3.19) zu trennen. Dabei müssen von den Komponenten r, s, n wenigstens die Eigenschaften zweier bekannt sein. Glücklicherweise ist n in den meisten Fällen von ziemlich einfacher statistischer Struktur, z. B. weißes oder breitbandiges Rauschen, periodische Störung o. ä. und mit s nicht oder höchstens schwach korreliert, so daß

$$C_{rr} \approx C_{ss} + C_{nn}, \quad S_{rr} \approx S_{ss} + S_{nn}. \tag{6.3.22}$$

Ferner können m_n, C_{nn}, S_{nn} aus den Fehlercharakteristiken der Meßverfahren oder Übertragungskanäle oder aus der physikalischen Natur der Störungen abgeschätzt werden. Mitunter verfügt man auch schon über gewisse Vorkenntnisse des Signalverlaufs, z. B. aus den Grundgleichungen, welche den Prozeß im Mittel beschreiben.

Sind die statistischen Eigenschaften von s und n (näherungsweise) bekannt, ist die Signalprädiktion eine *Filteraufgabe*. Die wirksamsten Verfahren sind natürlich die *Schätzverfahren mit minimaler Fehlervarianz* (Abschnitt 5.3). Erscheint der Rechenaufwand, z. B. bei Routineauswertungen mit niedrigen Genauigkeitsanforderungen und/oder schwachem Rauschen nicht gerechtfertigt, können Tief-, Hoch- oder Bandpaßfilter benutzt werden, um hochfrequentes Rauschen, langwellige Trends oder periodische Störungen zu unterdrücken. Diese häufig benutzten Standardverfahren sind jedoch *nicht* optimal: Je nach den spektralen Eigenschaften von s, n sowie der Wahl der Filtercharakteristik werden nicht nur die Störungen mehr oder weniger gut beseitigt, sondern auch gewisse spektrale Anteile von s mitverformt! Immerhin können diese Verfahren ggf. Vorstufe der eigentlichen Signalprädiktion sein.

Wir bringen ein einfaches Beispiel der Voruntersuchung, in dem die Häufigkeitseigenschaften gemessener Prozeßordinaten zur Trennung von Signal- und Rauschvarianz ausgenutzt werden.

Beispiel 6.5: Periodisches Signal mit überlagertem Rauschen.
Ein Eisstrom fließe über sinusförmig gewellten Untergrund. Dann ist unter gewissen Voraussetzungen die Oberflächengeschwindigkeit $v(x)$ in Fließrichtung x

$$v(x) = c + bx + a \sin \omega_0 x; \quad a, b, c \text{ Konstante.}$$

Wir untersuchen zunächst die Häufigkeitsverteilung der gemessenen, trendfreien Ordinaten $r_i = z_i = s_i + n_i$, $s_i = a \sin \omega_0 x_i$, vgl. Beispiel 2.5, S. 43. Für $\mathsf{E}s \equiv 0$, $\mathsf{E}n \equiv 0$, $\mathsf{E}r \equiv 0$ und nicht zu schwaches Rauschen läßt sich die Dichtefunktion (2.4.18) durch die Näherungslösung

$$h_1(z) = (4\alpha)^{-1} \pi^{-1/2}(e_1 + e_2), \quad e_{1,2} = \exp\left[-(z \pm \beta)^2/4\alpha^2\right] \tag{6.3.23}$$

mit $\alpha^2 \approx \sigma_n^2/2 + 0{,}0335\, a^2$, $\beta \approx 0{,}658 a$ ersetzen (Meier, 1981). Wenn $snr \equiv \sigma_s^2/\sigma_n^2 > 1{,}75$, besitzt $h_1(z)$ bei $z_{1/2} \approx \pm\beta$ je ein Maximum und bei $z_0 = 0$ ein Minimum. Liegt ein Meßwerthistogramm mit der Varianz σ_r^2 und dem Gipfelabstand $z_1 - z_2 \approx 2\beta$ wie in Abb. 6.5 vor, so können die Signalamplitude a, die Signalvarianz $\sigma_s^2 = a^2/2$ und die Fehlervarianz $\sigma_n^2 = \sigma_r^2 - \sigma_s^2$ abgeschätzt werden:

$$2\beta \approx 24 \text{ bis } 26 \text{ cm/d}, \quad m_r \approx 0, \quad a \approx 18 \text{ bis } 20 \text{ cm/d},$$

$$\sigma_s^2 \approx 162 \text{ bis } 200 \text{ cm}^2/\text{d}^2, \quad \sigma_r^2 \approx 227 \text{ cm}^2/\text{d}^2,$$

$$\sigma_n^2 \approx 65 \text{ bis } 27 \text{ cm}^2/\text{d}^2, \quad \sigma_s^2/\sigma_n^2 \approx 2{,}5 \text{ bis } 7{,}4.$$

Damit ist eine wichtige Voraussetzung zur Signalprädiktion nach kleinsten Quadraten (vgl. Abschnitt 5.3.1) erfüllt. Als Signal-AKF wird man das Kosinus-Modell oder ein Modell des Schmalbandrauschens (Anhang A3) ansetzen (Dietrich, 1978).

Die Varianzen von Signal und Rauschen sind natürlich nicht immer so einfach zu trennen; z. B. rücken für $snr < 1{,}75$ die Maxima zusammen, und $h_1(z)$ tendiert mit $snr \to 0$ gegen die Normalverteilung.

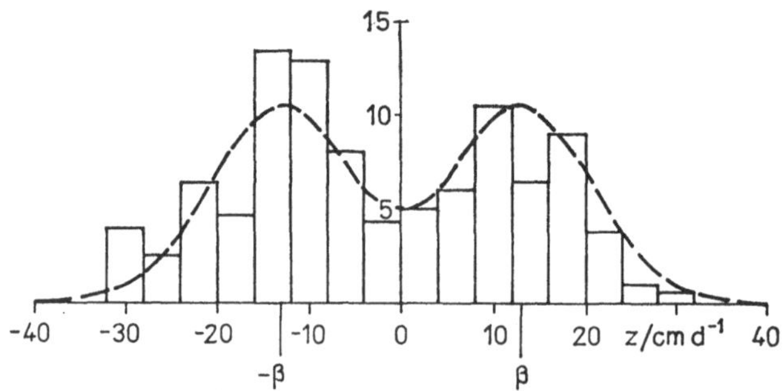

Abb. 6.5. Schwankungen im Längsprofil der Oberflächengeschwindigkeit eines antarktischen Ausflußgletschers. Histogramm der gemessenen, trendfreien Ordinaten $z_i = r_i$ mit angepaßter Dichtefunktion

Ein Signal ist in der Regel um so leichter und zuverlässiger zu prädizieren, je stärker seine Leistung gegenüber der Rauschleistung dominiert (je günstiger das Signal-Rausch-Verhältnis) und/oder je deutlicher sich sein Bandbereich von jenem des Rauschens abhebt.

Beispiel 6.6: Bandbereiche vertikaler Erdkrustenbewegungen in Mittel- und Südosteuropa. Sowohl für Mittel- als auch für Südosteuropa werden relative Vertikalgeschwindigkeiten von 1 bis 2 mm/a angegeben. Bei gleichem Meßverfahren ist auch mit gleichen Fehlervarianzen und damit mit gleichen *snr* in beiden Regionen zu rechnen. Die spektrale Verteilung möglicher Bewegungssignale ist jedoch grundverschieden (Abb. 6.6).

Zunächst ist das Fehlerspektrum verhältnismäßg breitbandig und dominiert auf Wellenlängen $\lambda = 2\pi/k \sim 10^2$ km. Diese Größenordnung folgt aus der Struktur der Nivellelementsnetze und ihrer Verformung. Mögliche Krustenbewegungen in Mitteleuropa dürften im gleichen Wellenlängenbereich liegen; das Signalspektrum (S_2) ist vom Fehlerspektrum ($S_{\hat{n}\hat{n}}$) überdeckt und die Signalprädiktion entsprechend kritisch. Dagegen tritt das Signalspektrum des Pannonischen Beckens (S_1), besonders im Wellenlängenbereich $\sim 10^3$ km deutlich aus dem Fehlerspektrum hervor. Insgesamt ist daher die Signalprädiktion im Pannonischen Becken ($\lambda \sim 10^3$ km, $a \sim 1$ mm/Jahr), aber auch in den Alpiden Neoeuropas ($\lambda \sim 10^2$ km, jedoch 1 mm/Jahr $\leq$ a $\leq$ 10 mm/Jahr) sicherer möglich als z. B. in den Varisziden Mitteleuropas.

6.3.4. Signalverformung

Stochastische Signale können im Meß- und Auswerteprozeß in gewisser Weise verändert (verformt, verzerrt, gefiltert) werden, z. B. geglättet infolge Trägheit des Meßgerätes, durch Integration, Mittelbildung, Ausgleichung, aufgerauht durch Differenzenbildung usw. — Um die verformenden Wirkungen eines Meß- oder Auswerteverfahrens abzuschätzen, bedient man sich gern sog. *Testsignale.* Vorzüglich geeignet sind die im Abschnitt 5.1.3. besprochenen Signale $a \sin \omega_0 t$, $a \cos \omega_0 t$, weil sie gewisse reproduzierende Eigenschaften besitzen. Als orthogonale Funktionen sind sie nicht kreuzkorreliert, reproduzieren sich aber im Prozeß der Autokorrelation; vgl. (5.1.27). Ferner bleiben sie in ihrer Struktur unverändert, wenn man sie linearen Transformationen unterwirft.

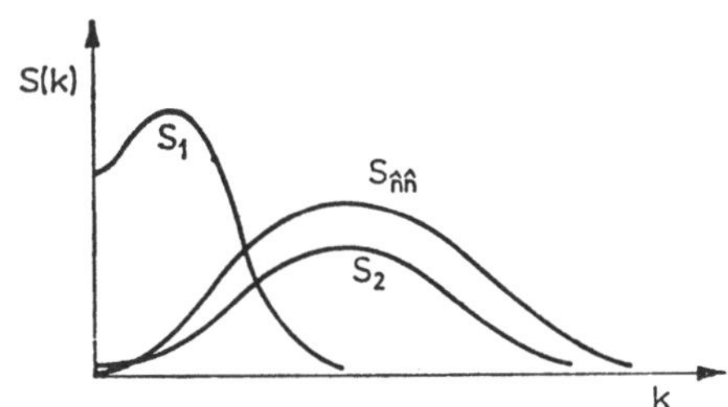

Abb. 6.6. Spektraldichten vertikaler Erdkrustenbewegungen in Südosteuropa (Pannonisches Becken, S_1) und Mitteleuropa (S_2) im Vergleich mit der Spektraldichte gefilterter Nivellementsfehler (geformten Rauschens, $S_{\hat{n}\hat{n}}$) — schematisch

Ein Signal $s(t) = a \sin \omega_0 t$ mit der formal eingeführten Spektraldichte (5.1.26) werde linear transformiert. Die Spektraldichte des transformierten Signals $\hat{s}(t)$ ist nach (3.3.15) und (2.5.9)

$$\hat{S}(\omega) = 2\pi\sigma^2 \, |G(\mathrm{j}\omega)|^2 \, \delta(|\omega| - \omega_0) = \pi a^2 \, |G(\mathrm{j}\omega_0)|^2 \, \delta(|\omega| - \omega_0) . \quad (6.3.24)$$

Die Deltafunktion selektiert aus der Übertragungsfunktion $U(\omega) = |G(\mathrm{j}\omega)|^2$ genau einen Funktionswert (an der Stelle ω_0), so daß sich $\hat{S}(\omega)$ von $S(\omega)$ nur um einen konstanten Faktor unterscheidet und Spektraldichte des verformten Signals

$$\hat{s}(t) = \hat{a} \sin (\omega_0 t + \varphi) , \quad \hat{a} = a|G(\mathrm{j}\omega_0)| , \quad \tan \varphi = \frac{\operatorname{Im} \{G(\mathrm{j}\omega_0)\}}{\operatorname{Re} \{G(\mathrm{j}\omega_0)\}} \quad (6.3.25)$$

mit der Phasenbeziehung gemäß (3.3.14) ist. $\hat{s}(t)$ ist also gegenüber $s(t)$ nur in der Amplitude und in der Phase verändert; die Wellenlänge bleibt erhalten.

Beispiel 6.7: Nivellement über ein sinusförmiges Höhenprofil.
Entlang eines Höhenprofils

$$h(t) = a \sin \omega_0 t, \quad h'(t) = a\omega_0 \cos \omega_0 t$$

werden Höhenunterschiede $\{\Delta h_i\}$ über Streckenlängen l bestimmt. Das Meßverfahren ist linear mit der Durchlaßcharakteristik (vgl. Beispiel 3.6, S. 77)

$$G(\mathrm{j}\omega) = 2\mathrm{j} \sin (\omega l/2), \quad |G(\mathrm{j}\omega)| = 2 \, |\sin (\omega l/2)| .$$

Mit (6.3.25) folgt

$$\hat{h}(t) = 2a \, |\sin (\omega_0 l/2)| \sin (\omega_0 t + \pi/2)$$
$$\approx a\omega_0 l \cos \omega_0 t \equiv l h'(t) \quad \text{für} \quad \lambda_0 = 2\pi/\omega_0 \gg l$$

oder im diskreten Meßverfahren

$$l h'(t) \approx l \left(\frac{\Delta h_i}{\Delta t_i} \right)_{\Delta t_i = l} = \Delta h_i .$$

Folglich erhält man aus dem Nivellement über $h(t)$ eine Folge von Höhen*unterschieden* $\{\Delta h_i\}$ bezogen auf Streckenlängen l bzw. in der stetigen Approximation die Geländeneigung $h'(t) = \hat{h}(t)/l$ weitgehend *verformungsfrei*, wenn nur für die Profilwellenlänge $\lambda_0 \gg l$ gilt (bis auf gefilterte Nivellementsfehler, die im Beispiel 3.6, S. 77 besprochen wurden). Gleiches gilt für Erdkrusten- oder Bodenbewegungen aus Wiederholungsnivellements, wenn man anstelle $h(t)$, $h'(t)$ die Vertikalgeschwindigkeit $v(t)$ und ihre Änderung $v'(t)$ entlang des Nivellementsweges t setzt. Im Vergleich zum Abtasttheorem ist diese Forderung stärker, da Höhenunterschiede über Streckenlängen (im kontinuierlichen Konzept Differentialquotienten) gemessen werden.

Verformungen mehrdimensionaler Signale können auf analoge Weise getestet werden. Sei speziell eine ebene Wellung (5.1.29) mit der Spektraldichte (5.1.32) einer linearen Transformation mit der Übertragungsfunktion $U(k_x, k_y) = |G(\mathrm{j}k_x, \mathrm{j}k_y)|^2$ unterworfen. Die Spektraldichte der verformten Wellung ist dann

$$\hat{S}(k_x, k_y) = 4\pi^2\sigma^2 |G(jk_x, jk_y)|^2 \delta(|k_x| - |k_{x0}) \delta(|k_y| - k_{y0})$$
$$= 2\pi^2 a^2 |G(jk_{x0}, jk_{y0})|^2 \delta(|k_x| - k_{x0}) \delta(|k_y| - k_{y0}), \qquad (6.3.26)$$

d. h. Spektraldichte von

$$\hat{s}(x, y) = \hat{a} \cos (k_{x0}x + k_{y0}y + \varphi),$$
$$\hat{a} = a\,|G(jk_{x0}, jk_{y0})|, \quad \tan \varphi = \frac{\operatorname{Im}\{G(jk_{x0}, jk_{y0})\}}{\operatorname{Re}\{G(jk_{x0}, jk_{y0})\}}. \qquad (6.3.27)$$

Ist das Signal entsprechend (6.3.20) verändert, erhebt sich die Frage, ob sich die Verformung mit der Charakteristik G durch sog. *inverse* Filterung rückgängig machen läßt. Das ist offensichtlich nur dann vollständig möglich, wenn sich ein Filter mit der Charakteristik G^{-1} angeben läßt, so daß $GG^{-1} \equiv 1$ im Sinne der multiplikativen Filterung (3.3.19). Am einfachsten läßt sich die Verformung an periodischen bzw. quasiperiodischen Signalen, z. B. (6.3.25), (6.3.27) beseitigen, indem man $\hat{s}(t)$ mit $|G(j\omega_0)|^{-1}$, $\hat{s}(x, y)$ mit $|G(jk_{x0}, jk_{y0})|^{-1}$ multipliziert und jeweils um die Phase φ verschiebt. Zu stark geglättete Signale (Integrationsfilter mit $G_1 = 1/j\omega$, $\omega \neq 0$) können mittels Differentiationsfilter mit $G_2 = j\omega$ wieder aufgerauht werden: $G_1G_2 \equiv 1$, $\omega \neq 0$. Ist das Signal entsprechend (6.3.19) von unerwünschtem Fluktuationsrauschen mittels Tiefpaßfilterung befreit worden, können gewisse Signalanteile ebenfalls glättend verformt sein. Um diesen Effekt rückgängig zu machen, muß sich die inverse Filterung auf den interessierenden Frequenzbereich des Signals beschränken, indem dort $|G|$ möglichst nahe an den Wert Eins gebracht wird (sog. *Restauration*).

Am kritischsten ist die Situation, wenn nach (6.3.21) zusätzlich verformtes (insbesondere starkes) Rauschen $\hat{n}$ auftritt. Die üblichen nicht-optimalen Filterverfahren können dann das Gewünschte höchstens annähernd leisten, wenn sich die Bandbereiche von $\hat{s}$, $\hat{n}$ deutlich unterscheiden; ansonsten sind die Schätzverfahren mit minimaler Fehlervarianz vorzuziehen. Gefährlich ist der Extremfall $\hat{s} \equiv o$, $\hat{r} \equiv \hat{n}$! Die Verformung von Rauschen (Filterung von Meßfehlern) kann Signale generieren, die *a priori nicht* existieren, z. B. kann bandgefiltertes weißes oder breitbandiges Rauschen periodische quasiperiodische bzw. schmalbandige Variationen vortäuschen! Es liegt auf der Hand, daß man Fehlinterpretationen nur mit sorgfältiger Analyse der Meß- und Auswerteverfahren vorbeugen kann.

Beispiel 6.8: Polbewegung. Variation der Chandler-*Periode* (nach H. Jochmann, 1980, 1982).

Die Polbewegung besteht im wesentlichen aus der Jahreswelle und der Chandler-Welle mit einer Periode von etwa 1,2 a. Letztere wird durch Massenverteilung und rheologische Eigenschaften der Erde bestimmt und ist wegen ständiger Massenbewegungen nicht konstant. Die möglichen Beträge der Variationen sind auf Grund der vergleichsweise kurzen Beobachtungsdauer und der Genauigkeit der Polkoordinaten kaum festzustellen. Trotzdem wurden aus harmonischen Analysen von Polbewegungsdaten Variationen von Amplitude und Periode der CHANDLER-Welle, ferner Korrelationen zwischen Amplitude und Periode der CHANDLER-Welle und zwischen CHANDLER-Periode und Amplitudenvariation der Jahreswelle ermittelt. Diese Zusammenhänge sind zunächst rein empirisch, weil das Auswerteverfahren keinerlei Beziehungen zur Bewegungsgleichung besitzt. Sie können nur dann als real angesehen werden, wenn sie mit dem mechanischen Modell der Polbewegung verträglich und nicht vom Auswerteverfahren erzeugt worden sind.

Es wurde festgestellt, daß die o. a. Beziehungen zwar dem mechanischen Modell nicht widersprechen, jedoch qualitativ gleiche Korrelationen infolge Amplitudenvariation der CHANDLER-Welle in der FOURIER-Analyse erzeugt werden. Somit können diese Korrelationen nicht als Beweis für eine veränderliche CHANDLER-Periode dienen.

Im Beispiel 6.8, einem globalen Problem, konnten die (mehr oder weniger verformten) Ergebnisse aus dem Auswerteverfahren (harmonische Analyse) direkt am bekannten Bewegungsmodell geprüft werden. Die Schlußfolgerung lautet: Eine weitgehend unverzerrte CHANDLER-Periode läßt sich ohne unzulässige Voraussetzungen nur durch Eingangs-Ausgangs-Analyse (vgl. Abschnitt 3.3.1) des Systems der Polbewegung bestimmen.

Beispiel 6.9: Erdkrustenbewegung. Höhenänderungen aus Wiederholungsnivellements (nach S. MEIER, 1984, 1988a).
Aus wiederholt beobachteten Nivellementsnetzen abgeleitete Höhenänderungen werden als Erdkrustenbewegungen gedeutet und geologisch interpretiert. Infolge Netzausgleichung werden die ursprünglichen Nivellementsfehler glättend verformt. Die Fehler der ausgeglichenen Höhenänderungen sind vom Typ einer ebenen Wellung mit dominierenden Wellenlängen in etwa der gleichen Größenordnung, wie man sie für Krustenbewegungen erwarten könnte. Es wurde festgestellt, daß sich in bewegungsarmen Gebieten Mittel- und Osteuropas die Korrelationsfunktionen der Höhenänderungen nicht signifikant von jenen der Fehler unterscheiden. Somit repräsentieren die genannten Wellenstrukturen nicht notwendig vertikale Erdkrustenbewegungen.

Manche Bewegungsstrukturen scheinen mit geologischem Streichen gekoppelt zu sein. Folgend aus der Netzgeometrie werden jedoch in unregelmäßig ausgebreiteten Netzen richtungsabhängige Beobachtungskorrelationen erzeugt, im Staatlichen Nivellementsnetz der DDR etwa in N—S- und E—W-Richtung. Schwankend um E—W verlaufen aber auch geologische Vorzugsrichtungen, z. B. herzynisches (NW—SE) und variszisches (NNE—WSW) Streichen. Somit können vermutete Richtungsstrukturen der Bewegung durch Auswertung vorgetäuscht, mindestens verfälscht sein.

Im Beispiel 6.9, einem regionalen Problem, ist die Bewegungsgleichung unbekannt; jedoch sind die statistischen Eigenschaften der Meßfehler und die Übertragungseigenschaften des Auswerteverfahrens (Ausgleichung) hinreichend bekannt. In diesem Fall war es angezeigt, die Eigenschaften der empirisch geschätzten und daher verformten Bewegung mit jener der (ebenfalls verformten) Meßfehler zu vergleichen. Die Schlußfolgerung lautet hier: Um Bewegungssignale aus starkem Rauschen sicher aufzufinden, ist das Ausgleichungsverfahren ungeeignet; wirksamer ist die Prädiktionsfilterung mit ursprünglichen Meßwerten.

6.3.5. Auswertung empirischer Daten und geostatistische Sicherheit

Nachdem wir Probleme, die in der Bearbeitung von Stichproben aus Zufallsprozessen auftreten (ohne Anspruch auf Vollständigkeit) behandelt haben, wollen wir zum Abschluß Besonderheiten und Ziele der geostatistischen Arbeitsweise zusammenfassend darzustellen versuchen.

In einem Laborexperiment können die Versuchsbedingungen häufig hinreichend konstant oder kontrollierbar gehalten, ferner die Beobachtungsdauer so festgelegt werden, daß ein Ergebnis mit vorgegebener statistischer Sicherheit erzielt werden kann. Der Geowissenschaftler bezieht seine Informationen aus der Natur. Hier sind die ablaufenden Zufallsprozesse, zunehmend auch solche mit technogenen Einflüssen, der Messung schwerer zugänglich. Neben bekannten und daher kontrollierbaren Einflüssen wirken unerwünschte, oft unbekannte Einflußgrößen und verfälschen das Ergebnis: Der Beobachtungsumfang ist oft gering oder lückenhaft und kann nur mit großem Aufwand in international verabredeten Projekten oder erst nach längeren Zeiträumen vervollständigt werden. So wirksam die modernen statistischen Methoden auch sein mögen, die Unzulänglichkeiten im (Geo-) Experiment lassen sich im nachhinein nicht vollkommen beseitigen. *Statistische Kunstgriffe können nicht die experimentelle Sorgfalt ersetzen*!

Am ungünstigsten ist die Situation bei extrem seltenen Ereignissen und Vorgängen der Erdgeschichte: Zyklen der Gebirgsbildung, Kontinentbewegung, Eiszeitalter, Paläoklimate usf. — statistische Analysen sind hier ziemlich aussichtslos. Häufiger sind schon Vulkanausbrüche, Erdbeben, Überschwemmungen, Wechsel von Kalt- und Warmzeiten im letzten Eiszeitalter usf., obwohl auch diese noch zu den seltenen Ereignissen zählen. Dagegen sind wir auf dem laufenden über säkulare, jährliche und tägliche Variationen der meteorologischen, geomagnetischen und vieler anderer geophysikalischer Feldgrößen. Das Material der weltweit abgestimmten Observatoriums-Programme ist für statistische Auswertungen gut geeignet. Ähnlich wie bei den zeitabhängigen ist die Situation bei den ortsabhängigen Prozessen. Vom globalen Schwerefeld der Erde läßt sich nur eine einzige begrenzte Realisierung über die endliche Erdoberfläche gewinnen. Andere „Versuchserden", Himmelskörper von vergleichbarer Größe und Massenverteilung, sind nicht in Reichweite. —

Dem Umfang nach beschränkte, inhomogene, lückenhafte Datensätze mit Erhaltungsneigung, schwer zu beherrschende oder unkontrollierbare Versuchsbedingungen, verformende Wirkungen von Meß- und Auswerteverfahren, insbesondere bei ungünstigen Signal-Rausch-Verhältnissen sind *Restriktionen*, unter denen der messende und analysierende Geowissenschaftler arbeitet. Sie sind zugleich potentielle *Fehlerquellen* statistischer Schlüsse und Ursachen von Fehlinterpretationen. In der geowissenschaftlichen Statistik-Literatur mangelt es nicht an Beispielen physikalisch ungesicherter Zusammenhänge, sog. Nonsenskorrelationen, vorgetäuschter Effekte, voreiliger Schlüsse und statistischer Scheinbeweise. Besonders der Geophysiker J. BARTELS hat sehr frühzeitig auf die Gefahren hingewiesen, welche die unbedachte Anwendung statistischer Schlußverfahren in sich birgt. Seine Empfehlung, angehende Geophysiker in einer „Hohen Schule des Zufalls" gegen pseudo-statistische Anwandlungen zu immunisieren, trifft wohl auf alle Geowissenschaftler zu, die sich statistischer Verfahren bedienen. Die Beispiele 6.8, S. 185 und 6.9, S. 186 mögen in diesem Sinne als *warnende* Beispiele verstanden sein.

Irren ist menschlich, Nicht-Irren eine Eigenschaft der Roboter. Der Geowissenschaftler, ausgestattet mit Kenntnissen über Naturgesetze, Erfahrung, Einsicht und Intuition hegt gegenüber dem Ausgang eines Experiments zwangsläufig eine gewisse *Erwartung* und ist über einen negativen Ausgang möglicherweise enttäuscht. *Erwartungshaltungen* gefährden die *Objektivität* des Ergebnisses. Im Beispiel 6.9 wird die geologische Erwartung durch geodätische Fehlinterpretation täuschend erfüllt! Übertrüge man die Aufgabe einem (richtig programmierten) Roboter ohne Erwartungen, Hoffnungen, Wünschen und Enttäuschungen, wäre ein hoher Grad an Zuverlässigkeit erreicht. Man kann sich dem idealen Versuchsablauf anzunähern versuchen, indem man von der Messung bis zur Auswertung nach einem *Beobachtungsplan* operiert. Bei entscheidenden Fragestellungen ist es ferner zweckmäßig, das gleiche Beobachtungsmaterial von mehreren Personen oder -gruppen unabhängig bearbeiten zu lassen und die Ergebnisse zu vergleichen

Das Endergebnis einer statistischen Analyse, speziell der Erhebung und Bearbeitung von Stichproben aus Zufallsprozessen, sollte stets ein geostatistisch sicheres sein:

Ein Schätzergebnis aus einer oder mehreren Stichproben von Zufallsprozessen heiße geostatistisch sicher, wenn es mathematisch-statistisch gesichert und mit der geophysikalischen Realität verträglich ist.

Diese zwiefache Forderung liegt nach den bisherigen Ausführungen nahezu auf der Hand, denn ein mathematisch-statistisch sicheres Ergebnis kann man fast immer erzielen, wenn man nur genügend Geduld, Zeit und Mittel aufwendet und ein umfangreiches Datenmaterial zusammenträgt — bis auf gewisse Restriktionen (extrem langsame, zeitlich oder räumlich begrenzte Prozeßabläufe, Ökonomie der Mittel usf.), versteht sich. Ein solcherart zunächst rein formal gesichertes Ergebnis muß aber nicht notwendig ein geostatistisch sicheres sein, d. h. eine vollwertige geowissenschaftliche Aussage liefern. Um den zweiten Anspruch zu erfüllen, müssen alle Störungen und Verformungen aus dem Übertragungs-, Meß- und Auswerteprozeß erkannt und so gut wie möglich beseitigt worden sein. Speziell muß sichergestellt sein, daß periodische oder quasiperiodische Effekte nicht durch triviale Bandfilterung weißen oder breitbandigen Rauschens (nicht oder schwach korrelierter ursprünglicher Meßfehler) erzeugt sind. Schließlich sollte das Ergebnis mit den jeweils relevanten geophysikalischen *Grundgesetzen,* ausgedrückt durch gewisse *Grundgleichungen* — soweit sie bekannt sind — verträglich, im Idealfall der Erkenntnis geowissenschaftlicher Gesetzmäßigkeiten dienlich sein. Derart hohe Ansprüche sind oft nur in mühevoller Kleinarbeit zu erfüllen; die Schwierigkeiten stecken noch immer im Detail. Wenn wir uns dieser Mühe unterziehen, wird die Erwartung gegenüber dem Ausgang eines geostatistischen Experiments nicht täuschend, sondern — mit Positiv- oder Negativ-Resultaten — *real* erfüllt werden. — Im übrigen kann man (Geo-) Statistik nicht ausschließlich aus Lehrbüchern, sondern am besten aus eigenen Experimenten, Auswertungen und auch Fehlern erlernen.

Literaturhinweise: Über ergodische Prozesse im euklidischen Raum siehe u. a. Sweschnikow (1965), über solche auf der Kugel Moritz (1980) und vor allem die vorrangig Ergodizitätsfragen gewidmete Abhandlung von Lauritzen (1973), wo sich auch eine knappe Darstellung homogen-isotroper Prozesse mit funktionalanalytischem Zugang findet. Stichprobeneffekte, Schätzverfahren und statistische Sicherheit behandeln u. a. Sweschnikow (1965), Taubenheim (1969), speziell Spektraldichteschätzungen Blackman und Tukey (1958), Jenkins und Watts (1968). Zur Abtastung und Rekonstruktion eindimensionaler bzw. mehrdimensionaler Signale siehe Churkin, Jakowlew und Wunsch (1968) bzw. Jaroslawskij (1985). Letztgenanntes Werk enthält ein breites Spektrum digitaler Auswerteverfahren, u. a. schnelle $\mathcal{F}$-Transformation und Verfahren mit irregulär verteilten Daten; hierzu siehe auch Parzen (1985). Zum geostatistischen Problemkreis empfehlen wir Bartels (1943, 1960), van der Bijl (1951), Matheron (1963), Taubenheim (1969).

Anhang

Anhang A1: Modelle monoton gegen Null abnehmender AKF ${}^nC(r)$ und Spektraldichten ${}^nS(k)$ homogen-isotroper Prozesse im $\mathbb{R}^n$ ($n = 1, 2, 3$). (Ausnahme: Modell 5 mit Bandstruktur der Spektraldichten, wobei die relativen Maxima monoton gegen Null abnehmen.)
Variable: $x = r/d$ mit $r^2 = \sum_{i=1}^{n} \Delta x_i^2$, $y = dk$ mit $k^2 = \sum_{i=1}^{n} k_i^2$, $d > 0$, const. Funktionen: Gammafunktion $\Gamma(\nu)$, Dreieckfunktion $\Lambda(x)$, Bessel-Funktionen $J_\nu(x)$, modifizierte Bessel-Funktionen $K_\nu(x)$, jeweils der Ordnung ν.

Modell	${}^nC(r)/{}^nC(0)$ $n = 1, 2, 3$	$n = 1$
1 Gauss-Modell	e^{-x^2}	$\pi^{1/2} d\, e^{-y^2/4}$
2 Verallgemeinerte Markow-Modelle	$\frac{2^{1-\nu}}{\Gamma(\nu)} x^\nu K_\nu(x)$ $(\nu > 0)$	$2\pi^{1/2} d \frac{\Gamma(\nu + 1/2)}{\Gamma(\nu)\,(1 + y^2)^{\nu+1/2}}$
2a $\nu = 1/2$ Exponential-Modell	$e^{-\lvert x\rvert}$	$2d \frac{1}{1 + y^2}$
2b $\nu = 1$	$xK_1(x)$	$\pi d \frac{1}{(1 + y^2)^{3/2}}$
2c $\nu = 3/2$	$(1 + \lvert x\rvert)\, e^{-\lvert x\rvert}$	$4d \frac{1}{(1 + y^2)^2}$
2d $\nu = 2$	$\frac{1}{2} x^2 K_0(x) + xK_1(x)$	$\frac{3}{2} \pi d \frac{1}{(1 + y^2)^{5/2}}$
2e $\nu = 5/2$	$\left(1 + \lvert x\rvert + \frac{1}{3} x^2\right) e^{-\lvert x\rvert}$	$\frac{16}{3} d \frac{1}{(1 + y^2)^3}$
3 Verallgemeinerte Hirvonen-Modelle (Exponent ganzzahlig)	$\frac{1}{(1 + x^2)^{\nu+1}}$ $(\nu \geqq 0)$	$\frac{(-1)^\nu}{\nu!} \pi d^{2\nu+2} \lim_{z \to d^2} \frac{\partial^\nu f(z, k)}{\partial z^\nu}$ $f(z, k) = z^{-1/2}\, e^{-kz^{1/2}}$
3a $\nu = 0$	$\frac{1}{1 + x^2}$	$\pi d\, e^{-\lvert y\rvert}$

${}^{n}S(k)/{}^{n}C(0)$ $n = 2$	$n = 3$
$\pi d^2\, e^{-y^2/4}$	$\pi^{3/2} d^3\, e^{-y^2/4}$
$4\pi\nu d^2 \dfrac{1}{(1+y^2)^{\nu+1}}$	$8\pi^{3/2} d^3 \dfrac{\Gamma(\nu+3/2)}{\Gamma(\nu)\,(1+y^2)^{\nu+3/2}}$
$2\pi d^2 \dfrac{1}{(1+y^2)^{3/2}}$	$8\pi d^3 \dfrac{1}{(1+y^2)^2}$
$4\pi d^2 \dfrac{1}{(1+y^2)^2}$	$6\pi^2 d^3 \dfrac{1}{(1+y^2)^{5/2}}$
$6\pi d^2 \dfrac{1}{(1+y^2)^{5/2}}$	$32\pi d^3 \dfrac{1}{(1+y^2)^3}$
$8\pi d^2 \dfrac{1}{(1+y^2)^3}$	$15\pi^2 d^3 \dfrac{1}{(1+y^2)^{7/2}}$
$10\pi d^2 \dfrac{1}{(1+y^2)^{7/2}}$	$64\pi d^3 \dfrac{1}{(1+y^2)^4}$
$\dfrac{\pi d^2}{2^{\nu-1}\nu!}\, y^2 K_\nu(y)$	$\dfrac{2(-1)^\nu\, \pi^2}{\nu!} \dfrac{d^{2\nu+3}}{y} \lim_{z\to d^2} \dfrac{\partial^\nu g(z,k)}{\partial z^\nu}$ $g(z,k) = e^{-kz^{1/2}}$
$2\pi d^2 K_0(y)$	$2\pi^2 d^3 \dfrac{1}{\lvert y\rvert}\, e^{-\lvert y\rvert}$

Modell	${}^nC(r)/{}^nC(0)$ $n = 1, 2, 3$	$n = 1$
3b $\nu = 1$	$\frac{1}{(1 + x^2)^2}$	$\frac{\pi}{2} d(1 + \lvert y \rvert) e^{-\lvert y \rvert}$
4 Verallgemeinerte HIRVONEN-Modelle (Exponent gebrochen)	$\frac{1}{(1 + x^2)^{\nu+1/2}}$ $(\nu \geqq 0)$	$\frac{\pi^{1/2} d}{2^{\nu-1}\Gamma(\nu + 1/2)} y^\nu K_\nu(y)$
4a $\nu = 0$	$\frac{1}{(1 + x^2)^{1/2}}$	$2dK_0(y)$
4b $\nu = 1$	$\frac{1}{(1 + x^2)^{3/2}}$	$2dyK_1(y)$
4c $\nu = 2$	$\frac{1}{(1 + x^2)^{5/2}}$	$\frac{2}{3} d[y^2 K_0(y) + 2yK_1(y)]$
5 Dreieck-Modell	$\Lambda(x)$	$d \left[\frac{\sin (y/2)}{y/2}\right]^2$

Anhang A2: Modelle gedämpft oszillierender (unterschwingender) AKF ${}^nC(r)$ und Spektraldichten ${}^nS(k)$ mit dominierendem oder begrenztem Bandbereich von homogen-isotropen Prozessen im $\mathbb{R}^n$ ($n = 1, 2, 3$). Variable und Funktionen wie im Anhang A1; außerdem: Rechteckfunktion $\Pi(x)$, Deltafunktion $\delta(x)$, hypergeometrische Reihe $F(x)$. Konstante Parameter: $\alpha > 0$, $\beta > 0$, $d > 0$.

Modell	${}^nC(r)/{}^nC(0)$ $n = 1, 2, 3$	$n = 1$
1 Exponential-Kosinus-Modell	$e^{-\alpha\lvert r \rvert} \cos \beta r$	$\alpha[f_1(k) + f_2(k)]$
		$f_{1,2}(k) = \frac{1}{\alpha^2 + (k \pm \beta)^2}$

${}^{n}S(k)/{}^{n}C(0)$ $n = 2$	$n = 3$
$\pi d^2 y K_1(y)$	$\pi^2 d^3\, \mathrm{e}^{-\lvert y \rvert}$
$\dfrac{\pi d^2 y^{\nu-1/2} K_{\nu-1/2}(y)}{2^{\nu-1/2}\Gamma(\nu+1/2)}$	$\dfrac{\pi^{3/2} d^3}{2^{\nu-2}\Gamma(\nu+1/2)}\, h(y)$ $h(y) = -\dfrac{1}{y}\dfrac{\partial}{\partial y}\,[y^{\nu} K_{\nu}(y)]$
$2\pi d^2\, \dfrac{1}{\lvert y \rvert}\, \mathrm{e}^{-\lvert y \rvert}$	$4\pi d^3\, \dfrac{K_1(y)}{y}$
$2\pi d^2\, \mathrm{e}^{-\lvert y \rvert}$	$4\pi d^3 K_0(y)$
$\dfrac{2}{3}\,\pi d^2 (1 + \lvert y \rvert)\, \mathrm{e}^{-\lvert y \rvert}$	$\dfrac{4}{3}\,\pi d^3 y K_1(y)$
$2\pi d^2 \left[\dfrac{J_1(y)}{y} - \displaystyle\int_0^1 J_0(yx)\, x^2\, \mathrm{d}x\right]$	$4\pi d^3\, \dfrac{1}{y^2} \left\{\left[\dfrac{\sin\,(y/2)}{y/2}\right]^2 - \dfrac{\sin y}{y}\right\}$

${}^{n}S(k)/{}^{n}C(0)$ $n = 2$	$n = 3$
$\dfrac{2\pi}{C(0)} \displaystyle\int_0^\infty J_0(kr)\, C(r)\, r\, \mathrm{d}r$	$4\pi\alpha\, \dfrac{1}{k}\, [g_1(k) + g_2(k)]$
$= 4\alpha \displaystyle\int_k^\infty [g_1(t) + g_2(t)]\, \dfrac{\mathrm{d}t}{(t^2 - k^2)^{1/2}}$	$g_{1,2}(k) = \dfrac{k \pm \beta}{[\alpha^2 + (k \pm \beta)^2]^2}$
($\alpha \geqq \beta$: notwendig, $\alpha^2 \geqq 3\beta^2$: hinreichend)	($\alpha^2 \geqq 3\beta^2$: notwendig und hinreichend)

Modell	${}^nC(r)/{}^nC(0)$ $n = 1, 2, 3$	$n = 1$
1a	$e^{-\alpha\|r\|}\left(\cos\beta r + \frac{\alpha}{\beta}\sin\beta\|r\|\right)$	$\frac{4\alpha(\alpha^2+\beta^2)}{(k^2-\alpha^2-\beta^2)^2+4\alpha^2k^2}$
2 GAUSS-Kosinus-Modell	$e^{-\alpha^2r^2}\cos\beta r$	$\frac{\pi^{1/2}}{2\alpha}[e_1(k)+e_2(k)]$ $e_{1,2}(k) = \exp[-(k\pm\beta)^2/4\alpha^2]$
3 Spalt-Modell	$\frac{\sin x}{x}$	$\pi d\Pi\left(\frac{y}{2}\right)$
3a	$\frac{3}{x^2}\left[\frac{\sin x}{x}-\cos x\right]$	$\frac{3}{2}\pi d(1-y^2)\Pi\left(\frac{y}{2}\right)$
4 Verallgemeinerte BESSEL-Modelle	$\nu!2^\nu\frac{J_\nu(x)}{x^\nu}$	$\frac{2\pi^{1/2}\nu!d}{\Gamma(\nu+1/2)}F(y)\,\Pi\left(\frac{y}{2}\right)\ (\nu\geqq 1)$ $F(y) = F\left(\frac{1}{2},\frac{1}{2}-\nu,\frac{1}{2};y^2\right)$
4a $\nu = 1$	$2\frac{J_1(x)}{x}$	$4d(1-y^2)^{1/2}\,\Pi\left(\frac{y}{2}\right)$
4b $\nu = 0$	$J_0(x)$	$2d\frac{1}{(1-y^2)^{1/2}}\Pi\left(\frac{y}{2}\right)$
5	$\frac{3/2}{(1+x^2)^{5/2}}-\frac{1/2}{(1+x^2)^{3/2}}$	$d[y^2K_0(y)+yK_1(y)]$
6	$(1-x^2)\,e^{-x^2}$	$\frac{\pi^{1/2}}{4}d(2+y^2)\,e^{-y^2/4}$
7	$(1-\|x\|)\,e^{-\|x\|}$	$4d\frac{y^2}{(1+y^2)^2}$

$^nS(k)/^nC(0)$ $n = 2$	$n = 3$
$\frac{2\pi}{C(0)} \int_0^\infty J_0(kr)\, C(r)\, r\, \mathrm{d}r$ $= 32\alpha(\alpha^2 + \beta^2) \int_k^\infty \frac{h(t)\, t\, \mathrm{d}t}{(t^2 - k^2)^{1/2}}$ ($3\alpha^2 \geqq \beta^2$: notwendig, $\alpha \geqq \beta$: hinreichend)	$32\pi\alpha(\alpha^2 + \beta^2)\, h(k)$ $h(k) = \frac{\alpha^2 - \beta^2 + k^2}{[(\alpha^2 + \beta^2)^2 + 2(\alpha^2 + \beta^2)\, k^2 + k^4]^2}$ ($\alpha \geqq \beta$: notwendig und hinreichend)
$\frac{2\pi}{C(0)} \int_0^\infty J_0(kr)\, C(r)\, r\, \mathrm{d}r$ $= \frac{\pi^{1/2}}{2\alpha^3} \int_k^\infty \frac{E_1(t) + E_2(t)}{(t^2 - k^2)^{1/2}}\, \mathrm{d}t$	$\frac{\pi^{3/2}}{2\alpha^3} \frac{1}{k} [E_1(k) + E_2(k)]$ $E_{1,2}(k) = (k \pm \beta) \exp[-(k \pm \beta)^2/4\alpha^2]$
$2\pi d^2 \frac{1}{(1 - y^2)^{1/2}} \Pi\left(\frac{y}{2}\right)$	$2\pi^2 d^3 \delta(\lvert y\rvert - 1)$
$6\pi d^2 (1 - y^2)^{1/2} \Pi\left(\frac{y}{2}\right)$	$6\pi^2 d^3 \Pi\left(\frac{y}{2}\right)$
$\frac{4\pi\nu!}{(\nu - 1)!} d^2 (1 - y^2)^{\nu-1} \Pi\left(\frac{y}{2}\right) \quad (\nu \geqq 1)$	$\frac{8\pi^{3/2}\nu!\, d^3}{\Gamma(\nu - 1/2)} F(y)\, \Pi\left(\frac{y}{2}\right) \quad (\nu \geqq 1)$ $F(y) = F\left(\frac{3}{2}, \frac{3}{2} - \nu, \frac{3}{2}; y^2\right)$
$4\pi d^2 \Pi\left(\frac{y}{2}\right)$	$8\pi d^3 \frac{1}{(1 - y^2)^{1/2}} \Pi\left(\frac{y}{2}\right)$
$2\pi d^2 \delta(\lvert y\rvert - 1)$	existiert nicht
$\pi d^2 \lvert y\rvert\, \mathrm{e}^{-\lvert y\rvert}$	existiert nicht
$\frac{\pi}{4} y^2\, \mathrm{e}^{-y^2/4}$	existiert nicht
existiert nicht	existiert nicht

Anhang A3: Spezielle Modelle schwach/stark gedämpft oszillierender (unterschwingender) AKF ${}^nC(r)$ und Spektraldichten ${}^nS(k)$ mit schmalbandigem/breitbandigem Bereich von homogen-isotropen Prozessen im $\mathbb{R}^n$ ($n = 1, 2, 3$). Variable und Funktionen wie im Anhang A1, A2; außerdem: BESSEL-Funktion $I_0(x) = J_0(jx)$, $j^2 = -1$. Konstante Parameter: $\alpha \geqq 0$, $k_0 > 0$. Spektraltyp in Klammern: Peak (P), Linie (L), Wall (W), Ring (R), Band (B), Scheibe (S), weißes Rauschen (WR).

$\mathbb{R}^n$	Schmalbandrauschen		
$n = 1, 2, 3$	${}^nC(r)/{}^nC(0)$	${}^nS(k)/{}^nC(0)$	
$n = 1$	$e^{-\alpha^2 r^2} \cos k_0 r$	$\frac{\pi^{1/2}}{2\alpha} [e_1(k) + e_2(k)]$	(P)
	$(\alpha \ll k_0)$	$e_{1,2}(k) = \exp[-(k \pm k_0)^2/4\alpha^2]$	
Grenzfälle	$\alpha = 0$: $\cos k_0 r$	$\pi\delta(\lvert k\rvert - k_0)$	(L)
$n = 2$	$e^{-\alpha^2 r^2} J_0(k_0 r)$	$\frac{\pi}{\alpha^2} E(k)\, I_0\left(\frac{k_0 k}{2\alpha^2}\right)$	(W)
	$(\alpha \ll k_0)$	$E(k) = \exp[-(k^2 + k_0^2)/4\alpha^2]$	
Grenzfälle	$\alpha = 0$: $J_0(k_0 r)$	$\frac{2\pi}{k_0} \delta(\lvert k\rvert - k_0)$	(R)
$n = 3$	$e^{-\alpha^2 r^2} \frac{\sin k_0 r}{k_0 r}$	$\frac{\pi^{3/2}}{k_0} \frac{1}{k} [e_2(k) - e_1(k)]$	
	$(\alpha \ll k_0)$		
Grenzfälle	$\alpha = 0$: $\frac{\sin k_0 r}{k_0 r}$	$\frac{2\pi^2}{k_0^2} \delta(\lvert k\rvert - k_0)$	

Breitbandrauschen		
${}^nC(r)/{}^nC(0)$	${}^nS(k)/{}^nC(0)$	
$\dfrac{\sin k_0 r}{k_0 r}$	$\dfrac{\pi}{k_0}\,\Pi\left(\dfrac{k}{2k_0}\right)$	(B)
$\dfrac{\pi}{k_0}\,\delta(r)$	$\dfrac{\pi}{k_0}$	(WR)
$2\,\dfrac{J_1(k_0 r)}{k_0 r}$	$\dfrac{4\pi}{k_0^2}\,\Pi\left(\dfrac{k}{2k_0}\right)$	(S)
$\dfrac{4}{k_0^2}\,\dfrac{\delta(r)}{\lvert r\rvert}$	$\dfrac{4\pi}{k_0^2}$	(WR)
$\dfrac{3}{(k_0 r)^2}\left[\dfrac{[\sin k_0 r}{k_0 r} - \cos k_0 r\right]$	$\dfrac{6\pi^2}{k_0^3}\,\Pi\left(\dfrac{k}{2k_0}\right)$	
$\dfrac{3\pi}{k_0^3}\,\dfrac{\delta(r)}{r^2}$	$\dfrac{6\pi^2}{k_0^3}$	(WR)

Literaturverzeichnis

ABRAMOWITZ, M.; STEGUN, I. (eds.): Handbook of Mathematical Functions. Dover Publ., New York 1965.

AGTERBERG, F. P.: Geomathematics. Mathematical Background and Geo-Science Applications. Elsevier Sci. Publ. Comp., Amsterdam, London, New York 1974.

ANDĚL, J.: Statistische Analyse von Zeitreihen (Übers. a. d. Tschech.). Akademie-Verlag, Berlin 1984.

BARTELS, J.: Zur Morphologie geophysikalischer Zeitfunktionen. S.-B. Preuß. Akad. d. Wiss., Berlin **30** (1935), 504–522.

BARTELS, J.: Gesetz und Zufall in der Geophysik. Naturwiss., Berlin **31** (1943), 421–435.

BARTELS, J. (Hrsg.): Geophysik. Fischer-Lexikon. Fischer Bücherei KG, Frankfurt a. M., Hamburg 1960.

BIJL, W. VAN DER: Fünf Fehlerquellen in wissenschaftlicher statistischer Forschung. Ann. Meteorol., Hamburg **4** (1951), 183–212.

BLACKMAN, R. B.; TUKEY, J. W.: The measurement of power spectra. Dover Publ. New York 1958.

BRACEWELL, R. N.: The Fourier Transform and its applications. 2nd ed., Mc Graw-Hill, New York 1978.

BROSOWSKI, B.; MARTENSEN, E. (Hrsg.): Methoden und Verfahren der mathematischen Physik. Bd. 12, 13, 14 (Mathematical Geodesy). BI – Wissenschaftsverlag, Mannheim 1975.

CHURKIN, J. I.; JAKOWLEW, C. P.; WUNSCH, G.: Theorie und Anwendung der Signalabtastung. VEB Verlag Technik, Berlin 1968.

DIETRICH, R.: Zur Bearbeitung von Eisbewegungsmessungen durch Kollokation. Geod. Geophys. Veröff., NKGG d. DDR, R. III, H. 40, Berlin 1978.

DRESZER, J. (Hrsg.): Mathematik-Handbuch für Technik und Naturwissenschaft (Übers. a. d. Poln.). VEB Fachbuchverlag, Leipzig 1975.

ECKHARDT, D. H.: The gains of small circular, square and rectangular filters. Bull. Géod., Paris **57** (1983) 4, 394–409.

FISZ, M.: Wahrscheinlichkeitsrechnung und mathematische Statistik (Übers. a. d. Poln.). VEB Dt. Verl. d. Wiss., Berlin 1970.

FORSBERG, R.: A Study of Terrain Reductions, Density Anomalies and Geophysical Inversion Methods in Gravity Field Modelling. The Ohio State Univ., Dept. Geod. Sci., (OSU-) Rep. No. 355, Columbus, Ohio 1984 (1984a).

FORSBERG, R.: Local Covariance Functions and Density Distributions. OSU-Rep. No. 356, Columbus, Ohio 1984 (1984b).

GELFAND, I. M. (Гельфанд, И. М.); Jaglom, A. M. (Яглом, A. M.): Über die Berechnung der Menge an Information über eine zufällige Funktion, die in einer anderen zufälligen Funktion enthalten ist (Übers. a. d. Russ.) – in: Arbeiten zur Informationstheorie II, 7-56. VEB Dt. Verl. d. Wiss., Berlin 1958.

Gradstein, I. S. (Градштейн, И.С.); Ryshik, I. M. (Рыжик, И. М.): Tablicy integralow, summ, rjadov i proizwedenii. Nauka, Moskwa 1971.

Grafarend, E.: Nichtlineare Prädiktion. Z. Vermessungswesen, Stuttgart **97** (1972) 6, 245–255.

Grafarend, E.: Geodetic Applications of Stochastic Processes. Phys. Earth Planet. Inter., Amsterdam **12** (1976), 151–179.

Grafarend, E. W.; Rapp, R. H. (eds.): Advances in Geodesy. Selected papers from Rev. Geophys. Space Phys., Richmond, Virg., Am. Geophys. Union, Washington 1984.

Holloway jr., J. L.: Smoothing and filtering of time series and space fields — in: Advances in Geophysics, Vol. 4, 351–389. Acad. Press, New York 1958.

Hradilek, L.: Three-dimensional terrestrial triangulation. Applications in Surveying engineering. K. Wittwer-Verlag, Stuttgart 1984.

Jaglom, A. M. (Яглом, А. М.): Homogene und isotrope Turbulenz in einer zähen kompressiblen Flüssigkeit (Übers. a. d. Russ.) — in: Sammelband zur statistischen Theorie der Turbulenz, 43–68. Akademie-Verlag, Berlin 1958.

Jaglom, A. M. (Яглом, А. М.): Einführung in die Theorie der stationären Zufallsfunktionen (Übers. a. d. Russ.). Akademie-Verlag, Berlin 1959.

Jahnke, E.; Emde, F.; Lösch, F.: Tafeln Höherer Funktionen. 5. Aufl., B. G. Teubner Verlagsges., Leipzig 1960.

Jaroslawskij, L. P. (Ярославский, Л. П.): Einführung in die digitale Bildverarbeitung (Übers. a. d. Russ.). VEB Dt. Verl. d. Wiss., Berlin 1985.

Jenkins, G. M.; Watts, D. G.: Spectral Analysis and its Applications. Holden-Day, San Francisco, Calif. 1968.

Jochmann, H.: Über Variationen der Periode der freien Polbewegung (Chandler-Periode). Gerl. Beitr. Geophys., Leipzig **89** (1980) 3/4, 187–194.

Jochmann, H.: Über die Realität einiger Beziehungen, die auf eine Variation der Chandler-Periode hinweisen. Vermessungstechnik, Berlin **30** (1982) 9, 308–311.

Kaula, W. M.: Statistical and harmonic analysis of gravity. J. Geophys. Res., Richmond, Virg. **64** (1959), 2401–2421.

Kautzleben, H.: Die analytische Darstellung des geomagnetischen Hauptfeldes und der Säkularvariation. Abh. Geomagn. Inst. Potsdam, Nr. 32, Berlin 1963.

Keller, W.; Meier, S.: Kovarianzfunktionen der 1. und 2. Ableitungen des Schwerepotentials in der Ebene. Veröff. ZI f. Physik d. Erde (ZIPE) Potsdam, Nr. 60, Potsdam 1980.

Keller, W.; Meier, S.: Geodätische Integralformeln und verallgemeinerte Funktionen. Veröff. ZIPE, Nr. 63, Teil II, 340–343, Potsdam 1981.

Kertz, W.: Filterverfahren in der Geophysik, Gerl. Beitr. Geophys., Leipzig **75** (1966) 1, 1–33.

Koch, K.-R.: Parameterschätzung und Hypothesentests in linearen Modellen. Ferd. Dümmlers Verl., Bonn 1980.

Krarup, T.: A contribution to the mathematical foundation of physical geodesy. Medd. Geod. Inst., No. 44, København 1969.

Krause, F.; Rädler, K. H.: Mean-field magnetohydronamics and dynamo theory. Pergamon Press, Oxford 1980.

Lauer, S.; Wrobel, B.: Eine elementare Herleitung der vektoriellen Prädikationsfilterung. Z. Vermessungswesen, Stuttgart **97** (1972) 3, 97–104, **97** (1972) 4, 173–179.

Lauritzen, S. L.: The Probalistic Background of some Statistical Methods in Physical Geodesy. Medd. Geod. Inst., No. 48, København 1973.

Lense, J.: Kugelfunktionen. Akad. Verlagsges. Geest & Portig K.-G., Leipzig 1954.

LIGHTHILL, M. J.: Einführung in die Theorie der Fourieranalysis und der verallgemeinerten Funktionen (Übers. a. d. Engl.). BI-Wissenschaftsverlag, Mannheim 1966.

LINNIK, J. W. (Линник, Ю. В.): Die Methode der kleinsten Quadrate in moderner Darstellung (Übers. a. d. Russ.). VEB Dt. Verl. d. Wiss., Berlin 1961.

LONGUET-HIGGINS, M. S.: The statistical analysis of a random moving surface. Phil. Trans. Roy. Soc., Ser. A, **249**, 321–387, London 1957.

LUMLEY, J. L.; PANOFSKY, H. A.: The structure of atmospheric turbulence. J. Wiley, New York 1964.

MATHERON, G.: Traité de géostatistique appliquee. Mém. Bur. Rech. Géol. Miniéres, 14, Paris 1962.

MATHERON, G.: Principles of geostatistics. Econ. Geol., Lancaster/Pa. **58** (1963), 1246–1266.

MEIER, S.: Die Verteilung fehlerbehafteter sinusoidaler Meßgrößen. Gerl. Beitr. Geophys., Leipzig **90** (1981) 2, 114–124.

MEIER, S.: Signifikanzprüfung rezenter vertikaler Erdkrustenbewegungen mit Hilfe von Korrelationsfunktionen. Gerl. Beitr. Geophys., Leipzig **93** (1984) 5, 379–391.

MEIER, S.: Two-Point Statistics of Vertical Crustal Movements of the Pannonian Basin. J. of Geodynamics, Amsterdam **8** (1987), 321–335.

MEIER, S.: Richtungsabhängige Korrelationen in Nivellementsnetzen. Vermessungstechnik, Berlin **36** (1988) 2, 60–63 (1988a).

MEIER, S.: Zweidimensionale Filterverfahren und ihre Eigenschaften. Vemessungstechnik, **36** (1988) 6, 206–208, 7, 239–242, 9, 310–311 (1988b).

MERRIAM, D. F. (ed.): Geostatistics. Plenum Press, New York 1970.

MORITZ, H.: Least-Squares Collocation. Dt. Geod. Kommiss., Bayr. Akad. d. Wiss., Reihe A, H. 75, München 1973.

MORITZ, H.: Covariance Functions in Least-Squares Collocation. OSU-Rep. No. 240, Columbus, Ohio 1974.

MORITZ, H.; SÜNKEL, H. (eds.): Approximation Methods in Geodesy. H. Wichmann-Verlag, Karlsruhe 1978.

MORITZ, H.: Statistical Foundations of Collocation. OSU-Rep. No. 272, Columbus, Ohio 1978.

MORITZ, H.: Advanced Physical Geodesy. H. Wichmann-Verlag, Karlsruhe 1980.

MÜLLER, P. (Hrsg.): Wahrscheinlichkeitsrechnung und mathematische Statistik. Lexikon. Akademie-Verlag, Berlin 1970.

MUNDT, W.: Statistische Bearbeitung und Analyse geomagnetischer Landesvermessungen – in: Abh. Geomagn. Inst. Potsdam, Nr. 31, 57–147. Berlin 1964.

MUNDT, W.: Statistische Analyse geophysikalischer Potentialfelder hinsichtlich Aufbau und Struktur der tieferen Erdkruste – in: Abh. Geomagn. Inst. Potsdam, Nr. 41, 57–196. Berlin 1969.

NAYAK, P. R.: Random Process Model of Rough Surfaces. Trans. ASME, Ser. F.: J. Lubric. Technol., New York **93** (1971), 398–407.

NAYAK, P. R.: Some Aspects of Surface Roughness Measurement. Wear, Amsterdam **26** (1973), 165–174.

NEUBURGER, E.: Einführung in die Theorie des linearen Optimalfilters. R. Oldenbourg Verlag, München, Wien 1972.

NOLLAU, V.: Statistische Analysen: mathematische Methoden und Auswertung von Versuchen. VEB Fachbuchverlag, Leipzig 1975.

OBUCHOW, A. M. (Обухов, А. М.): Statistische Beschreibung stetiger Felder (Übers. a. d. Russ.) – in: Sammelband zur statistischen Theorie der Turbulenz, 1–42. Akademie-Verlag, Berlin 1958.

OLBERG, M.; RÁKÓCZI, F.: Informationstheorie in Meteorologie und Geophysik. Akademie-Verlag, Berlin 1984.

PARZEN, E. (ed.): Time Series Analysis of Irregulary Observed Data. Lecture Notes in Statistics, Vol. 25, Springer-Verlag, New York 1984.

ROSANOW, J. A. (РОЗАНОВ, Ю. А.): Stochastische Prozesse (Übers. a. d. Russ.). Akademie-Verlag, Berlin 1975.

RUMMEL, R.: Zur Behandlung von Zufallsfunktionen und -folgen in der physikalischen Geodäsie. Dt. Geod. Kommiss., Bayr. Akad. d. Wiss., Reihe C, H. 208, München 1975.

SCHLITT, H.: Systemtheorie für regellose Vorgänge. Springer-Verlag, Berlin, Göttingen, Heidelberg 1960.

SCHLITT, H.: Stochastische Vorgänge in linearen und nichtlinearen Regelkreisen. VEB Verlag Technik, Berlin 1968.

SCHÖNWIESE, CH.-D.: Praktische Statistik für Meteorologen und Geowissenschaftler. Gebr. Borntraeger, Berlin, Stuttgart 1985.

SCHWAHN, W.: Eine allgemeine Formulierung der Auto- und Kreuzkorrelationsfunktionen eines beliebigen statistischen Potentialfeldes in einem kartesischen Koordinatensystem. Gerl. Beitr. Geophys., Leipzig **84** (1975) 2, 143–154 (1975a).

SCHWAHN, W.: Beziehungen zwischen den Autokovarianzfunktionen der Schwere und der Dichte und deren Anwendung bei der Tiefenbestimmung der Quellen, demonstriert anhand von zwei Profilen über Schweden. Gerl. Beitr. Geophys., Leipzig **84** (1975) 3/4, 281–296 (1975b).

SCHWAHN, W.: Zwei statistische Dichtemodelle und die statistischen Momente erster und zweiter Ordnung ihrer Schwerefelder. Gerl. Beitr. Geophys., Leipzig **84** (1975) 6, 478–486 (1975c).

SÜNKEL, H. (ed.): Mathematical and Numerical Techniques in Physical Geodesy. Lecture notes in Earth Sciences, Vol. 7. Springer-Verlag, New York 1986.

SWESCHNIKOW, A. A. (СВЕШНИКОВ, А. А.): Untersuchungsmethoden der Theorie der Zufallsfunktionen mit praktischen Anwendungen (Übers. a. d. Russ.). B. G. Teubner Verlagsges., Leipzig 1965.

TATARSKIJ, V. I. (ТАТАРСКИЙ, В. И.): Rasprostranenie woln w turbulentnoi atmosfere Nauka, Moskwa 1967.

TAUBENHEIM, J.: Statistische Auswertung geophysikalischer und meteorologischer Daten. Akad. Verlagsges. Geest & Portig K.-G., Leipzig 1969.

TSCHERNING, C. C.; RAPP, R. H.: Closed Covariance Expressions for Gravity Anomalies, Geoid Undulations and Deflections of the Vertical Implied by Anomaly Degree Variance models. OSU-Rep. No. 208, Columbus, Ohio 1974.

WATSON, G. N.: A Treatise on the Theory of Bessel Functions. Univ. Press, Cambridge 1922.

WHITTLE, P.: On stationary processes in the plane. Biometrika, London **41** (1954), 434–449.

WHITTLE, P.: Stochastic Processes in several dimensions. Bull. Inst. Intern. Statist.. Bern **40** (1963), 974–994.

WIENER, N.: Extrapolation, interpolation, and smoothing of stationary time series. J. Wiley, New York 1950.

WOLF, H.: Neues Altes in der Ausgleichungsrechnung. Verm., Photogr., Kulturtechn., Zürich **81** (1983) 7, 233–240.

WONG, E.; HAJEK, B.: Stochastic Processes in Engineering Systems. Springer-Verlag, New York, Berlin, Heidelberg, Tokyo 1985.

Sachwortverzeichnis